战略性新兴领域"十四五"高等教育系列教材

结构仿生学

主　　编　孙霁宇
副主编　任丽丽　王书鹏
参　　编　王悦明　吴　薇　刘　超　田宏丽

机械工业出版社

本书从生物结构和结构仿生的内涵和基础知识体系出发，从生物结构的三个角度（构件、构材和联结）简要分析了结构仿生方式，介绍了结构仿生学中涉及的力学理论基础，系统地阐述了结构仿生设计方法并给出了具体设计范例和结构仿生学的典型应用案例。全书共 5 章，主要内容有生物结构与结构仿生学概述、生物材料特性与结构仿生方式、结构仿生学力学理论基础、结构仿生设计方法、结构仿生学典型应用案例。各章章末设讨论与习题，力争在新工科背景下，优化讨论课教学模式，强化教学效果，提高工科人才培养质量，为社会输出"卓越工程师"。本书内容全面、新颖，在力求保持结构仿生学的系统性和完整性的基础上，着重介绍一些应用广泛、相对成熟的先进技术。

本书可作为仿生科学与工程专业的本科生、研究生教材，也可作为相关专业的教材和教学参考书，还可作为工程技术人员的参考书。

图书在版编目（CIP）数据

结构仿生学／孙霁宇主编. -- 北京：机械工业出版社，2024. 11. --（战略性新兴领域"十四五"高等教育系列教材）. -- ISBN 978-7-111-77186-9

Ⅰ. TB17

中国国家版本馆 CIP 数据核字第 20245WQ768 号

机械工业出版社（北京市百万庄大街 22 号　邮政编码 100037）

策划编辑：赵亚敏	责任编辑：赵亚敏　董伏霖	
责任校对：龚思文　李　婷	封面设计：张　静	
责任印制：常天培		

北京机工印刷厂有限公司印刷

2024 年 12 月第 1 版第 1 次印刷

184mm×260mm · 13.75 印张 · 334 千字

标准书号：ISBN 978-7-111-77186-9

定价：53.00 元

电话服务

客服电话：010-88361066
　　　　　010-88379833
　　　　　010-68326294

封底无防伪标均为盗版

网络服务

机　工　官　网：www.cmpbook.com
机　工　官　博：weibo.com/cmp1952
金　书　网：www.golden-book.com
机工教育服务网：www.cmpedu.com

前　言

基于工程力学原理，结构仿生学研究生物体在不同结构层次（微观、细观、宏观）的形态，以获得设计灵感，并进一步通过仿生模拟对材料、结构和系统进行优化，旨在提高工程结构的效率。结构仿生学是一门集生物学、材料科学、结构设计、控制科学、空气动力学和系统工程于一体的跨学科研究领域。结构仿生学主要研究生物体及自然界物质的内部结构原理，并将生物体的结构和性质应用于工程技术，为工程结构提供新的设计思路。目前，结构仿生学正沿着多功能、智能化、集成化和微型化方向快速发展，只有重视并加强多学科协作、建立和完善仿生学理论，才能进一步扩大结构仿生的工程应用，并推动结构仿生技术的持续进步。

本书是编者对所从事的结构仿生科研领域研究成果和在吉林大学讲授结构仿生学课程经验的总结。本书编写的目的是提供关于结构仿生研究的基本知识体系和设计方法，并对结构仿生领域中的新发现和新进展进行介绍。

本书的第1章为生物结构与结构仿生学概述，介绍生物结构的概念、构成、分类及其特征规律和结构仿生的分类、基本规则及其发展现状；第2章为生物材料特性与结构仿生方式，介绍生物材料的特性，从构件、构材和联结三个角度简要分析了生物材料的结构仿生方式，并介绍生物材料结构仿生及仿贝壳结构材料设计范例，帮助读者初步了解结构仿生学；第3章为结构仿生学力学理论基础，介绍一些结构仿生学研究中涉及的力学理论；第4章为结构仿生设计方法，是本书的核心内容，从构件、构材和联结三个方面以工程中的创新实例来辅助说明结构仿生设计的过程，从而加强读者对结构仿生学理论与方法的理解；第5章为结构仿生学典型应用案例，通过介绍结构仿生学的典型应用案例，进一步拓宽读者对结构仿生领域的认识。

本书第1章的理论基础源于任露泉院士多年深耕仿生领域的实践与探索，由孙霁宇整理并编写而成，第2章由孙霁宇、任丽丽、王悦明、吴薇编写，第3章由孙霁宇、田宏丽编写，第4章由孙霁宇、王书鹏、王悦明编写，第5章由孙霁宇、刘超编写。

本书由吉林大学韩志武教授、张志辉教授担任主审，两位教授对全书进行了认真的审阅，并提出了许多宝贵意见，编者在此表示衷心的感谢。

由于结构仿生学的理论与方法还在不断地发展和完善过程中，且编者水平有限，因此本书难免存在疏漏，恳请读者批评指正。

编　者

目　录

V

第1章
生物结构与结构仿生学概述

结构仿生学（Structural Bionics）是以工程力学原理为基础，研究生物体不同结构层次（微观、细观、宏观）的形态以获得灵感，进而对材料、结构、系统进行仿生模拟，提高工程结构效率的一门学科。结构仿生学涉及生物学、材料科学、结构设计、控制科学、空气动力学和系统工程等工程科学，属于跨学科研究领域，旨在从自然界中的生物结构中提取设计灵感，以创造出更加高效、可持续的人造系统。结构仿生学依托于对动植物体的微观至宏观结构的深入分析，如昆虫的翅膀、鲨鱼的皮肤或竹子的节段结构，这些生物结构不仅具有高效的力学性能，还满足了其生存环境的特殊需求。通过模仿这些自然界的生物结构，工程师和设计师能够开发出新型材料、建筑结构和机械装置，既能减少资源消耗，又能提高产品性能。因此，有必要对生物结构的概念、构成、分类和特征规律等进行系统认识，以便于依据任务需求开展相应的结构仿生。

1.1　生物结构

1.1.1　生物结构的概念与构成

1. 生物结构的概念

生物结构是指生物体或其组成部分，如组织、器官等的构成模式，是生物行为、功能可以有效发挥的保证，是生物体的骨架、支撑、桥梁和纽带。

2. 生物结构的构成

（1）构件　构件可以是点、线、面、体、群。

1）同类构件：形状、材质、尺度相同的构件，可以分为单类和多类构件。

2）同形构件：仅形状相同的构件，可以分为单形和多形构件。

3）同质构件：仅材质相同的构件，可以分为单材和多材构件。

4）同尺度构件：仅尺度相同的构件，可以分为单尺度和多尺度构件。

（2）构材　构材是生物结构中构件组成空间内的材料（联结材料）。

（3）联结　构件与构件、构件与构材、构材与基体之间的联结（不是都有，如单质材料就没有）。

1.1.2　生物结构的分类

1. 按几何维度分

（1）零维结构　点结构，如生物晶粒、微生物等。

（2）一维结构　线结构，如毛、根须等。

（3）二维结构　表面结构。

（4）三维结构　生物体或其组成部分，如树冠、根茎、花朵等。

（5）多维结构　表面非规则的结构、多孔结构等，如树林、骨等。

2. 按生物结构特征分

（1）构件

1）构件数量：单体、多体。

2）构件材质：单材、多材。

3）构件形状：单形、多形。

4）构件尺度：单尺度、多尺度。

（2）构材　单材、多材、复合材。

（3）联结　含三种联结方式。

1）模式：关键在联结性质。

$$① \ 硬—硬 \rightarrow \begin{cases} 硬 \\ 软 \end{cases} \rightarrow \begin{cases} 刚 \\ 弹 \\ 柔 \end{cases}$$

$$② \ 硬—软 \rightarrow \begin{cases} 硬 \\ 软 \end{cases} \rightarrow \begin{cases} 刚 \\ 弹 \\ 柔 \end{cases}$$

$$③ \ 软—软 \rightarrow \begin{cases} 硬 \\ 软 \end{cases} \rightarrow \begin{cases} 刚 \\ 弹 \\ 柔 \end{cases}$$

2）构件与构件：点阵、桁架、网络、层叠、交叠、发散等。

3）构件与构材：嵌合、复合、耦合、梯度、多孔、中空、蜂窝等。

4）构件与基体：阵列、嵌入、活节、数敛（根系）等。

3. 按生物结构尺度分

1）宏观结构，生物结构尺度大于等于2mm以上的特征尺寸（构件），如人体组织、器官等。

2）微观结构，如细胞等。

3）超微结构，如细菌、病毒等。

4）分子结构。

4. 按学科分

1）几何结构，如欧氏几何、非欧氏几何等。

2）数学结构，如单螺旋、双螺旋结构等。

3）物理结构，如力、生物磁、电、声、热、色（结构色）等。

4）生物学结构，如组织、器官、细胞、膜、肌肉、神经、智能等。

5）建筑结构，如蜂巢、蚁穴等。

5. 按工程性能分

1）刚性结构。

2）弹性结构。

3）柔性结构。

4）硬质结构。

5）功能结构，包括联结结构（8种），抓取结构、联粘（自洁）结构、减阻减摩结构、增阻结构、防护结构、传输（播）结构、运动结构（飞、跳、跃、行、爬、蠕、游）、特殊结构等。

1.1.3　生物结构的研究

1. 生物结构研究的意义

（1）生物学意义　生物结构的原理、机制、功能能促进生物学研究深化、发展，因为任一生物体或其任一组织、器官都有其自身的结构。

（2）工程学意义　生物结构是经过亿万年的生物进化形成的结果，选择合适的生物结构应用在工程学领域，不仅能够促进工程学的发展，还能够产生新的构思、结构和设计。同时，也推动了结构仿生学这一新兴学科的发展。

（3）艺术意义　生物结构的研究对建筑艺术、结构设计艺术也起到促进和提升的作用。

2. 生物结构的特征规律

（1）多样性　生物结构因素多、组合多。

（2）普遍性　有生物就有生物结构。

（3）复杂性　生物结构是多层、多级、复合、嵌合、耦合、交叠、变化（运动）的。

（4）功能性　生物结构承载功能，功能依附结构。有单一功能的生物结构，也有多功能集一身的生物结构。

3. 生物结构的模型

（1）几何模型　欧氏几何，如蜂巢（正六边形），非欧氏几何等。

（2）数学模型　仿真模型、试验优化模型、神经网络等。

（3）物理模型　力学模型、运动学模型等。

（4）化学模型　分子结构、材料结构等。

（5）生物模型　器官、组织、细胞等。

4

1.2 结构仿生

1.2.1 结构仿生的分类及基本规则

1. 结构仿生的分类

（1）几何结构仿生　规则几何、非规则几何（如拓扑、分形几何等）、复合几何结构。

（2）数学结构仿生　仿真模型、试验优化模型、神经网络等。

（3）物理结构仿生　机械结构仿生等。

（4）化学结构仿生　分子仿生学等。

（5）建筑结构仿生　包括建筑艺术、建筑结构仿生等。

（6）耦合结构仿生　用上述（1）~（4）仿生方法的一种或几种组合进行耦合仿生。

2. 结构仿生的基本规则

1）满足工程技术领域关于结构设计的一般原则。

2）充分利用生物学准则。

① 以最小的物质消耗和最少的能量消耗，达到对生物环境的最大适应性。

② 重量最小却具有最大力量。

③ 绿色、生态和可持续发展。

3）结构仿生也尽力做到理论仿生，由生物结构原理获得功能仿生原理。

4）遵循仿生学基本原理和规律。

5）当优化仿生结构的结构参数集、运动学和动力学参数集、技术参数集和功能性指标集时，应在保证仿生结构可靠性的前提下，着重保证总功能指标集。

1.2.2 结构仿生学发展现状

结构仿生学研究的对象是生物结构的构件、构材及联结结构。

早期的结构仿生，往往从模拟生物外形开始，如通过模仿鱼的外形设计船只，通过模仿鸟类进行飞行器设计。此外还有通过模仿蜜蜂蜂巢结构特点，制作的工程蜂巢结构材料，具有重量轻、强度和刚度大、隔热和隔声性能好的特点，现已被广泛应用在飞机、火箭和建筑结构上，功能模拟对仿生设计发挥了积极的推动作用。建筑领域早期的结构仿生多数为简单的模仿外形，例如 1973 年建成的具有薄壳结构的悉尼歌剧院即为典型的结构仿生学应用；1944 年由赖特设计完成的威斯康星州约翰逊制蜡公司实验楼模仿亚利桑那仙人掌空心结构；1986 年建成的印度新德里莲花寺外形如巨大的莲花等。

结构仿生学经过几十年的研究发展，也在诸多领域得到了广泛应用。建筑领域的应用有美国芝加哥威利斯大厦，是模仿竹子结构建造的，竹子的典型段包含竹节和节间，其中节间是空心的，自重轻、强度大、稳定性好；西班牙塞维利亚世界博览会的科威特展览馆，其屋顶能自由启闭，模仿于动物关节的自由运动；东京千年塔和福斯特设计的瑞士 RE 公司总部大楼模拟于鲨鱼的表皮纤维和海虾窝的双螺旋结构，使得建筑抵抗外力能力增强。北戴河碧螺塔力求以结构体系表达仿生建筑,其中空间螺旋结构体系是对结构技术进行扩展和创新的应用,其整体也采用了绿色环保型结构;天津博物馆和北京国家体育场(鸟巢)的设计灵感则来源于蜂巢和鸟巢,在实现整体设计美观的同时,也实现了以较少的材料获得较大的使用空间的构想。结构仿生的目的除了使建筑美观以外,还使相对应的结构功能以及绿色环保的理念得到了充分的发展。

结构仿生学的应用也体现在其他领域。例如,通过对水生动物(如海豚)皮肤形态的研究,为舰艇设计提供仿生思路;应用鹿角韧性机理进行冲击防护设计;通过研究仿生学蜂窝结构设计不会爆的轮胎;模仿鸟类头骨结构,将其应用在节能生物建筑材料和汽车构造上等。随着科学技术手段的不断进步,很多难以解释的生物现象也得到了很好地理解和展示,促进了结构仿生学更深层次的学习和研究,也实现了由浅到深层次的发展,其发展特点可总结为专业化、广泛化、智能化和科学化。

专业化,根据生物特定的特点,研制出适用于特定环境下的特种机器人或者机械结构;广泛化,随着结构仿生学的进一步研究深化和拓展,这种技术应用于更多的领域,如医疗、机械设计、纺织、建筑、制药、农业等;智能化,一方面通过仿生机械连接的计算机进行编程与感应器反馈,让机械具有学习能力,另一方面,结构仿生研究能通过有限元对生物结构进行力学性能分析、仿真和预测;科学化,更多生物运动规律和应用领域的相关理论更加完善,在理论上指导结构仿生设计,这也为结构仿生学的应用提供了科学依据。

结构仿生学的出现为我们提供了一种新的研究思路,有助于设计出更多性能优异的产品或结构。在未来一段时间内,随着科学的发展,以及对自然界更加深入的学习、模仿、复制和再造,会发现和提出更多理论和技术方法,利用结构仿生技术,必会为人类社会创造更多财富。同时,在自然资源不断匮乏的今天,各行各业的发展都秉承环境保护协调发展的方向,利用结构仿生技术制造的机械结构会与环境更好的相融。

自然系统拥有取之不尽、用之不竭的生物研究原型,这些都是人类创新的源泉,可为设计和开发带来重大突破。结构仿生学的目的是通过对自然系统的结构产生过程的深入了解,来革新结构设计的过程和方式。结构仿生学是从自然界中生物的力学特性、结构关系、材料性能等汲取灵感,然后用于结构的仿生设计中,以实现结构综合性能的最优化。开展结构仿生研究,往往涉及一些复杂的关键力学问题,例如,涉及复杂的多体动力学计算理论、接触力学以及摩擦力学等问题,还涉及材料、信息、生物、控制等多个学科,结构仿生学的发展需要多个学科的专业知识。

大自然巧夺天工的生物系统有望提供新的设计灵感,将会给设计带来革命性的进展,以实现更先进优化的工程系统。这其中既有挑战,也有机遇。结构仿生的目标不应仅仅是理解生物材料的结构特征,而是要解开在自然系统中实现这一结构的奥秘。后者显然要复杂得多,可能涉及从出生到完全发育的自然系统的神经、信息等方面。自然系统为我们提供了指导,可以让我们设计和开发具有优异比强度的结构,增强结构的自适应性、可靠性,提高自修复性,使未来的结构系统可以真正成为仿生智能结构系统。因此,我们必须先理解生物结构形成的基本原理,不仅是简单地再现生物结构,而是理解生物结构,然后基于生物优化原则进行结构设计以获得创新性解决方案,为工程结构和自然生物之间架起桥梁。未来,仿生智能结构不仅能够实现承载、温度和压力的感知,以及电、磁和光信号的传输功能,还能在其设计使用寿命内避免不可修复的损坏,具有多功能、耐久性、高效性和安全性。

讨论与习题

1. 讨论

1）讨论自然界中存在的结构及可能的仿生应用。

讨论参考点：结合生活中的应用及存在的问题，在自然界中寻求可能的仿生解决方案。

2）讨论结构仿生学发展方向。

讨论参考点：结合结构仿生学发展现状，从构件、构材和联结三方面讨论未来可能的发展方向。

2. 习题

1）试述生物结构的概念及构成。

2）试述结构仿生学的概念及基本规则。

第 2 章
生物材料特性与结构仿生方式

生物（或天然）材料是由生物过程形成的材料，如结构蛋白（胶原纤维、蚕丝等）、生物矿物（骨、牙、贝壳等）和复合纤维（木材、竹等）等。为了适应环境，生物经过亿万年的演变和进化，形成了不同的结构和性能。生物材料优异的特性通过由简单到复杂、由无序到有序的多级次、多尺度的组装而形成。

生物材料可以根据环境条件变化做出相应的改变，生存下来的生物材料的结构和性能大都符合环境要求，并成功地达到了优化水平，进化成高度复杂和精巧的微观结构。自然界中的一些生物体优异的结构和特性给人类在不断制造和更新新型材料的过程中带来灵感和启发。人们试图模仿生物材料的结构、形态、功能和行为，进行材料成分和结构仿生、过程和加工制备仿生、功能和性能仿生，以解决目前所面临的技术问题。

2.1 生物材料特性

生物材料通常是具有空间异质性和可调特性的复合材料。生物材料具有独特的特性，将生物材料与使用 Arzt 七面体表示的合成材料区分开来的七个独特特性如图 2.1a 所示，分别是：①自组装；②自修复；③进化和环境适应性；④水合作用；⑤温和的合成条件（主要是在约 300K 的温度和约 1 个大气压的压力下）；⑥多功能性；⑦分级结构。尽管生物材料种类繁多，但生物体使用的构建块主要局限于硬相（生物矿物）和软相（生物聚合物），这些相的力学性能总是不如许多合成材料。然而，贝壳、鱼鳞、骨骼和牙齿等生物材料拥有优异的力学性能，远远超过其成分本身的力学性能，许多生物材料的力学性能甚至优于合成材料。这种非凡的性能本质上是从构建块在多个长度尺度上组装的巧妙方式演变而来的。事实上，不同的生物已经发展出类似的材料设计策略，以应对它们因趋同进化而面临的自然挑战，即在独立进化过程中出现的共同特征。生物材料中最常用的八种结构设计元素如图 2.1b 所示。

1. 自组装

生物材料与周围环境之间能够形成错综复杂的内部结构和整体多样性，其复杂性是传统材料如金属、陶瓷等无可比拟的。但是仔细研究发现，其错综复杂的结构是由为数不多的几

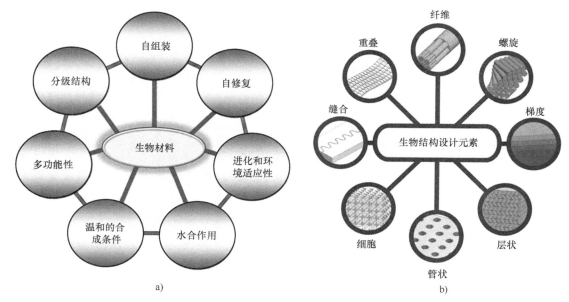

图 2.1　生物材料特性和生物结构设计元素

a）将生物材料与使用 Arzt 七面体表示的合成材料区分开来的七个独特特性　b）生物材料中最常用的八种结构设计元素

种基本化合物构成的。这几种化合物就是水、核苷酸（4 种）、氨基酸（20 种）、糖和生物矿物（4 类）。生物材料结构的复杂性主要表现在这几种基本化合物的组装方式上。这一点就像英语只有 26 个字母，但是由其构成的单词、语句、文章可以是无穷无尽的。英语有构词法、语法和文法。与之类似，生物材料的组成也有特定的规律。尽管各种生物材料有其特定的组装方式，但它们都具有空间上的分级结构。

2. 分级结构

由不同尺度结构复合而成的结构称为分级结构，其具有多组分协同效应。植物的自我清洁功能源于叶子表面超常的疏水性，科学家通过对荷叶的表面进行研究，发现荷叶表面的结构是具有微米-纳米尺度的分级结构。荷叶表面上有许多微小的突起的"小山包"，平均大小约为 $10\mu m$，平均间距约为 $12\mu m$；"山包"上面长满绒毛；"山包"顶上又长出一个馒头状的"碉堡"凸顶。研究发现荷叶的结构通常会使得落到叶面上的水与叶面的接触角大于 $140°$。所以只要叶面稍微倾斜，水珠就会滚落叶面。当水滴从荷叶上滚落时便可将污染物颗粒带走。因此形成降雨即可自清洁的表面，这种现象称为"荷叶效应"。这一发现已经被应用于具有防污防水能力的人造材料与工艺（如纺织材料、建筑材料）、不粘锅的工艺技术（从在金属表面涂一层疏水性的物质特氟龙到现在非常先进的钻石渗透技术）、水垢清除材料（将材料表面做成类似荷叶表面使水垢不能在材料表面生成）等。

3. 自修复

尽管生物材料以不可逆的方式遭受损伤和破坏，但存在于结构中的细胞可自行调整进行自修复。

4. 水合作用

在不同水合状态下，生物材料的力学性能表现出明显差异，这是因为生物材料中含有的有机质受水的刺激效应影响，导致其强度降低。例如，牙釉质在水合作用下，其强度降低而韧性提高。

5. 多功能性

生物材料通过不断的自然选择，其功能特性一般具有多样性。例如，骨骼不仅提供结构框架支撑身体，而且促进红细胞的生长。

6. 温和的合成条件

绝大多数的生物材料一般都是在常温、常压及水合环境下，采用成分简单且性能并不突出的组分进行合成的。

7. 进化和环境适应性

生物材料受周围环境的约束，采用有限的、简单的成分形成其外形和结构并获得优异的力学性能和功能特性，以更好地适应自然环境。

2.2 生物材料的结构仿生方式

具有不同尺度的自组装多级结构，并且大部分属于有机/无机复合材料，参与复合的组分仅限于几种，包括水、生物大分子（蛋白质、核酸、糖类）和生物矿物。但这几种组分的组装方式千变万化，并形成空间上的分级结构，特有的结构导致其具有优异的综合性能及多功能性。例如，蜘蛛丝的结构导致其以最轻质的材料获得最高的力学性能。$180\mu g$ 的蜘蛛丝可编织成 $100cm^2$ 的网以捕捉飞虫，其强度足以承载蜘蛛及其猎物，蜘蛛可运动自如，猎物却寸步难行。同时，还可以把来自飞虫的约 70% 的冲击通过黏弹性发热耗散掉而本身不反弹。

生物材料几乎都是复合材料，不同物质、不同结构、不同增强体形态和尺度的复合使得生物材料具有远远超过单一常规材料的综合性能。模仿生物材料特殊精巧的结构特征或者从中得到启发而制备出类似结构特征的材料的仿生设计，称为材料结构仿生。其目的就是研究生物材料的复合结构及其特点，并用以设计和制造先进复合材料。

2.2.1 构件结构仿生方式

1. 构件表面结构及仿生

构件表面结构仿生包括表面几何形态、结构形态、表面能、电荷、极性、亲水性、疏水性、键合种类仿生等，属于生物构件结构仿生。例如，荷叶就是一种具有较大接触角、较小滚动角的低能超疏水表面，具有很好的自洁功能。生物体表面普遍存在着几何非光滑形态，即一定几何形状的结构单元随机地或规律地分布在生物体表各部位，结构单元的形状有鳞片形、凸包形、凹坑形、波纹形、刚毛形及复合形等。仿荷叶的衣物面料，钢板的毛化（粗化、翅化）处理等都是对生物非光滑功能表面模仿的很好例证。汽车工业中使用的薄钢板经毛化处理后，变形均匀，成形性好，涂挂性好，冲压成形废品率大为降低，经济效益显著。虽然发明者可能未从仿生学角度出发，但其效果却与生物非光滑功能表面不谋而合。轧制毛化钢板的轧辊经激光毛化处理后，显微组织发生变化，可能产生微晶、纳米晶、非晶等，耐磨性提高；非光滑表面状态发生变化，凸起部分支撑载荷，凹下部分储存润滑剂，收集磨屑；非光滑表面还可对表面残余应力进行调节，使表面裂纹焊合、钝化，成形质量明显提高。材料表面激光网格强化也称离散强化，早已在工程实际中得到应用，并取得较好的效果。某些模具表面用激光进行离散化处理，可抑制疲劳裂纹的萌生和扩展，显著提高模具的热疲劳寿命。

2. 构件内部结构及仿生

构件内部结构仿生包括材料内部微/纳结构、增强体结构、光特性、电磁特性仿生等，属于生物构件结构仿生。例如，昆虫的体壁不仅构成与环境之间的主要界面，而且对昆虫本身的生命活动比任何其他动物的皮肤更具有重要的影响。体壁由表皮（Cuticle）、真皮（Epidermis）和基底膜（Basilar Membrane）构成。昆虫表皮是复杂的非细胞层，大部分由真皮分泌而成，主要由几丁质微纤维（Chitin Microfibrils）和蛋白质基质组成，是具有叠层结构的复合材料。表皮可大致分为上表皮（Epicuticle）和原表皮（Procuticle）。原表皮又由外表皮（Exocuticle）和内表皮（Endocuticle）组成。昆虫体壁的基本结构如图 2.2 所示。这些层次可在透射电镜、扫描电镜或偏光显微镜下观察到，在许多有翅昆虫体壁中均发现有这种层状结构。

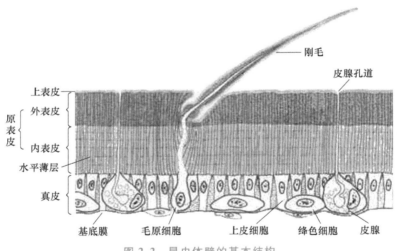

图 2.2　昆虫体壁的基本结构

原表皮中的几丁质微纤维是按一种特殊的薄片（Lamellae）构型沉积的，并且每天都产生新的生长层。在任一薄片内，所有几丁质微纤维彼此平行且具有与表面平行的取向关系，相邻薄片内的几丁质微纤维旋转方向不同，即沿同一方向以固定角度相对旋转，最终形成了螺旋面（Helicoidal），其材料横切面就产生了抛物线形的图形。旋转了大约180°的一组薄片通常被称之为薄层，其厚度取决于几丁质微纤维的直径和旋转角度。不同的几丁质微纤维旋转角度及薄层的层叠方式导致了叠层形式变化的多样性，Neville 总结了主要的叠层形式，包括圆柱形螺旋面、随机平面、45°螺旋面、扭曲正交、单域螺旋面、正交、多域螺旋面、平行及伪正交层合板型，如图 2.3 所示。

不同薄层的叠层组合会赋予表皮不同的功能。根据功能可分为以下几类：固体表面，如甲片、昆虫口器、爪、皮肤外生的肌附着物和外层部分的折叠成膜体；滑动关节膜表皮，如毛虫的表皮；含节肢弹性蛋白质的表皮，如飞翔肌、嘴部弹跳肌和翼关节。

作为复合材料，增强体的形态、尺寸对其性能有重要影响。由植物学的相关知识可知，

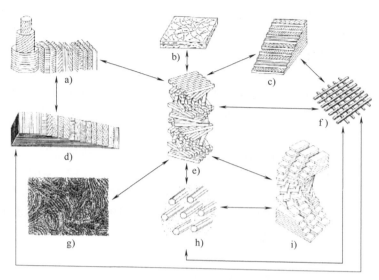

图 2.3　主要叠层形式（多见于昆虫、植物细胞壁）

a）圆柱形螺旋面　b）随机平面　c）45°螺旋面　d）扭曲正交　e）单域螺旋面
f）正交　g）多域螺旋面　h）平行　i）伪正交层合板型

几乎所有的植物纤维细胞都是空心的。空心体的韧性和抗弯强度要高于相同截面的实心体。例如，用化学气相沉积（Chemical Vapor Deposition，CVD）法制备空心石墨纤维，其强度与柔韧性均明显高于实心纤维。

竹纤维的精细结构如图 2.4a 所示，其中包含多层厚薄相间的纤维层，每层中的微纤丝以不同升角分布，不同层间界面内升角逐渐变化，据此提出了仿生纤维双螺旋模型，如图 2.4b 所示，实验证明其压缩变形比普通纤维高 3 倍以上，普通纤维模型如图 2.4c 所示。在高温高压条件下合成的竹纤维状 Si_3N_4/BN 陶瓷复合材料，其断裂韧性和断裂功分别超过了 $24MPa/m^2$ 和 $4000J/m^2$。

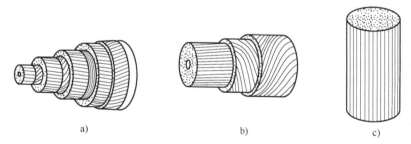

图 2.4　竹纤维的精细结构及仿生纤维双螺旋和普通纤维模型

a）竹纤维的精细结构　b）仿生纤维双螺旋模型　c）普通纤维模型

动物的长骨一般为中间细长、两端粗大、过渡圆滑的哑铃形结构，这种结构既有利于应力的减缓，又避免了应力集中，与肌肉配合使肢体具有很高的持重比。模仿这种结构，把短纤维设计成哑铃形，并计算出端球与纤维直径的最佳比值，用这种形态增强体制得的复合材料强度提高了 1.4 倍。

甲壳的纤维片条中存在许多"钉柱"以及由"钉柱"支撑而形成的空隙，这样的结构形式使材料既轻质又具有较好的刚度和面内抗剪强度，满足了昆虫外甲壳自然复合材料对提高材料强度、刚度、减轻材料重量，以及释放或减轻材料内应力的要求。在昆虫外甲壳中的传感器官和传输物质的管道及孔洞附近的纤维具有较高的密度且保持连续地缠绕，这与孔边的高应力场相适应。当外甲壳发生断裂时在这些地方遇到强烈的抵抗而消耗大量的能量，使材料在孔洞附近具有较好的强度和止裂能力。根据此结构制备的复合材料有更高的强度和断裂韧性。

自然界中，许多生物具有多通道的管状结构。竹子就是一种常见的空心管状生物。这种结构既减轻了自重，又具有较强的抗弯能力，同时竹节也是抵抗横向剪切的关键，是增加竹子强度的重要结构特征。受竹子这种结构的启发，在高层建筑间可以每间隔一定高度就设置加强层，形成类似竹节的结构，来提高整座建筑物的侧向强度。上海金茂大厦就采用这种设计思想，在整体建筑上增加了类似竹节的加强结构。

3. 构件空间结构及仿生

生物为适应环境而逐渐形成高效节能省材的结构，如各种蛋壳、贝壳、乌龟壳、海螺壳以及人的头盖骨等都是一种曲度均匀、质地轻巧的薄壳结构。虽然这种结构的表面很薄（如鸡蛋壳的厚跨比仅为 $1:150 \sim 1:120$），但利用其弧状曲面结构能分散外部作用的特性，可以显著提高其承载能力。它能以极少的材料创造较大的空间，由此形成了一种仿生学原理，即薄壳原理。这种空间结构已被广泛应用于各种大跨度公共建筑中，其结构形式包括拱结构、薄壳结构、网架结构、网壳结构、折板结构、索结构和膜结构等，在自然界中也可以找到它们的生物原型。

关于拱结构的起源猜想很多，许多人认为拱结构是从模仿大自然的天然拱而来的。人类建造各种建筑和桥梁，都需要有一定跨度，如何将跨度顶部的重量传递到支撑部分，就可以借鉴动物骨架等天然拱结构。中生代的恐龙中有很多具有巨大的体型，其身体上部的骨架就是典型的拱结构，可以将躯体自重传递到粗壮的四肢上。

一张纸完全摊平的承重能力很低，但折成锯齿形之后的承载能力就得到很大提高，自然界中也有类似结构。椰子树呈"V"形折叠的长叶即使遭遇狂风暴雨也很少折断，其他很多植物的叶子也是这种"V"形的折板形式。参照这种性能优良的"V"形结构设计出通过薄壁板组合而成的折板结构，大大提高了其抗弯和抗剪强度。伊利诺伊州立大学的集会大厅就采用了类似原理的折板形穹顶。

藤蔓是一种细长的线状形态植物，需要攀附在其他物体上生长。藤蔓较为柔软，可以随意弯曲，抗弯和抗剪强度几乎为零，但位于藤蔓表层的植物纤维具有良好的抗拉性能，因此可以承受其果实自重带来的下拉力。美国建筑师埃罗·萨里宁（Eero Saarinen）设计的华盛顿杜勒斯国际机场候机楼就采用了与藤蔓原理相同的悬索结构，如图 2.5 所示。候机楼两侧各有一排向外倾斜的巨型钢筋混凝土立柱，立柱中间拉有 40 多米长的钢索，屋顶的两端压在立柱上，中间的重量则由钢索承担。

生物生活在大气压力或水的压力中，为了保持正常的生命形态，需要经常调节自身压力。最常见的方法是通过细胞内液压（即胀压）来抵消外界的压力。根据细胞胀压原理，人们设计出充气支撑膜结构。这种结构将膜材固定于预定的结构周边，并利用鼓风机将膜内气压提升到一定高度后，利用内外压力差来抵抗外力。1970 年建成的日本大阪世界博览会富士馆，采用的就是充气支撑膜结构。

图 2.5　华盛顿杜勒斯国际机场候机楼

2.2.2　构材结构仿生方式

生物体的组成、结构决定其性质和功能，而研究这些结构的形成机制和形成过程对材料工作者十分重要。生物体在生命活动中时刻进行着各类反应，形成有机物（生物大分子）或无机物（生物矿物），然后组装成有机物/无机物复合材料。模仿生物体中形成材料的过程或机理来进行材料的设计和制备称为过程仿生。

1. 有机物形成过程及仿生

生物体中的有机反应都是在温和条件下迅速进行的，其产物具有极高的选择性及产率，这种反应的本质就是酶的催化反应。酶是一种蛋白质，作为生物催化剂，与一般的催化剂相比，酶具有高效性、专业性及反应条件温和三个显著特点。因此模拟生物体内有机物的形成过程实质是模拟酶的催化反应过程，这种模拟导致了仿生化学的出现。酶能专一地催化某种反应，主要是由于酶的分子结构中存在一些活性部位包括结合基团和催化基团两部分。结合基团有一定的大小和形状，能与底物的大小和形状相匹配；催化基团与底物上的反应基团或反应部位又相互作用，处于合适的位置，保证每一步反应由不同的基团起催化作用。

酶与底物相结合的作用力是静电吸引力、氢键、范德华力和疏水作用力等非共价键作用力。酶促反应具有高效性是因为酶的存在引入了各种有利效应，主要包括以下几种：

（1）临近效应　酶可以把两个底物结合在活性部位上使之彼此靠近，并具有一定取向。

（2）多元催化效应　几个基元催化反应结合在一起共同进行。

（3）微环境效应　酶的活性中心相当于微环境。

（4）诱导契合效应　酶与底物结合时可以改变底物的构象，部分地包围底物，使催化基团处于最有利的位置。

（5）底物变形效应　酶与底物结合后，一部分结合能用来削弱底物的某些键，使底物较接近它的过渡态，降低反应活化能。

该领域目前的进展是有机物的模板合成（Template Synthesis）。核酸在生物体内按照一定排列传递信息、控制蛋白质的合成，是极高级的模板合成。

2. 矿化过程及仿生

生物矿化是指在生物体内形成矿物质的过程。生物矿化区别于一般矿化的显著特征是，它通过有机大分子和无机物离子在界面处的相互作用，从分子水平控制无机矿物相的析出，从而使生物矿物具有特殊的多级结构和组装方式。生物矿化中，由细胞分泌的自组装有机物对无机物的形成起模板作用，使无机矿物具有一定的形状、尺寸、取向和结构。自然界生物从细菌、微生物到动物、植物的体内均可形成矿物，因此，人们对生物矿化过程、钙化过程的仿生研究给予了极大的关注。

各种生物体矿化过程的详细机制尚不清楚，但一般认为，生物矿化是在有机基质的指导下进行的。特定的生物细胞分泌特定的基质，而特定的基质产生特定的晶体结构。基质作为一个有机高分子的模板塑造和生成矿物，不仅使矿化过程成核定位，而且控制结晶的生长。生物矿化一般可分为以下四个阶段：

1）有机大分子预组织。在矿物沉积前构造一个有组织的反应环境，该环境决定了无机物成核的位置，但在生物体内实际矿化过程中有机基质的位置是动态的。

2）界面分子识别。在已形成的有机大分子组装体的控制下，无机物在溶液中有机/无机界面处成核。分子识别表现为有机大分子在界面处通过晶格几何特性、静电势相互作用、极性、立体化学因素、空间对称性和基质形貌等方面影响和控制无机物成核的部位、结晶物质的选择、晶型、取向及形貌等；这个阶段在晶体的成核、生长，以及微结构的有序组装方面起着关键作用。这里涉及有机物的官能团排列和无机物晶格之间的匹配、静电作用、细胞的遗传和控制等问题，过程相当复杂。

3）生长调制。无机相通过晶体生长进行组装得到亚单元，同时形态、大小、取向和结构受到有机分子组装体的控制。

4）细胞加工。在细胞参与下亚单元组装成高级的结构，这个阶段是造成生物矿化材料与人工材料差别的主要原因。

综上所述，有机大分子预组织形成一个有组织的反应环境；无机物和有机物在界面上发生由分子识别诱导的析出反应从而形成矿物相的晶核；无机物的定向生长和遗传控制；无机物在细胞的参与下同有机物组装成高级结构。

（1）贝壳珍珠层的矿化　贝壳珍珠层的矿化是较慢的矿化过程，首先由细胞分泌的有机基质自组装成层状隔室，每一层有机质上有纳米级小孔，保证上下两层隔室相通。然后在有机/无机间的分子识别作用下，文石晶体从最下面一层有机质上开始定向成核，并向外生长。由于每一层隔室相通，下一层隔室长满后可穿过小孔继续往上一层隔室生长，而小孔可以保证生长所需的离子输运。上一层的晶体填充不需要重新成核，从而既保证了珍珠层中每一层文石晶体具有一致取向，又保证了文石层和有机层交替堆叠，使珍珠层具有优异的力学性能。Gillseppe Falini 通过研究贝壳的有机成分 β-甲壳素、丝心蛋白及其他可溶性大分子（糖蛋白）对 $CaCO_3$ 结晶的影响，探讨了各成分在矿化过程中的作用。结果表明，$CaCO_3$ 的结晶形态总是与被提取的原贝壳晶体结构相一致，即从文石结构贝壳中提取的大分子，可以使 $CaCO_3$ 以文石晶型结晶，对方解石亦然，若溶液中没有这种大分子，则无结晶发生或只有一些球状晶体生成。

（2）骨的矿化　骨的矿化过程较慢，成骨细胞合成分泌有机基质构成有序模板，这一高度有序的胶原基质称为类骨质，类骨质随后矿化成骨。矿化既可以发生于预构造的胶原基质中，也可发生于细胞膜系统的基质囊泡中。在胶原基质的矿化中，胶原纤维本身可提供钙化成核的功能点。胶原纤维主要起结构框架作用，其规则排列形成的周期性分布的孔区提供了矿物成核的模板，而结合在孔区内或附近的非胶原蛋白，尤其是富含羧基或磷酸基团并具有 β-折叠片构象的酸性蛋白如骨涎蛋白等，则提供成核位点、控制晶体取向并在矿物与胶原之间提供架桥。

生物矿物的形成是一个奇特的矿化过程，若能模仿，则可在常温下合成、制造出一些具有特殊性能的材料。这种模仿生物矿化中无机物在有机物调制下形成过程的无机材料合成，称为无机材料的仿生合成（Biomimetic Synthesis），也称有机模板法（Organic Template Approach）。近年来仿生合成已成为材料化学研究的前沿和热点，Science、Nature、Advanced Materials 等知名期刊对此进行了大量报道。在此基础上已形成了一门新的分支学科——仿生材料化学。目前已经用仿生合成方法置备了纳米微粒、薄膜、涂层、多孔材料和具有与生物矿物相似的复杂形貌的无机材料。

（1）纳米微粒的仿生合成　纳米微粒的仿生合成思路主要有两类：一类是利用表面活性剂在溶液中形成反相胶束、微乳或囊泡。这相当于生物矿化中有机大分子的预组织，其内部的纳米级水相区域限制了无机物成核的位置和空间，相当于纳米尺寸的反应器，在此反应器中发生化学反应即可合成纳米微粒，表面活性剂头基对产物的晶型、形状、大小等有影响。另一类是利用表面活性剂在溶液表面自组装形成单层膜或在固体表面用 Langmuir-Blodgett（LB）技术形成 LB 膜，利用单层膜或 LB 膜中的表面活性剂头基与晶相之间存在立体化学匹配、电荷互补和结构对应等关系从而影响晶体颗粒的形状、大小、晶型和取向等。目前已合成了半导体、催化剂、磁性材料的纳米粒子。

（2）薄膜和涂层的仿生合成　一种典型的方法是使基片表面带上功能性基团，然后浸入过饱和溶液，无机物在功能化表面上发生异相成核生长，从而形成薄膜或涂层。表面功能化的基片相当于生物矿化中预组织的有机大分子模板。生物矿化中促进表面成核的有机大分子包括阴离子基团，如酸性多糖中的硫酸根，软体动物贝壳中的含天冬氨酸的蛋白质中的羧酸根，牙齿和骨蛋白质中的磷酸根等，这些功能团可以将可溶性的离子先驱物结合到有机基体表面促使表面生核。

使表面功能化的方法主要有：

1）塑料表面化学改性。例如，将聚苯乙烯与硫酸溶液或蒸汽接触，就可以在表面引入硫酸根，使原本疏水的表面变成亲水。

2）自组装单层（Self-Assembled Monolayer，SAM）法，是指与基体实现化学结合的有机单分子层用于形成 SAM 的有机物是带活性头基 X 的三氯硅烷，三氯硅烷先水解使三个氯原子被三个 OH^- 取代，然后化学吸附到带 OH^- 的基底表面，再发生缩聚形成 SAM，活性头基 X 指向外部空间。

3）电化学沉积功能化聚合物。

4）LB 膜法，即用带磷酸根和羧酸根的表面活性剂制备 LB 膜。

仿生合成的薄膜和涂层具有传统的物理化学方法无可比拟的优点：

1）可在低温下以低的成本获得材料。

2）不用后续热处理就可获得致密的晶态膜。

3）能够制备厚度均匀、形态复杂、多孔的膜和涂层。

4）基体不受限制，包括塑料和其他温度敏感材料。

5）微观结构易于控制。

6）可以直接制备一定图案的膜。

（3）分子自组装合成技术　随着仿生学和超分子化学的发展，材料科学家已在探索将原子、分子按照人的意志组装起来，制备出各种符合功能材料要求的纳米材料。利用有机大分子的模板来诱导和控制无机矿物的形成和生长，是人们从生物过程得到的启示。某些高分子在一定条件下，依赖分子之间的作用力而自发组装成结构稳定整齐的分子聚集体的过程称为分子自组装（Molecule Self-Assembly），该词于 20 世纪 80 年代初由 Sagiv 首次提出。他把载玻片浸入三氯硅烷的 CCl_4 稀溶液中，得到了一层在 SiO_2 表面上自组装成的单分子膜，这可以说是生物膜的一种仿生，它有可能在室温下把分子一层层地从小到大装配成材料或器件。利用自组装膜的极性功能端头可以在金属表面"矿化"，达到材料表面改性的目的。若把该技术与胶体化学方法结合，则可制备出纳米级的有机-无机层层相间的多层异质结构。

分子自组装是使分子间通过非键合力自发组织的超分子稳定聚集体，其技术关键主要有界面分子识别，驱动力如氢键、范德华力、静电力、电子效应、官能团的主体效应和长程作用等。采取自下而上的分子预构建模式，合理利用特殊分子结构中蕴含的各种相互作用，分层次地逐步生长，使其最终巧妙形成模拟生物体的多级结构。分子自组装合成方法主要有：模板合成法、表面功能化法、微压印法、自组织相变法、电化学沉积法。

2.2.3　联结结构仿生方式

生物结构包括三种联结方式，包括构件与构件联结、构件与构材联结、构件与基体联结。因此对应的仿生方式也分为三类。

1. 构件与构件联结结构及仿生

生物结构构件与构件联结方式包括点阵、桁架、网络、层叠、交叠、发散等。网架结构是高次超静定结构体系。王莲为世界上最大的睡莲科植物，其叶片直径可达 3m，最大承重可达 60kg。王莲之所以具有如此大的支撑力，是因为其叶片背面具有排列成肋条状的粗壮叶脉，且支叶脉相互交织呈网状，使整个叶片成为一个不易折断的受力体。借鉴王莲在受力性能方面的优越性，人们提出了一种王莲脉络网架结构形式。蜜蜂的蜂巢是一种轻巧的六边形网格状结构，与其他结构形式相比，它具有结构稳固、经济性好的优点。受蜜蜂蜂巢结构的启发，人们发明了一种新型蜂窝形三角锥网架结构体系。它是一种杆件数和节点数相对较少的网架类型，不仅能使建筑造型美观，还便于施工。此外，受蜂巢结构启发发明了众多复合结构材料，如高强度蜂窝纸板等。美国 Resilient 科技公司与威斯康星大学麦迪逊聚合物研究中心合作研发了一种新型蜂巢式无须充气的轮胎，可用于各种恶劣地形。这种轮胎不仅强度很高，减振性能好，同时还具有优秀的散热和抑制噪声的优点。

2. 构件与构材联结结构及仿生

生物结构构件与构材联结方式包括嵌合、复合、耦合、梯度、多孔、中空等。一些生物结构材料，如竹、木、骨骼和贝壳等，经历漫长的生物进化过程形成了非常独特的结构和优异的性能，这给新材料设计开辟了一条全新的思路。由两种或多种不同性质的材料叠加在一起形成叠层结构，这种结构能够同时拥有两种或多种材料的优点，如比强度、比刚度高，疲劳强度高、轻质高强、易于设计等优点。

海洋贝类壳体可看成是一类生物陶瓷基复合材料，其组成较为简单，由近95%以上较硬的无机相碳酸钙和少于5%韧性较强的有机质（蛋白质、多糖）所构成。通常碳酸钙晶体的强度及弹性模量等比一般氧化物、碳化物晶体低，但当碳酸钙与有机质构成贝壳后，却具有很强的抗挠曲强度和抗压强度。尤其是断裂韧性，明显高于其他人造陶瓷。贝壳的性能是由其结构决定的，即由碳酸钙晶体的规则取向及其与有机质的复合排列方式所决定。海洋贝类壳体一般分三层，外层为角质层（Periostracum），主要由硬化蛋白质构成，厚度极薄；中层为棱柱层（Prismatic Layer）由定向的柱状方解石组成；内层由文石板片组成。

鲍鱼的壳体具有典型的珍珠层结构，碳酸钙薄片与有机质按照"砖与泥"形式砌合而成。碳酸钙为多角片状，厚度为微米量级，有机质为片间薄层，厚度为纳米量级。海螺壳则为层片交叉叠合结构，层厚10~40μm，各层取向互成70°~90°的夹角。研究表明，碳酸钙晶体与有机基质的交替叠层排列是造成裂纹偏转产生韧化的关键所在。一般来说，珍珠层结构具有比层片交叉叠合结构更高的强度和断裂能，但后者在阻止裂纹扩展方面更具优势。

根据文石板片堆砌方式的不同珍珠层可分为两类：砌砖型（Brick-wall）和堆垛型（Stack-up）。珍珠层的生长模型主要有细胞内结晶细胞外组装说、隔室说、矿物桥说和模板说等。基于对海洋贝类壳体的结构与性能的研究，可抽象出一种材料模型，即硬相与韧相交替排布的多层增韧模型。根据这一模型，人们开展了仿贝壳陶瓷增韧复合材料的研究。例如，SiC石墨叠层热压成型，其断裂功提高100倍；SiC/Al叠层热压成型，其断裂韧性提高2~5倍；Al_2O_3/C纤维叠层热压烧结，其断裂韧性提高1.5~2倍；SiN_4/C纤维叠层热压烧结，其断裂韧性提高30%~50%；Al_2O_3/树脂热压成型，其断裂功提高80倍。可见仿生增韧的效果还是非常明显的。金属Al能在一定程度上钝化裂纹尖端，但不能有效地阻止裂纹的穿透扩展；石墨层可造成裂纹在界面处偏转，但这种弱化界面的方法其止裂能力是有限的；纤维、高分子材料的止裂能力优越，有待进一步研究。

目前，仿生增韧陶瓷的叠层尺度都在微米以上，而实际的贝类珍珠层则是纳米级的微组装结构，正是这种特定的有机-无机纳米级复合的精细结构决定了其具有优异的性能。

3. 构件与基体联结结构及仿生

生物结构构件与基体联结方式包括阵列、嵌入等。竹材是典型的纤维增强复合材料，其增强体维管束（Vascular Bundle）的强度大约是基体的12倍，弹性模量是基体的23倍。在竹茎的横截面上维管束的分布是不均匀的，竹茎的横截面如图2.6所示，外层竹青部分致密，内部竹肉部分逐渐变疏，内层竹黄部分又变为另一种细密的结构，即竹材从外表面到内表面增强体呈梯度分布。这是一种非常合理的、能提供与风力作用下径向弯曲应力相适应的强度分布的优化结构模式。按照这种复合模式设计制备的结构仿竹纤维增强复合材料，其平均抗弯强度比具有同样数量纤维但均匀分布的复合材料的平均强度提高了81%~103%。

图 2.6　竹茎的横截面

蛛丝的强度远高于蚕丝、涤纶等一般纺织材料，断裂能居各类纤维之首，高于钢材和凯芙拉（Kevlar）纤维，蛛丝的产生不需要高温和腐蚀性溶剂。蜘蛛产生纤维的过程及纤维本身对人类和环境都是友好的；蛛丝还具有高弹性、高柔韧性和较高的湿模量，是人们目前已知的性能最好的纤维。此外，蛛丝还具有黏着、信息传导、反射紫外线等功能。蛛丝的基本组成单元是氨基酸，尽管不同腺体分泌出的丝以及不同种类蜘蛛产生的蛛丝的氨基酸的组成有较大差异，但所有蛛丝最重要的组成单元均为甘氨酸、丙氨酸和丝氨酸。在分泌带有黏性物质的集合状腺体中含有大量的碱性氨基酸，与蚕丝不同的是，蛛丝含有较多的谷氨酸、脯氨酸等大侧基的氨基酸。

蛛丝中含有结晶区和非结晶区，结晶区主要有聚丙氨酸链段，为 β 折叠链。分子链或链段沿着纤维轴线方向呈反方向平行排列，相互间以氢键结合，形成折叠的栅片。非结晶区由甘氨酸、丙氨酸以外的大侧基氨基酸组成，其中含有活性基团，不利于肽链的整齐排列而形成非结晶区。在非结晶区，大分子多呈 β 螺旋结构。由于结晶区主要由小侧基氨基酸链段组成，其间以氢键结合，分子间作用力很大，沿纤维轴线方向排列的晶区使纤维在有外力作用时有较多的分子链承担外力作用，故有很高的强度。蛛丝良好的弹性被认为是非结晶区的贡献。非结晶区的分子链呈 β 转角状，当受到拉伸时可能形成 β 转角螺旋，从而使其具有良好的弹性。同时沿纤维轴线方向排列的晶态 β 折叠链栅片可以看成是多功能的铰链，在非结晶区内形成一个模量较高的薄壳，使蛛丝具有较高的模量和良好的弹性。

蛛丝的结晶区与非结晶区的结构给人以启示，蛛丝令人难以置信的强度与组成蛛丝的甘氨酸和丙氨酸及其组合方式有关。蛛丝的强度是钢的 5~10 倍，弹性是尼龙的 2 倍，坚韧性是超强纤维 Kevlar Ⅱ 的 3 倍，适合做高级防弹衣。现在的防弹衣多是用 13 层 Kevlar Ⅱ 纤维制成的，用蛛丝取代可使防弹衣更薄，其超级伸长能力使它断裂时能吸收更多的能量，可以使子弹更有效地减速，起到更好的消力防弹作用。1997 年 DuPont 公司已分别在大肠杆菌和酵母中发现了蛛丝蛋白质。同年，Dr. Basel 表示已知道蛛丝完整的基因，并能在大肠杆菌发酵罐中生产，每吨培养液可获得数公斤蛛丝蛋白。而 Tirrel 等人利用 DNA 重组技术合成蛛丝，并克隆了一个特异的基因，把它插入到细菌中，然后利用这种菌合成了蛛丝蛋白质，但是丝纤维的形成过程还无人能模仿。DuPont 公司发现山羊乳液中所含的蛋白质生产模式与蛛丝蛋白质相同，他们将蛛丝蛋白质生产的基因移植到山羊的乳腺细胞中，从山羊的乳液中提取出类似蛛丝的可溶性蛋白，成功地研制出模仿蜘蛛吐丝的最新技术，开发出新一代动物纤维。因其重量超轻、强度超强，被誉为生物钢。美国陆军 Natick 研究所正利用 DNA 合成技术对合成蛛丝进行研究。

2.3 生物材料结构仿生

生物材料大都具有微观复合和宏观完美的结构。人类社会文明的进步和材料科学技术的进步紧密相关。用于社会生产的材料的每一次重大革新和进步都使人类社会文明向前发展一步。生命科学与材料科学相融合，启迪人们从生命科学的柔性和广阔视角思考材料科学与工程问题。材料科学与生命科学融合，涵盖了许多核心科学问题，主要包括：材料系统的开放；能量、物质和信息的传输与交换；材料与生物体的相容性；材料与生物体复合体系的阶层结构与功能构建；生物大分子相互作用对细胞行为控制介导、材料设计，以及转基因植物与材料制备等。这些科学问题的研究进展将为材料科学的发展提供新机遇，并且孕育着新理论、新材料与新技术生物材料具有的精妙结构和形态引起了众多工程结构设计者和材料科学家们的兴趣。目前，人们已开展了生物材料的结构仿生，以及模仿生物体形成中形成材料的过程仿生、模拟生物材料和系统的功能仿生等研究，其成果在航空材料、生物医用材料和纺织材料等方面得到了广泛应用。

2.3.1　构件结构仿生

1. 壁虎爪趾刚毛结构与构件结构仿生

生物界中存在无数稳固的黏附系统和可解除的黏附系统（脱附），这些系统基于黏附原理，黏性装置在运动中能够紧紧地附着在各种基质上。另一类与黏附相关的系统，由于表面的特殊化学成分或表面刻纹，能将黏附降至最低，从而保持表面的清洁。

由于特殊的演化过程，许多结构原理在生物体中同时出现，而一些简单的技术系统则从未在生物体中出现过。许多自然结构难以用现有的技术模拟。

在相当多的动物和植物中，都可以发现黏附结构，包括各种钩子、羽枝、吸盘以及黏性垫。它们通过不同类型的胶料、表面张力、分子黏附或者机械黏接实现功能。

本节以壁虎爪趾的微米阵列刚毛结构为例，介绍其对于仿生学的启示。壁虎爪趾上进化出的具有独特微纳结构的生物黏附系统，使得壁虎能够利用范德华力，在粗糙表面上实现超强的黏附和轻松的脱附。受壁虎黏附结构的启发，并借助于微纳加工技术的迅猛发展，人们能够研究开发高性能的仿生黏附材料，并将它应用于爬壁机器人、微纳转印技术、微操纵、新型医用胶带、柔性器件等领域。

（1）壁虎爪趾刚毛结构　壁虎，爬行纲（Reptilia），蜥蜴目（Lacertiformes），壁虎科（Gekkonidae），壁虎属（Gekko），是具有三维空间无障碍（Three Dimensional-Terrain Obstacle Free，TDOF）运动能力的动物中体重最大的动物。壁虎和其他陆地动物的最大差别是它能够在各种表面运动，特别是在墙面和天花板表面运动，该能力源于壁虎爪趾上的数百万根100多微米长，几百纳米到几微米直径的刚毛和固体表面间产生的基于范德华力相互作用的黏附力。生活在不同环境下的壁虎，爪趾刚毛的分布及其刚毛的微结构均有显著差异。例如，爬墙壁虎爪趾有起黏附作用的脚垫和刚毛，居地壁虎没有类似结构。居于广西、云南山林中的大壁虎和居于北方农家的无璞壁虎爪趾刚毛的结构也存在明显差异，该差异可能源于其生活环境的不同。

对壁虎爪趾毛形态进行观测，科学家发现在壁虎爪趾上有许多趾垫，趾垫的表面横行排列着数目不等的皮瓣，皮瓣上密集生长着数百万根排列整齐的刚毛，其主要成分为 β-角蛋白。壁虎单根刚毛长约为 $100\mu m$，直径约为 $5\mu m$，在刚毛的顶端形成 $100\sim1000$ 个压舌板状分支结构，单支压舌板结构由茎杆末端平坦的类三角形平面组成，压舌板最宽边缘处约为 $200nm$。壁虎爪趾的多层次结构放大图如图 2.7 所示。壁虎刚毛主要由硬质的蛋白构成，且刚毛阵列具有超疏水特性。Alibardi 观测到刚毛表面存在大量的 γ-角蛋白和 β-角蛋白。指状脚垫上的微小刚毛使壁虎具有黏附和攀爬的能力。

（2）壁虎在运动过程中的黏附及脱附机理　研究者对壁虎爪趾黏附机理提出很多假说，其中包括化学黏性胶假说、真空吸附假说、机械互锁假说、毛细黏附假说和分子黏附假说

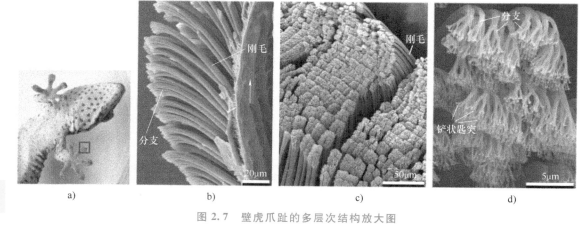

图 2.7　壁虎爪趾的多层次结构放大图

（范德华力）等。近年来，关于壁虎黏附机制的研究取得了突破性的进展。Autumn 测定了单根刚毛的黏附力，并预测刚毛末端的绒毛与表面之间的范德华力为黏附的物理机制。数百万直径几百纳米至几微米，长度 100 多微米的多级分叉的刚毛形态是保证刚毛和基底充分接触的形态结构基础。黏附力不依赖于黏附结构或表面的化学特性，而是高度依赖黏附结构和表面的几何形态。壁虎爪趾刚毛的结构和黏附机制的揭示为壁虎的运动仿生，特别是干式和反复使用的黏附爪趾刚毛的仿生奠定了基础。受此启发，人们研制了各种仿壁虎刚毛结构，目前已经能够产生 10 倍于壁虎刚毛阵列的黏附力。

　　壁虎能够"飞檐走壁"，大壁虎爬 10 层楼仅需 20s，运动速度最快可达 1.5m/s，在天花板上的负重能力可达体重的 5 倍。那么，壁虎在爬行过程中如何实现迅速地脱离呢？研究表明，刚毛与基底间存在临界脱离角，当其夹角大于 30°时，两者间作用力大大减弱，壁虎因此可以顺利抬脚。整个爬行过程是连续的黏附和脱附的过程。整个脱离过程就像是在剥离条带，随着刚毛与基底间夹角的增加，刚毛边缘的应力增加，这将导致刚毛与基底间的连接出现裂纹，随着裂纹的逐渐增大，从而造成脱离。

　　地面对动物的作用力称为地面约束力。当具有 TDOF 运动能力的动物在正、零和负表面上运动时，无论采用何种黏附机理，将接触面对脚掌的作用力称为表面约束力。表面约束力可以分解为法向力、轴向力和侧向力。法向力反映了动物运动过程中重力在各条腿上的分布。对于苍蝇、蜜蜂、壁虎等具有 TDOF 运动能力的动物来说，法向力反映了其在天花板、墙面上运动时黏附力的大小；若轴向力沿着动物身体轴线方向，则反映了动物运动过程中的加速和减速；侧向力垂直于身体轴向，在动物转弯运动中起到很大的作用。了解动物运动的表面约束力，有助于理解动物运动力学，从而进一步理解动物的运动机理。用来实现在壁面上附着的器官主要有爪趾、光滑爪垫和刚毛爪垫。在粗糙表面上动物使用爪趾附着，其附着能力与表面粗糙度、爪趾尖端几何形状和尺寸及附着表面的摩擦系数有关。在光滑表面上动物使用光滑爪垫或刚毛爪垫，如臭虫（Pyrrhocoris Apterus）的光滑爪垫、蝗虫（Tettigonia Viridissima）的附垫表面、苍蝇（Myathropa Florea）的足部纤毛等。光滑爪垫软且可变形，如蟑螂、蜜蜂、蝗虫、斑衣蜡蝉和臭虫的爪垫，这类爪垫与接触表面的附着力以表皮与附着表面之间的分泌液膜为介质。刚毛爪垫覆盖有较长的可变形刚毛，如某些甲虫、苍蝇、蜘蛛、壁虎的爪垫。这类刚毛易弯曲，从而能够与表面形成众多的微接触区。刚毛爪垫的附着力取决于端部接触单元的数量和与附着表面产生紧密接触的能力。具有 TDOF 运动能力的动物依靠冗余的附着机构，既可以在粗糙的表面上附着，同时又能附着于光滑表面。例如，蝗虫同时具有爪趾和光滑爪垫，而壁虎同时具有爪趾和刚毛爪垫。

（3）仿壁虎爪趾刚毛黏附材料的加工和应用

1）仿壁虎爪趾刚毛纤维状黏附结构的加工。自从 Autumn 等人于 2000 年在《Nature》期刊上发表论文揭示出壁虎爪趾的黏附机制以来，仿壁虎黏附材料受到广泛关注。其加工方法主要包括两类，一类是用直接光刻或模板复制的方法对仿生黏附结构进行整体成形，另一类则是利用化学生长或激光逐点扫描固化这种"叠加性"的方法获得仿生黏附结构。另外飞秒激光加工技术也可用于仿生黏附结构的加工。

① 模仿刚毛端部黏附结构。例如，对硅片进行两次深反应离子刻蚀（Deep Reactive Ion Etching，DRIE）制作出带蘑菇状端头纤维结构的硅模具，通过注塑和脱模加工出带蘑菇状端头的黏附纤维。还可以通过控制黏附纤维在不同的条件下固化，得到几种不同端头结构的柱子阵列。这为深入研究端头形状对黏附力的影响奠定了实验基础。

② 模仿刚毛倾斜黏附结构。例如，在对 SU-8 光刻胶进行紫外曝光时将硅片倾斜一定角度，得到与硅片基底成一定倾角的 SU-8 柱子阵列，在柱子末端涂上液态 SU-8 光刻胶，随后将它压在平坦的基底上，并保持这种状态使液态 SU-8 光刻胶固化，可加工出具有抹刀状端头的柱子阵列。还可通过在反应离子刻蚀（Reactive Ion Etching，RIE）设备中引入一个特殊设计的法拉第笼，使得刻蚀性离子倾斜入射到样品表面，这样就能够加工出具有倾斜纳米孔阵列的硅模板，进而复制出倾斜黏附结构。

③ 模仿刚毛分级黏附结构。为了更逼真地模仿壁虎爪趾的黏附结构，进一步增强仿生黏附结构的黏附性能，研究能够加工分级黏附结构的方法成为必要。早在 2003 年，Situ 提出了一种模板复制方法来加工分级黏附结构。首先加工两个分别具有微米级孔阵列和纳米级孔阵列的模板（如多孔氧化铝模板），然后将两个模板黏合在一起，最后通过填充聚合物、固化和脱模即可获得所需的分级黏附结构。2007 年，Del Campo 和 Greiner 提出一种两步光刻的方法来加工分级黏附结构。第一步旋涂和光刻可以使下面的一级结构发生光固化，第二步旋涂和光刻则可使一级结构上更细的二级结构发生光固化，最后通过显影和后烘即可加工出分级黏附结构。

④ 模仿刚毛阵列黏附结构。由于碳纳米管（Carbon Nano-Tube，CNT）阵列具有与壁虎刚毛阵列相类似的特性，如弹性模量高，长径比大，排列紧密等，而且还具有优异的强度，因此研究人员提出用化学气相沉积（Chemical Vapor Deposition，CVD）方法合成 CNT 阵列作为黏附材料。例如，采用光刻、催化剂沉积和 CVD 三步工艺加工出微米尺度图形化的多壁 CNT 阵列，分别用微米尺度的 CNT 束和单根 CNT 来模拟壁虎爪趾的刚毛和绒毛。

2）仿壁虎爪趾刚毛黏附材料的应用。随着仿生黏附力学的深入研究，以及微纳米加工和测试技术的不断进步，仿生黏附材料在爬壁机器人、微纳转印技术、微操纵、新型医用胶带和柔性器件等领域具有广泛的应用前景。下面将介绍仿生黏附材料在爬壁机器人、微纳转印技术和新型医用胶带中的应用。

三维空间无障碍运动仿生机器人是在非结构化、未知环境下能够实现在正表面、零表面和负表面（以地球外法线为正，对应地面、墙面和天花板）等三维空间无障碍运动（Three Dimensional-Terrain Obstacle Free，TDOF）的机器人。该类机器人是特种机器人的一个重要分支，是当今世界最重要的高新技术之一。TDOF 机器人在零表面和负表面上爬行时的附着方式主要有四种：磁吸附、真空吸附、化学吸附和静电吸附。这些附着方式应用于不同的特定表面。例如，在人造卫星表面工作的机器人，由于没有大气压的作用，与卫星表面的吸附连接不能依靠真空吸附；人造卫星上还存在大量的电磁敏感设备，故不能使用磁吸附。本节所介绍的壁虎爪趾具备 TDOF 运动能力，精细的爪趾结构具有黏附力大，对任意形貌的未知材料表面适应性强的特点，同时，对物体表面无损伤、自清洁，可反复使用，对研制机器人黏附爬行机构具有重要借鉴作用。例如，德国凯斯西储大学研究人员研制出一种有顺从吸附足的小爬壁机器人，利用压力感应胶带作吸附垫，采用滚轮的形式，在垂直壁面行走，可跨越凹凸不平的表面；美国斯坦福大学研究小组则开发出壁虎机器人（Stickybot），其足底具有许多微小的聚合体毛垫，通过这些微小的聚合体毛垫能增大足底和墙壁接触面积，进而使由范德华力引起的黏性达到最大化。通过研究壁虎爪趾黏附机理和脱附机理，将对航天机器人、爬壁机器人及管道机器人等脚掌的研制和高适应性工业机械手的开发起到重要启发作用。

仿生黏附材料也被广泛地应用于微纳转印技术中。微纳转印是一种通过调控黏附力来转印微纳结构的加工方法，具体来说，首先利用黏附结构（即"印章"）将制作于原基底上的微纳结构拾起，然后将微纳结构转移并放置到新基底的目标位置上。为了成功实现转印，必须保证拾取时印章与微纳结构的黏附力大于原基底对微纳结构的黏附力，而放置时印章与微纳结构的黏附力要小于新基底对微纳结构的黏附力。现已提出多种微纳转印技术，包括动力学控制转印，表面释放辅助转印，载荷增强转印和激光辅助转印。受壁虎黏附和从仿生黏附结构中发现的通过施加剪切力来调控黏附力的启发，研究人员提出一种新的剪切增强的转印技术，并对这种转印技术的机理进行了理论分析。仿生黏附材料也被提出用于微操纵或微装配等技术中。

近年来人们也将仿生黏附材料应用到生物医学领域。例如，基于微柱阵列的干黏附医用皮肤胶带，这种皮肤胶带可反复使用，不易污染且具有更好的生物兼容性，因为在胶带和皮肤之间有足够的用于空气流通和皮肤分泌物排出的空间。这种胶带可将微型化的生物诊断系统固定到皮肤上，用于心电等生理信息的便携式诊断。还有基于纳米尺度柱子阵列的生物可降解且生物兼容的仿生组织胶带等。

2. 鲨鱼皮肋条/沟槽结构与构件结构仿生

（1）鲨鱼皮肋条/沟槽结构减阻机理　鲨鱼的游泳速度之快令海洋中的其他鱼类望尘莫及，这主要得益于它特殊的皮肤表面。鲨鱼的皮肤表面并不是光滑的，而是由许多具有沟槽结构的鳞片组成。不同种类鲨鱼表皮的微观结构如图 2.8 所示。受鲨鱼皮肤的启发，人们发明了肋条/沟槽法减阻，这种减阻方法是通过制备具有顺向沟槽的类鲨鱼皮结构，这种特殊结构可以改变湍流边界层的流动行为与速度分布，降低水流的黏性阻力，从而具有减阻效果。本节以鲨鱼盾鳞肋条结构为仿生原型，从减阻机理、制备方法，以及仿生应用三个方面对鲨鱼皮肋条/沟槽结构仿生进行介绍。

准确认识鲨鱼皮肋条减阻机理能够明确流场中影响肋条减阻效果的主要因素，为肋条结构的优化设计及未来的工程应用奠定基础。从 20 世纪 80 年代开始，科研人员针对鲨鱼皮肋条减阻机理开展了大量的研究，并提出了多种减阻理论，如二次涡群论、展向流动抑制论、流向涡抬升论、滑移速度论等，然而由于肋条表面湍流运动的复杂性，对于具体的肋条减阻机理目前并没有统一的认识。

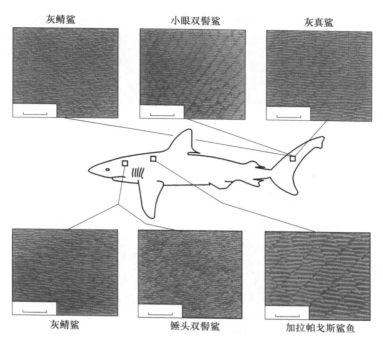

图 2.8 不同种类鲨鱼表皮的微观结构

大白鲨（Mako，Isurus Oxyrinchus）肋条结构如图 2.9a 所示，其体表盾鳞呈覆瓦状排列，形成的盾鳞肋条结构（微观沟槽结构）能有效地保护其体表免受生物污损，同时，在游动过程中，肋条结构阻止了黏性层中顺流涡旋的横向平移，从而减小了其在游动过程中的运动阻力，如图 2.9b 所示。对于大多数鲨鱼来说，其鳞片厚度约 0.2~0.5mm，肋条间距约 30~100μm。一些研究通过对称的二维锯齿形及圆齿形的肋条结构来表征其特点（图 2.9c），并将不同尺寸和不同型式的肋条结构应用于交通、医疗、工业等领域，而根据应用领域和工况不同，肋条结构的尺寸各异。

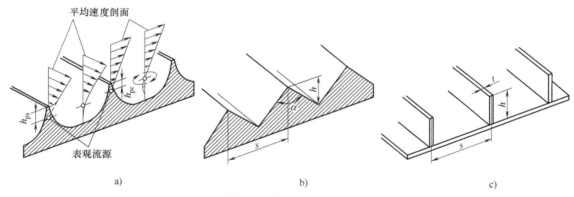

图 2.9 大白鲨肋条结构

（h_{ps} 为纵向突出高度，h_{pc} 为横向突出高度，α 为肋条角度，s 为肋条间距，h 为肋条高度，t 为肋条宽度）

鲨鱼在运动过程中，流体与鲨鱼体表之间发生动量传递，在其体表表面与未扰动流体之间的流体层产生速度梯度，从而使流体远离其体表。鲨鱼的运动阻力与传递动量时所需的能量有关。鲨鱼运动时，在其鳞片表面肋条上产生纵流和横流，其中，纵向突出高度 h_{pl} 与横向突出高度 h_{pc} 之差为 Δh，即 $\Delta h = h_{pl} - h_{pc}$。

肋条结构雷诺数 s^+ 表达式为

$$s^+ = \frac{s u_\tau}{\nu} \tag{2.1}$$

式中　s——肋条间距；

　　　ν——运动黏度；

　　　u_τ——壁应力速度，$u_\tau = \left(\dfrac{\tau_0}{\rho_{fluid}}\right)^{1/2}$，$\tau_0$ 为壁切应力，ρ_{fluid} 为流体密度。

根据布拉休斯法则（Blasius Law），摩擦系数 c_f 被定义为

$$c_f = 0.0791 \left(\frac{U d_h}{\nu}\right)^{-\frac{1}{4}} \tag{2.2}$$

式中　U——平均流速；

　　　d_h——水力直径，$d_h = \dfrac{4A}{p}$，A 为横截面积，p 为湿周润湿周长。

根据范宁摩擦系数（Fanning Friction Factor），摩擦系数 c_f 被定义为

$$c_f = \frac{2\tau_0}{\rho_{fluid}} U^2 \tag{2.3}$$

根据式（2.2）与式（2.3），得到

$$\tau_0 = 0.02797 \nu^{\frac{1}{4}} U^{\frac{7}{4}} \rho_{fluid} A^{-\frac{1}{4}} p^{\frac{1}{4}} \tag{2.4}$$

无量纲速度 u^+ 可表示为

$$u^+ = \frac{U}{u_\tau} \tag{2.5}$$

Schlichting 提出，

$$u^+ = 2.5 \ln l^+ + K \tag{2.6}$$

式中　l^+——垂直于壁的距离；

　　　K——常数。

经计算可得，$K = 5.5$。

假定垂直于壁的距离等于无量纲速度，即

$$u^+ = l^+ \tag{2.7}$$

则

$$l^+ = 2.5 \ln l^+ + 5.5 \tag{2.8}$$

通过式（2.8）计算求得 $l^+ = 11.64$。假定 l^+ 产生偏移 Δh^+，即

$$l^+ = 11.64 + \Delta h^+ \tag{2.9}$$

因此，将会造成常数 K 的偏差，其表达式为

$$K = 5.5 + k_0 \Delta h^+ \tag{2.10}$$

式中　k_0——常数。

根据普兰德尔的普遍摩擦力法则（Prandtl's Universal Law of Friction），可得

$$\frac{1}{(c_{\mathrm{f}}/2)^{\frac{1}{2}}}=2.5\ln\left(\frac{Ud}{2\nu}\left(\frac{1}{2}c_{\mathrm{f}}\right)^{\frac{1}{2}}\right)+K-3.75 \tag{2.11}$$

根据式（2.11）与式（2.3），可得

$$\frac{\Delta c_{\mathrm{f}}}{c_{\mathrm{f}}}=\frac{\Delta K}{(k_1 c_{\mathrm{f}})^{-\frac{1}{2}}+k_2}=\frac{\Delta\tau}{\tau_0} \tag{2.12}$$

式中 k_1，k_2——常数；

$\Delta\tau$——切应力差，$\Delta\tau=\tau-\tau_0$，若 $\Delta\tau/\tau_0$ 为负，则表明阻力减小，若 $\Delta\tau/\tau_0$ 为正，则表明阻力增加。

将式（2.10）与式（2.12）联立，得到

$$\frac{\Delta\tau}{\tau_0}=\frac{k_0\Delta h^+}{(k_1 c_{\mathrm{f}})^{-\frac{1}{2}}+k_2} \tag{2.13}$$

式中，$\Delta h^+=(\Delta h/s)s^+$，因此式（2.13）可表示为

$$\frac{\Delta\tau}{\tau_0}=\frac{k_0(\Delta h/s)s^+}{(k_1 c_{\mathrm{f}})^{-\frac{1}{2}}+k_2} \tag{2.14}$$

即

$$\frac{\Delta\tau}{\tau_0}\propto\frac{\Delta h}{s}s^+ \tag{2.15}$$

根据式（2.4）和式（2.15）可知，肋条结构的减阻性能与 A、p 和 $\Delta h/s$ 有关。

$\Delta h/s$ 值越大，表明其减阻性能越好。$\Delta h=h_{\mathrm{pl}}-h_{\mathrm{pc}}$，由于忽略 h_{pc} 值，此过程可简化为寻求大的 h_{pl} 值。根据伽马函数（Gamma Function）和超几何函数（Hypergeometric Function），h_{pl} 和 h 的渐近方程如下：

$$\frac{h_{\mathrm{pl}}}{s}\approx\left(1-\frac{s'}{s}\right)\frac{h}{s}+\frac{s'}{s}\cdot\frac{h}{2s} \tag{2.16}$$

式中 s'——肋条宽度，$s'=2h\tan\dfrac{\alpha}{2}$。

因此，当肋条角度 α 为常数时，此渐近方程为 h/s 的抛物线，即

$$\frac{h_{\mathrm{pl}}}{s}\approx\frac{h}{s}-\left(\frac{h}{s}\right)^2\tan\frac{\alpha}{2}=-\left[\frac{h}{s}-\frac{1}{2\tan\dfrac{\alpha}{2}}\right]^2\tan\frac{\alpha}{2}+\frac{1}{4\tan\dfrac{\alpha}{2}} \tag{2.17}$$

对于 $h/s>1$ 的情况，渐近方程可写成式（2.18），此方程为平板肋条与锯齿肋条之间的插值曲线：

$$\frac{h_{\mathrm{pl}}}{s}\approx\left(\frac{0.5572}{\pi}\tan\frac{\alpha}{2}+\frac{1}{\pi}\psi\left(1+\frac{\alpha}{\pi}\right)-\frac{1}{\alpha}\tan\frac{\alpha}{2}+1\right)\frac{h}{s}+\frac{\ln 2}{\pi} \tag{2.18}$$

式中 ψ——双伽马函数（Digamma Function）。

用 MATLAB 软件对 h/s 和 h_{pl}/s 进行曲线拟合如图 2.10 所示。

通过拟合曲线可知，当 h/s 在 0.4 到 0.6 之间，h_{pl}/s 达到渐近线，当 h/s 超过 0.6 时，

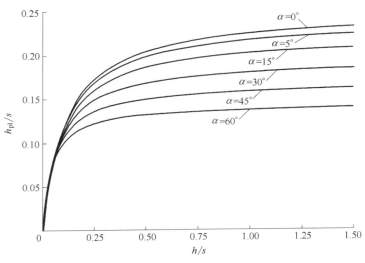

图 2.10 h/s 与 h_{pl}/s 的拟合曲线

h_{pl}/s 曲线几乎不发生变化，且随着 α 的减小，减阻性能增强。

综上所述，肋条结构的减阻性能主要取决于 h_{pl} 值，而 h_{pl} 与 h/s 和 α 相关。同时横截面积 A 和湿周 p 也影响其减阻性能，而 A 和 p 与肋条高度 h 相关。

鲨鱼表皮沟槽结构是三维结构而非二维结构，因此有研究人员使用三维特征的立体沟槽来更好地研究实际鲨鱼皮肤的减阻特性并试着从二维沟槽减阻研究中去发掘尚未发现的减阻方法。然而实验表明分段二维沟槽组合而成的立体沟槽不会比平面连续型沟槽的减阻效果有较大的提高，但沿流向呈正弦形变化的 Zigzag 形肋条、人字形的三维肋条，与二维肋条相比，其减阻效果有一定提升，三维肋条结构如图 2.11 所示。除此之外，研究人员还提出通过构造真实的鲨鱼表皮形状的肋条结构来提升肋条的减阻效果。

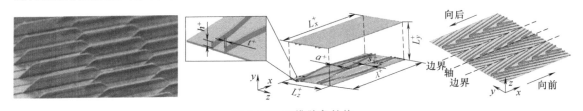

图 2.11 三维肋条结构

（h^+ 为肋条高度，t^+ 为肋条宽度，λ^+ 为正弦波的波长，a^+ 为正弦波的振幅，s_{ave}^+ 为平均横向间距，L_x^+、L_y^+、L_z^+ 分别为 x、y、z 方向上的尺寸）

（2）仿鲨鱼皮制备方法 制备仿鲨鱼皮的方法主要有微电铸法、PDMS 弹性印章翻模法、紫外固化法等，制备仿鲨鱼皮的主要材料是高聚物材料。

1）微电铸法。近年来，在传统电铸法的基础上，形成了一种非硅基微细结构加工的重要方法——微电铸法。微电铸法具有微小复杂结构成形、批量生产和制造精度高的特点。各种精密复杂、微小细致或制作成本很高的且难以用传统方法获得的结构都可用微电铸法制作。微电铸法与传统电铸法有着相同的原理和相似的工艺过程，但由于该方法广泛用于制作微器件或微结构，更多地涉及微米级尺度的问题，与传统的宏观电铸有着显著的差别。

鉴于其在制作微尺度结构、形貌上的优势，微电铸法常被用于制备仿鲨鱼皮表面。鲨鱼皮微电铸生物复制成形过程包括导电层沉积、金属层沉积、脱模得到微电铸模板、复型翻模获得仿鲨鱼皮表面四个步骤，仿鲨鱼皮微电铸生物复制成形工艺简图如图 2.12 所示。首先采用旋转磁控溅射法对鲨鱼皮生物模板进行导电层沉积，一般对鲨鱼皮进行金属铝溅射，为保证溅射后铝膜具有较强的结合力和致密性，实验中先采用射频溅射以在鳞片表面形成致密种子层，然后再采用直流溅射以提高溅射效率。

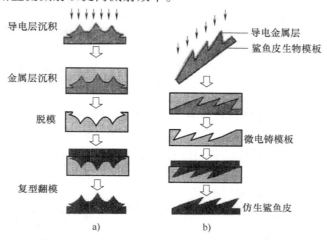

图 2.12　仿鲨鱼皮微电铸生物复制成形工艺简图

a）横向视图　b）纵向视图

2）PDMS 弹性印章翻模法。PDMS 弹性印章翻模法是以真实的鲨鱼的表皮作为生物模板，选择低表面能液态硅橡胶作为复型模具材料，将鲨鱼皮表面微结构印模到 PDMS 材料上，制得与鲨鱼表皮立体形貌相反的负模，利用负模引导各种材料固化成型，从而获得与鲨鱼表皮相似的微结构材料表面。

PDMS 弹性印章翻模法制备仿鲨鱼皮表面工艺简图如图 2.13 所示。首先将混合均匀的有机硅模具胶浇注在鲨鱼皮上，抽真空脱气；室温固化后脱模，即可得到与鲨鱼皮表面微结构空间相反的 PDMS 负模；然后，将此模具置于三甲基氯硅烷上，待三甲基氯硅烷挥发蒸镀到 PDMS 负模模具表面，钝化处理得到表面不具有反应性的负模。将可流动高分子物料浇注到负模中，经抽真空脱气、固化、脱模，即可制得以所选择的高分子为基材的、具有仿鲨鱼皮表面微结构的表面。

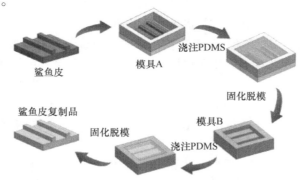

图 2.13　PDMS 弹性印章翻模法制备仿鲨鱼皮表面工艺简图

图 2.14 所示为真实鲨鱼皮及采用 PDMS 弹性印章翻模法制备的仿鲨鱼皮表面扫描电镜图。可以看出，经过该方法制作的仿鲨鱼皮表面呈现出与鲨鱼皮相似的微观结构。

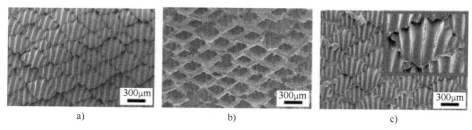

图 2.14 真实鲨鱼皮及采用 PDMS 弹性印章翻模法制备的仿鲨鱼皮表面扫描电镜图

a) 真实鲨鱼皮 b) PDMS 负模复制品 c) 鲨鱼皮复制品

3）紫外固化法。紫外固化法也是仿鲨鱼皮常用的制备方法之一。鲨鱼皮的前处理过程与其他方法类似，在此不做过多介绍。紫外固化法制备仿鲨鱼皮表面工艺简图如图 2.15 所示，软负模是以处理后的鲨鱼皮作为模板通过软印刷的方式获得的。

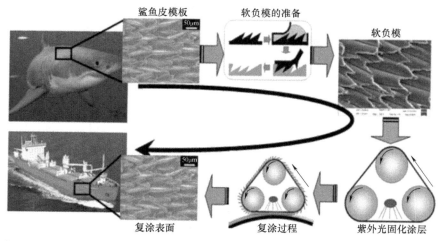

图 2.15 紫外固化法制备仿鲨鱼皮表面工艺简图

紫外固化法以鲨鱼皮表面为模板，获得了仿鲨鱼皮表面。并在此基础上对比了其与平整光滑表面、微沟槽表面的防污性能，具体采用硅藻作为模式生物进行评价。在静态环境中，与平整光滑表面相比，硅藻在微沟槽表面附着量降低至 50%，在仿鲨鱼皮表面附着量则降低至 4%。另外，在动态环境中，与平整光滑表面相比，微沟槽表面硅藻的附着量降低至 35%，而仿鲨鱼皮表面附着量降低至 2%。结果表明，仿鲨鱼皮表面可以有效抑制生物污损。尽管本实验结果证实仿鲨鱼皮表面比微沟槽简化仿生表面表现出更优异的防硅藻附着性能，但并不能说明仿鲨鱼皮表面及微沟槽简化仿生表面具有更优异的防污性能。另外，有些实验研究发现，仿鲨鱼皮表面并不能防止生物污损，这可能与其微结构尺寸及附着生物种类有关。此外，研究还发现，对于微沟槽简化仿生表面而言，通过对微沟槽结构的调控可以实现对其防污性能的优化。

（3）仿鲨鱼皮材料及应用 目前，仿鲨鱼皮材料的应用领域主要有以下几方面：

1）交通运输。国外科研学者将微肋条薄膜结构应用在飞机机翼表面，在较低雷诺数的情况下，较光滑机翼阻力减小。德国研究人员开发出一种仿鲨鱼皮漆，使用该仿生漆的大型货轮可节约大量油耗。美国国家航空航天局将仿鲨鱼皮的肋条结构应用于飞行器和船舶表面以减少阻力。他们在 NACA0012 飞机的表面贴上 V 形沟槽膜后，阻力减小了 6.6%。国泰航空有限公司空客的机身上也贴覆有仿鲨鱼皮薄膜。此外，仿生鲨鱼皮材料肋条减阻原理也成功地应用于美国星条旗帆船比赛中。新型表面贴膜——AeroSHARK 采用仿生学原理，模仿鲨鱼皮肤精细结构，由深度约 50μm 的波纹组成的沟槽结构，应用于飞机表面，可以优化飞机空气动力学，提高燃油效率。以汉莎货运航空波音 777F 货机为例，预计该薄膜可以使飞机在空中的摩擦阻力减少 1% 以上。以整个机队 10 架飞机来换算，每年可节省约 3700t 燃油并降低约 11700t 的碳排放，相当于 48 班从法兰克福到上海的全货机航班的燃油量和碳排放量。从 2022 年开始，汉莎货运航空所有波音 777F 货机机身都将贴上这款 AeroSHARK "鲨鱼皮" 薄膜。

2）竞技泳衣。得益于从鲨鱼皮得到的灵感，SPEEDO 公司研发出了仿鲨鱼皮的泳衣，并在 2000 年悉尼奥运会上创造了奇迹。2004 年，该公司在雅典奥运会上又推出了 "鲨鱼皮" 第二代产品——FASTSKINFS Ⅱ 泳衣。该泳衣具有类鲨鱼皮的形状和质地，通过减少与水流的摩擦力实现快速游动。目前，该款泳衣的最新产品第五代仿鲨鱼皮泳衣也已经开始公开发售。

3）管道运输。国内学者将仿鲨鱼皮材料运用于管道运输。内壁贴有仿鲨鱼皮的管道，其受到的阻力比普通管道减小了 8%。因此若将此技术运用于水、油、气输送管道工程中，节约的总费用将不可估量。

4）海底探测。在当前陆地资源越来越稀缺的情况下，占地球表面积 71% 的海洋为人们提供了广阔的探索空间。各国都竞相开展海底探测计划，进行深海新资源勘探开发、环境预测、防震减灾等研究。将仿鲨鱼皮材料贴附在水下探测器表面，可以减小阻力、增强机动性，有利于海底探测活动的顺利进行。

5）表面防污。终日生活在海水中的鲨鱼，由于其表皮具有特殊结构，因此不会附着任何海洋生物，且在捕食时动作非常迅速。鲨鱼表皮上的微小鳞片排列有序，表面比较光滑。另外，鲨鱼表皮本身分泌黏液，形成亲水低表面能表面，使得海洋生物无法附着其上。我国研制出了一种仿鲨鱼皮薄膜，将其应用于舰船表面可显著减少海洋生物的附着量，而且当舰船达到一定速率时，甚至可帮助舰船实现海洋生物零附着。

3. 甲虫鞘翅构色结构与构件结构仿生

生物界中颜色的成因主要有：色素色、结构色和生物发光。色素色通常指有机色素，色素化合物通过选择性吸收、反射和透射特定波长的光而展现出不同的颜色，其构色机制涉及分子轨道理论。色素色主要有类胡萝卜素、黑色素、靛类、醌类、卟啉，但其不稳定，遇光和具有氧化性的化合物易褪色。结构色是光在微结构中产生反射、散射、干涉或衍射时所形成的颜色。也就是说，结构色是由微结构产生的，即结构不改变便不会褪色，用结构色替代色素涂料更加环保，而且微结构产生的颜色色彩饱和度更高，因此其在显示、装饰、防伪、传感等领域具有广泛的应用前景。自然界中的结构色如图 2.16 所示。

结构色最常见的机制是薄膜干涉、光栅衍射、散射和光子晶体。生物结构色主要来源于薄膜干涉，包括单层薄膜干涉和多层薄膜干涉。光栅衍射的例子包括鲍鱼珍珠层、木槿花。散射包括相干散射和非相干散射。相干散射的例子包括蝴蝶翅和孔雀尾巴等鸟类羽毛羽小支产生的颜色。光子晶体结构产生的颜色如甲虫身上的蛋白石色和海鼠身上的虹彩须毛。当生物在伪装、捕食、信号传递和性别选择时表面结构会发生变化，颜色随之改变。

图 2.16　自然界中的结构色

（1）生物结构构色机制　生物学家将产生结构色的机制分为薄膜干涉和多层膜干涉、光栅衍射、散射和光子晶体。图 2.17 所示为自然界中结构色由单层薄膜干涉和多层薄膜干涉、光栅衍射、散射（相干和非相干散射），以及光子晶体［一维（1D）、二维（2D）和三维（3D）］产生的物理机制的示意图。有时，自然结构色的实际外观可以通过结合不同的物理机制来实现。例如，在大蓝闪蝶中发现垂直方向上的多层膜干涉和水平方向上的衍射光栅。下面对各种物理机制进行简要介绍。

1）薄膜干涉。薄膜干涉包括单层薄膜干涉和多层薄膜干涉，单层薄膜干涉形成的颜色单一且饱和度低，而多层薄膜干涉形成的颜色多样且色彩明亮。由于多层薄膜的折射率不同，光进入薄膜发生折射，并在每一层薄膜的上界面和下界面发生反射，折射光和反射光相互干涉形成多层薄膜干涉。

由薄膜干涉引起的结构色最典型的例子就是肥皂泡的彩虹色。薄膜干涉存在于自然界中，光线从上、下边界反射和干涉。如图 2.17a 所示的薄膜厚度为 d_1、折射率为 n_1，由两

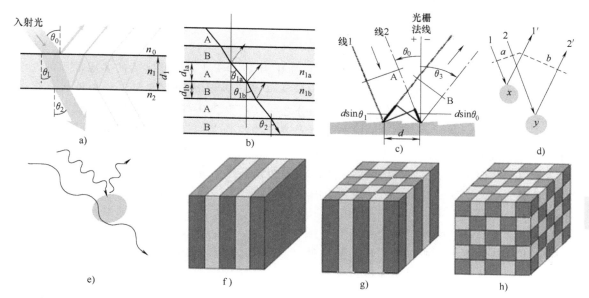

图 2.17 自然界中结构色由单层薄膜干涉和多层薄膜干涉、光栅衍射、散射（相干和非相干散射）以及光子晶体 ［一维（1D）、二维（2D）和三维（3D）］产生的物理机制的示意图

a）单层薄膜干涉 b）多层薄膜干涉 c）光栅衍射 d）相干散射 e）非相干散射

f）一维光子晶体 g）二维光子晶体 h）三维光子晶体

个折射率为 n_0 和 n_2 的半无限介质结合，其反射率理论上可通过对离开反射层的所有光束振幅的总和来确定，这些光束可能在薄膜内产生多次反射。以肥皂泡为例，确定薄膜干涉公式为

$$2n_1 d_1 \cos\theta_1 = (m - 1/2)\lambda \qquad (2.19)$$

式中 λ——最大反射率波长；

$\quad\quad m$——正整数；

$\quad\quad d_1$——薄膜厚度；

$\quad\quad n_1$——折射率；

$\quad\quad \theta_1$——折射角。若用于减反射涂层，则本征薄膜干涉公式变为 $2n_1 d_1 \cos\theta_1 = m\lambda$。

多层薄膜干涉被定性地理解为一对周期性堆积的薄膜。周期性多层薄膜也称为布拉格镜，这种结构亦属于一维光子晶体。多层薄膜干涉在动物中很常见。在自然界中遇到的多层薄膜干涉结构可能相当复杂。例如，在金龟子中，不少于 120 层薄膜被堆叠起来，以产生明亮的金色。假设由 A 和 B 两层构成，厚度分别为 d_{1a} 和 d_{1b}，折射率分别为 n_{1a} 和 n_{1b}，如图 2.17b 所示。当 $n_{1a} > n_{1b}$ 时，将发生相长干涉，多层薄膜干涉公式为

$$2(n_{1a} d_{1a} \cos\theta_{1a} + n_{1b} d_{1b} \cos\theta_{1b}) = m\lambda \qquad (2.20)$$

或

$$m\lambda = 2n_j d_j \qquad (2.21)$$

式中，j 代表层数。

当发生相长干涉时，若光程差等于 $\left(m' + \dfrac{1}{2}\right)\lambda$，则式（2.21）变为

$$\left(m'+\frac{1}{2}\right)\lambda = 2n_j d_j \tag{2.22}$$

式中，m' 为正数。

当光垂直入射时，$m'=0$，则式（2.22）简化为 $\lambda/4 = n_j d_j$，因此完美的多层薄膜的光学厚度应该是 $\lambda/4$，即当层厚度大于测量光束的 $\lambda/4$ 并且薄膜是透明的时，称为理想多层薄膜。如果这些层的间距接近可见光波长的四分之一（约为 380~750nm），则会通过相长干涉产生一种或多种颜色。若这些层的间距偏离光波长的四分之一（即 n_d 不是所有层都相等），则反射面在理论意义上称为非理想多层（对于某些自然情况可能是"理想的"）。因此，与单层薄膜干涉相比，多层薄膜干涉产生的颜色更明亮、更丰富、更饱和，形式也更多样。例如，绿甲虫（Calloodes Grayanus）表现出由均匀周期性多层薄膜干涉引起的绿色波长的强烈反射。

根据多层薄膜结构的层厚度和周期性排布方式可将多层薄膜干涉分为三种：第一种为层堆的层厚度无变化且周期性均匀分布的多层薄膜干涉（图 2.18a）；第二种为层堆的层厚度沿薄膜垂直方向递减或递增且周期性分布的多层薄膜干涉，称为啁啾层堆（图 2.18b）；第三种为层堆的层厚度不规则变化且随机分布的多层薄膜干涉，称为混沌层堆（图 2.18c）。

图 2.18　多层薄膜干涉分类

a）层厚度无变化的层堆　b）啁啾层堆　c）混沌层堆

实际上，还有一些甲虫的鞘翅除了具有艳丽的色彩外，还具有选择性反射特定偏振方向光线的能力。它们的鞘翅微观结构称为螺旋状结构，这种结构非常类似于一种称为 Cholesteric 的液晶结构。每一层结构实际上是由很多小纤维按照某个方向排列在一起组成的，这样形成的层结构实际上是各向异性的，沿着小纤维排列方向是光传播的快光轴（光线在沿此方向传播时速度更快）。对于紧邻的不同的层来说，快光轴方向连续变化，经过一定的层数后，快光轴的方向将发生 360° 的改变，这样一个快光轴度改变所需要的层结构的厚度称之为一个周期。这种结构的最高反射峰值位于 $\lambda = 2nd$。实际上这种结构也是多层周期性结构的变形。拥有此类微结构的甲虫除了会产生艳丽的色彩，还具有对圆偏振光产生选择性反射的能力。这是因为对于各向异性的介质来说，光线在经过它后，顺着光轴方向和垂直光轴方向的电位移矢量的相位不同步，若这两者相位相差正好为 90°，则线偏振光将变成圆偏振光。图 2.19 所示为不同方向圆偏振器下甲虫（Chrysina Boucardi）的不同颜色，我们发现在右旋圆偏振器下，该甲虫的反射颜色消失了，这说明该甲虫只反射左旋偏振光。这种对特定

图 2.19　不同方向圆偏振器下甲虫的不同颜色

偏振方向光反射的选择性正是来源于甲虫鞘翅内部具有的螺旋状微结构。

2）光栅衍射。1818 年，另一种具有反射特性的物理结构——衍射光栅在物理实验室被

开发出来，直到 1995 年，人们才知道它在自然界中也存在。衍射光栅是在垂直于光的传播方向上有周期性的结构。一般来说，要产生衍射作用，衍射光栅的光栅常数应该在光学尺度范围内，即几百纳米。衍射光栅目前已得到广泛应用，例如，用在信用卡或铝箔包装纸上产生类似金属的彩色全息图；用于邮票和钞票上以实现防伪功能。

光栅的基本物理特性与周期性多层薄膜干涉相同，只是周期性的方向不同。在图 2.17c 中，标记为 1 和 2 的两条平行光线入射到光栅上，间距为 d，在波前 A 处两者同相。在衍射时，根据相长干涉原理，若这些光线的路径长度之差 $d\sin\theta_0 + d\sin\theta_3$ 是波长的整数倍，则光栅方程为

$$m\lambda = d(\sin\theta_0 + \sin\theta_3) \tag{2.23}$$

式中 θ_0——入射角；

  θ_3——衍射角。

当波长为 λ 的光从光栅刻槽间距 d 的光栅发生衍射时，它们控制主强度最大值的角度位置与波长 λ 和光栅常数 d 有关。式（2.23）中 m 是衍射级数（或光谱级），是一个整数。$d = 175\text{nm}$ 是人类色觉范围的一个关键周期：对于小于此值的周期，存在零级光栅，周期太短，无法产生除镜面阶（$m = 0$）以外的衍射阶数。当 $m = 0$ 时，光栅就像一面镜子，波长不分离，它导致了 $\theta_3 = \theta_0$，式（2.23）变为

$$m\lambda = 2d\sin\theta_0 \tag{2.24}$$

在发生干涉时，由于从每条狭缝出射的光线在干涉点的相位都不同，它们之间会部分或全部抵消。然而，当从相邻两条狭缝出射的光线到达干涉点的光程差是光的波长的整数倍时，两束光线相位相同，就会发生干涉加强现象。

衍射光栅在无脊椎动物中特别常见。值得注意的是大蓝闪蝶，这种蝴蝶可能是最引人注目的蝴蝶之一。大蓝闪蝶翅膀表面布满了大量鳞片，它们排列整齐有序，体积微小，呈粉末状，其微观结构可以产生色彩斑斓的图案。所有鳞片结构，无论是否能产生结构色，均有从鳞片一端延伸至另一端的脊状结构。脊状结构有层结构与微肋脊结构两种形式。通常脊之间的连接是以层结构或者肋连接以一系列拱形结构实现。在同一片鳞片中，脊状结构分布比较均匀，脊状结构间距一般在 $0.5 \sim 5.0\mu\text{m}$ 之间。在某些物种中，脊与脊之间的连接是通过肋柱形的骨架向上支撑的，肋柱之间是空的。

鳞翅类微结构可以分成三类：鳞体表面上离散脊结构；组成离散的多层膜结构；鳞体本身结构形成的多层膜结构。一些特殊的衍射和散射结构，其结构色来自体内周期性结构产生的布拉格衍射或散射和非周期性结构产生的廷德尔散射或瑞利散射。此外，蝴蝶表现出性二形态虹彩，例如，Lamprolenis Nitida 蝶能够通过相同尺度上的独立成分在不同方向上发出两种不同的虹彩图案，这两种不同的虹彩图案是由与尺度表面成一定角度的不同尺度纳米结构形成的一级衍射光栅产生的，如图 2.20a 所示。

一些多毛蠕虫也通过衍射光栅产生虹彩。虹彩在甲壳动物的须毛或刚毛上特别常见，例如，雄性种子虾（Myodocopina Ostracods，甲壳纲）的须毛上就有虹彩。在甲壳动物中，光栅由横截面为圆形壁的平行环的外表面构成，因此光栅的周期性在 Azygocypridina Lowryi（介形甲壳动物的一种）中约为 700nm，如图 2.20b 所示。珠母贝珍珠层具有强烈的彩虹色，亦是由衍射引起，也有研究表明 Haliotis Glabra 贝类的彩虹色是由衍射和干涉引起的，在其表面下发现具有衍射光栅结构和叠层的珍珠层。甲虫 Sericea 鞘翅表面分布有周期为 800nm

的光栅，其在阳光下会产生明亮的彩虹色。

在植物中也发现了光栅衍射结构。木槿、郁金香属植物的彩虹色来自花瓣表皮细胞上覆的角质层，其具有周期性的长脊微结构，形成了衍射光栅，如图 2.20c 所示。

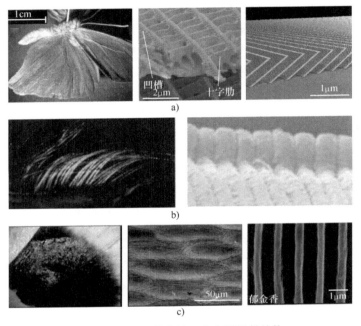

图 2.20　自然界中的一些光栅衍射结构

3）散射。散射是指光学介质的不均匀性使入射光波能量不只沿定向，同时还沿若干其他方向传播的现象。向四面八方散开的光，就是散射光。介质的不均匀性可能是介质内部结构疏松起伏，也可能是介质中存在杂质颗粒导致的。光的散射通常可分为两大类，一类是散射后光的波长、频率发生改变，如拉曼散射；另一类是散射后光的波长、频率不变，如瑞利散射和米氏散射。与颜色相关的散射为第二类散射，即瑞利散射和米氏散射，散射光的颜色与散射颗粒的大小，以及散射颗粒与周围介质的折射率差有关。当散射颗粒尺寸小于光波波长时，散射光强和入射光强之比同波长的四次方成反比（$I \propto \lambda^{-4}$），散射为瑞利散射，此时波长较短的蓝色光会被优先散射，典型例子如天空的蓝色。当散射颗粒大小在 $1 \sim 300\mathrm{nm}$ 之间时，可以观察到很好的蓝色瑞利散射。当散射颗粒尺寸接近或大于光波波长时，瑞利散射理论已不再适用，此时可使用米氏理论，散射颜色不再是蓝色，散射光有时会呈现各种颜色，主要是红色和绿色。当散射颗粒大小接近 $1\mathrm{nm}$ 时，大部分的可见光被散射，散射光呈现白色。

从介质体系的有序性角度，可将散射分为相干散射（Coherent Scattering）和非相干散射（Incoherent Scattering）。相干散射是指体系具有一定有序性、周期性，每个散射体之间会产生相互作用的散射。非相干散射指的是无序体系的散射，每个散射体与入射光单独发生作用并且相互之间没有影响，瑞利散射和米氏散射都属于非相干散射。相干散射和非相干散射的一个区别就是相干散射具有一定的方向性。彩虹色是由相干散射产生的，但相干散射并不总是产生彩虹色。相干散射纳米结构主要有三类：层状、类晶体和准有序。层状和类晶体纳米结构通常会产生彩虹色，这在准有序纳米结构中不存在或不太明显。而非相干散射不会产生彩虹色。

甲虫角质层中发现了特殊的白色，这些白色都是结构色，由纳米级粒子对入射光的非有序、宽带或米氏散射产生。白色结构色是由一种光散射材料产生的，它能均匀地散射所有入射波长。

非相干散射的例子包括蓝天、蓝烟、蓝冰和蓝雪。尽管动物的大多数结构色是通过相干散射产生的，但许多两栖动物的蓝色是由于非相干散射产生的。当光线照射到像青蛙一样的动物的表面时，短波长的光（蓝紫色）大部分被滤光黄体或黄色色素层吸收，其余的被虹膜载体或散射层散射。长波长的光（红橙色）主要通过皮肤的过滤层和散射层，被黑色素细胞或黑色素层吸收。中间波长的光（黄绿色）穿过过滤层，从虹膜载体层表面散射并通过过滤层返回。因此，从表面反射的光含有高比例的黄绿色波长，动物看起来是蓝色的。

一些动物的蓝色被认为是由非相干散射引起的，如蓝色燕尾蝶（Papilio Zalmoxis）、蜻蜓、豆娘（蜻蜓目），以及鸟类的表皮。已发现斑蝶蓝色鳞片的颜色主要是由其结构引起的，其余一部分是由于充满空气的肺泡层的非相干散射（廷德尔散射）引起的，另一部分是由于基底板层中的薄膜干涉引起的。蓝色燕尾蝶的纳米结构不适合非相干散射，因此蓝色是由相干散射引起的。蜻蜓和豆娘的蓝色、非彩虹色、表皮结构色被认为是由于廷德尔散射或瑞利散射引起的。通过对豆娘和蜻蜓的研究，发现观测到的反射光谱不符合廷德尔散射或瑞利散射预测的四次幂反比关系，所以假设相干散射可以发生在球体表面和球体中心的结构上。鸟类皮肤的结构颜色长期以来一直被认为是由非相干散射（廷德尔散射或瑞利散射）引起的，但有研究发现，非虹彩绿色和蓝色是由皮肤胶原纤维的六角组织阵列相干散射产生的。相干散射模型考虑了不同散射波的相位。图 2.21 所示为黄腹雄鸟（Neodrepanis Hypoxantha）眼眶蓝色皮肤内部海绵状体系及其透射电镜显微图和二维傅里叶功率谱。图 2.21c 的结果证实了胶原阵列的纳米结构决定了其所散射的颜色。

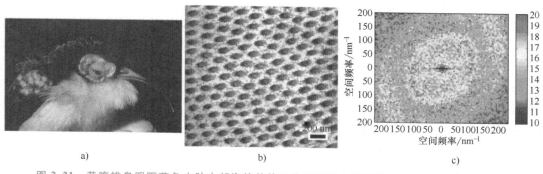

图 2.21　黄腹雄鸟眼眶蓝色皮肤内部海绵状体系及其透射电镜显微图和二维傅里叶功率谱

相干散射包括几个重要的光学现象，特别是衍射和干涉。众所周知的相干散射的例子包括明亮的彩虹色蝴蝶翅膀和孔雀尾巴等鸟类羽毛羽小支产生的结构颜色。若改变观察或照射角度，将影响散射波的平均路径长度，则会出现彩虹色，这种变化将影响散射波之间的相位关系。在许多鱼类身上看到的荧光蓝色，如珊瑚礁大马哈鱼和黑鲷显示的荧光蓝色，就是相干光散射的产物。在植物中也发现了类似的现象。蓝色叶子的产生被发现来自于物理效应，是由于反射蓝光的相长干涉引起的。

4）光子晶体。光子晶体是由不同介电常数的介质材料在空间呈周期排布组成的结构，当电磁波在其中传播时，遵循折射、反射、透射原理，电子周期性的布拉格散射使电磁波受到调制而形成类似电子的能带结构，这种能带结构称为光子能带（Photonic Energy Band）。在合适的晶格常数和介电常数比的条件下，在光子晶体的光子能带间可出现使某些频率的电磁波完全不能透过的频率区域，此频率区域称为光子带隙。光子晶体分为一维光子晶体、二维光子晶体和三维光子晶体。

一维光子晶体是介电常数不同的两种介质块交替堆积形成的结构（图2.17f），如法布里-珀罗腔光学多层的增反/透膜等。二维光子晶体是介电常数在二维空间呈周期性排列的结构。典型的二维光子晶体是由一些圆的或方的介质柱在空气中排列成六方晶系（三角形或者石墨结构）组成的，或者由空气孔在介质中规则排列组成（图2.17g），其介电常数在垂直于介质柱的方向上是空间周期的函数，而在平行于介质的方向上是不随空间位置变化的，因此二维光子晶体在 x-y 平面上具有周期性，而在 z 方向上是连续不变的。三维光子晶体是由两种介质块所构成的空间周期性结构（图2.17h），在 x-y-z 平面上均具有周期性，即在三个方向都具有频率截止带，而不是在某一个或两个方向具有光子带隙，因而称为全方位光子带隙。

目前对生物结构色中一维光子晶体的研究较少，二维光子晶体结构主要存在于鸟类羽毛中，而甲虫鞘翅中的光子晶体结构主要是三维光子晶体结构。

生物光子晶体被定义为折射率在空间中周期性变化的介质。二维和三维光子晶体的典型样品分别在海鼠和象鼻虫蛋白石中首次发现。现在，光子晶体已经在海洋动物、昆虫和鸟类中被发现。二维和三维光子晶体在海洋动物、鸟类、昆虫（甲虫、蝴蝶）和植物中更为常见。类似的光子晶体型结构色在动物世界中相继被发现，并成为结构色的常见表现形式之一。

在合成人造光子结构的几十年前，研究揭示了光子晶体自然形成的复杂而优雅的过程，而水生系统是许多早期研究的主题。海鼠（Aphrodita Aculeata）的显著特征是身体下侧有惊人的虹彩，与毛发和棘有关。棘的彩虹色是由类似光子晶体结构的规则性引起的，并且海鼠利用部分光子带隙来实现其显著的着色效果。在栉水母中发现了纤毛紧密排列的二维光子晶体。栉水母是一种透明的海洋动物，其栉板呈彩虹色，当它游动时，彩虹色向下传递，纤毛呈规律性阵列，每一个都位于正交晶格的一个节点上，其模型如图2.22a所示。其他二维光子晶体结构的例子可以在蛇尾海星（Ophiocoma Wendtii）的背腕板中找到。对蛇尾海星的臂小骨的分析表明，在光敏感物种中，复杂的方解石骨架的外围延伸成规则的球形微结构阵列，这些微结构具有特征性的双透镜设计，可最小化球差和双折射，并可探测特定方向的光。海绵骨针具有显著的光纤特性和光导作用，可以提供高效的光纤网络，另外长骨针传导光时具有选择性，只有 615～1310nm 波长的光可以通过，传输效率为60%。因而，这些骨针可作低通和高通滤波器用于光接收系统。

一些鸟类的虹彩色羽毛是由于其羽小支内部的二维光子晶体结构所致。研究发现，孔雀羽毛不同颜色羽小支构色的主要原因是其具有二维光子晶体结构。蓝色、绿色、黄色羽小支的晶格结构近似于正方形，而棕色羽小支的晶格结构为矩形；不同颜色羽小支的二维光子晶体结构的晶格形状、晶格常数和周期不同。黑嘴喜鹊不完全是一种黑白相间的鸟，事实上，其长长的尾巴是由黄绿色的彩虹色羽毛构成的，且在其翅膀的黑暗区域存在蓝色，如图2.22b

所示。对于黄绿色羽毛来说，其结构模型实际上是一个由角蛋白和黑色素组成的均质块（折射率为2），其中包含六边形晶格的平行空气通道，相邻空穴的距离为180nm，而空穴的大小为50nm。在雄性蓝蝴蝶的蓝色鳞片中也发现了二维光子晶体结构，即波纹状的堆叠层。

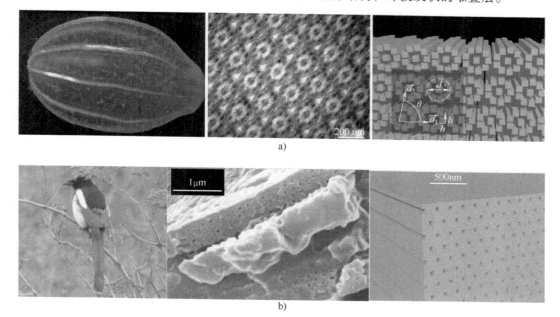

图 2.22 一些自然界中的二维光子晶体

在一些甲虫和蝴蝶中发现了三维光子晶体。蝴蝶鳞片在纳米结构和光学功能上极其多样化。三维光子晶体在象甲虫和长角甲虫中较为常见。由于其光子晶体结构类似于蛋白石，象甲虫表面具有相对均匀、从任何方向都可见的金属般色泽，其鞘翅表面分布有直径为0.1mm的鳞片，鳞片的内部结构是一些透明的固体小球阵列（球体直径为250nm），小球非常准确而有序地以六角密堆结构排列，因此晶体的晶格常数接近光波长的一半，它就像一个三维衍射光栅。另一个象甲虫三维光子晶体的例子是巴西的钻石象甲虫（Entimus Empisti），其凹坑中充满了数以百计的水滴形鳞片，鳞片由甲壳素组成，甲壳素晶体以钻石形排列。根据不同的角度，一只钻石象甲虫的微小的鳞片可以从正方形晶体部分反射蓝绿色的光，从六边形部分反射橙黄色的光。Glenea Celia 甲虫鞘翅具有明亮的绿色，对其绿色部分进行研究发现其为多个绿色鳞片覆盖而成，对绿色鳞片截面的微观结构观测发现其中存在许多有序的三维结构，晶格呈蛋白石状，晶格与晶格之间丝状连接，正是这些三维结构导致了其明亮的绿色。在长角甲虫（Prosopocera Lactor）（天牛科）的鳞片中发现了三维光子晶体颗粒。局部几何结构可以描述为一个由短棒连接的面心立方（Face-Centered Cubic，FCC）球体阵列，让人联想到化学家用来可视化原子结构的球棍模型。另一种白甲虫（Cyphochilus，spp.）也具有三维光子晶体结构，这种结构来源于其鞘翅上覆盖的白色鳞片，鳞片断裂边缘由直径约为250nm的相互连接的角质细丝的随机网络组成。

蝴蝶翅膀的光子晶体结构，如在 Parides Seostris、Thecela Sp. 和 Vaga Sp. 中发现的反蛋白石结构，即几丁质基质中规则排列着的气孔结构。许多凤蝶和灰蝶的结构色是由三维光子晶体产生的，其类型为 Gyroid 拓扑光子晶体，即由介电表皮几丁质（折射率 $n = 1.56 +$

0.06i）和鳞片中的空气组成的复杂网络。

光子晶体结构也存在于植物中。雪绒花（Leontopodium Nivale）花朵上分布的长纤维是一种中空管结构，其外表面分布一系列平行条纹，形成三维光子晶体，通过衍射效应，长纤维吸收大部分紫外线，有效地保护花朵免受强烈紫外线辐射。

5）结构色变色。生物体结构上的改变将导致生物体在伪装、捕食、信号交流和性别选择时颜色发生变化。例如，鱼类、头足类动物、鸟类、甲虫和蝴蝶都会经历基于多层薄膜干涉和光子晶体的颜色变化。

对于多层薄膜干涉的机理，不同层的折射角按照式（2.20）中的 θ_{1a} 和 θ_{1b} 可以从斯内尔定律得到 $n_{1a}\sin\theta_{1a} = n_{1b}\sin\theta_{1b} = n_0\sin\theta_0$，其中 θ_0 是与空气的入射角，n_{1a}、n_{1b} 是折射率，θ_{1a}、θ_{1b} 是折射角（下标表示层）。入射角为 θ_0 时的反射波长峰值 λ_{max} 可以表示为

$$m\lambda_{max} = 2\left(d_{1a}\sqrt{n_{1a}^2 - n_0^2\sin^2\theta_0} + d_{1b}\sqrt{n_{1b}^2 - n_0^2\sin^2\theta_0}\right) \tag{2.25}$$

当一种物质被白光照亮时，我们的眼睛只能看见特定波长范围的反射光（380～770nm），因此我们就会看到特定的颜色。不同波长的电磁波对应人眼看到的不同颜色，如：622～770nm，红色；597～622nm，橙色；577～597nm，黄色；492～577nm，绿色；455～492nm，靛蓝色；350～455nm，紫色。波长 λ 的变化会导致人眼感知颜色的变化。从式（2.25）可以很容易地看出，d、n 和 θ_0 与多层薄膜中的光路有关，因此导致不同波长干涉峰的移动。图 2.23a～c 所示分别为 d、θ 和 n 的变化，导致头足类动物（蛋白血小板之间细胞外空间的膨胀和压缩）、霓虹四角鱼（倾斜蛋白血小板）和甲虫角质层（通过吸收液体改变多孔层的折射率）的颜色变化。

根据三维光子晶体的基本机制，颜色还取决于立方最密堆积（CCP）（111）面的折射率、倾斜角和间距。反射波长 λ 用布拉格方程和斯内尔定律结合来表示，

$$m\lambda = 2d_{111}\sqrt{n_{eff}^2 - \sin^2\theta_0} \tag{2.26}$$

式中　m——正整数；

d_{111}——CCP（111）平面之间的距离；

n_{eff}——平均折射率；

θ_0——入射角。从式（2.26）可知，可以通过控制 d_{111}、n_{eff} 和 θ_0 三个参数来改变结构颜色。实际上，在三维光子晶体中，最容易使颜色发生变化的方法是改变 d_{111}。图 2.23d～f 所示为三种基于胶体的软材料的结构类型，它们通过衍射可见光表现出可调的结构颜色。图 2.23d 所示为蛋白石复合材料（3D 紧密堆积型）；图 2.23e 所示为反蛋白石的截面结构；图 2.23f 所示为嵌入软材料中的非紧密堆积型胶体晶体的截面结构，通常是水凝胶，它们都可以通过调整 d_{111} 的值来改变颜色。蛋白石复合材料中的弹性体在胶体晶格的可逆调谐中起着重要作用，如图 2.23d 所示。使用蛋白石作为模板，可以产生逆蛋白石结构，其表现出多孔形态和可调颜色，如图 2.23e 所示。图 2.23f 所示为嵌入聚 N-异丙基丙烯酰胺水凝胶中的胶体晶体，其晶格间距由水凝胶中的温度诱导相变调节。

生物颜色改变包括可逆和不可逆。可逆的颜色变化可通过色素、微观结构或其组合的变化（自然光选择性吸收产生的色素和自然光与微观结构相互作用产生的结构色）发生。不可逆的颜色变化与老化同时发生，例如，大白斑蝶（Idea Leuconone）的蛹在化蛹后两天内颜色从黄色变为金色。

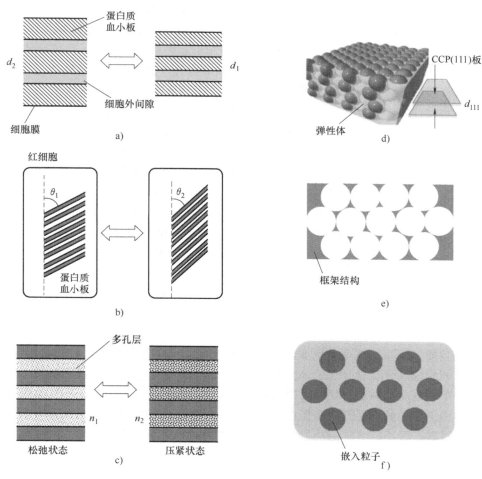

图 2.23　一些结构色变色机理

一些可逆的颜色变化是由结构色的选择性反射引起的。与许多金龟子一样，麦卢卡甲虫（Pyronota Festiva）选择性地反射手性光，通常为绿色，可用于伪装，但还可以变成紫色、蓝色、橙色、红色或棕色，与角质层多层薄膜结构的水合作用有关。几种鳞翅目蝴蝶翅膀的颜色变化是由光子纳米结构引起的，其结果是入射光与偏振光部分结合并多次反射。这种快速改变颜色的能力使它们很难被捕食者捕获。随着视角的改变，蝴蝶的颜色也会发生变化，而颜色变化的程度则取决于品种的不同，例如，在塞浦路斯闪蝶中，翅膀的颜色会很快变成黑色，而在欢乐女神闪蝶中，颜色变化不明显。在天堂鸟的求偶过程中，雄性鸟胸前羽毛会突然在黄色、蓝色和黑色之间切换，因为其羽小支横截面呈现回飞棒状结构，就像三色镜一样。由于表面微结构影响颜色的干涉和混合，大多数虎甲虫表面呈现出跟岩石或者土壤接近的颜色，有利于其更好地隐蔽自身不被天敌发现。对于光子晶体，其光子带隙的位置和宽度主要由晶格参数和材料折射率或介电常数决定。蛋白石结构光子晶体可通过改变晶格参数和电介质折射率得到可变结构色。

结构色变化还有另一种机制，即水化水平的变化会导致多层薄膜结构厚度的变化，从而改变其折射率。在有序光子晶体中，混合大气中的相对气体/蒸汽浓度变化会导致颜色变化。

一些甲虫的鞘翅中存在与湿度和微观结构有关的颜色变化，如大力士甲虫表皮的三维多孔结构、Charidotella Eregia 甲虫中的啁啾多层薄膜干涉、长角甲虫 Tmesisternus Iabellae 鳞片内部的多层薄膜干涉、Hoplia Coerulea 甲虫内部的二维光子晶体结构等。除了内部结构的可逆变化会导致甲虫体色发生可逆变化外，甲虫体表微观结构的可逆变化也可导致体色发生可逆变化，例如，沙漠甲虫（Cryptoglossa Verrucosa）可以在高湿度环境中由浅蓝色变为黑色。当甲虫体表吸水时，致密的丝状结构会变为凸包结构，导致体表对光的散射产生变化，从而产生不同颜色的视觉效果。还有研究发现，大闪蝶翅膀鳞片随着水蒸气、乙醇蒸气和甲醇蒸气这三种介质的折射率的不同而改变颜色。一些头足类物种，如鱿鱼、乌贼和章鱼，几乎可以瞬间改变体色来伪装和传递信号。鱼类是在兴奋或压力下可以表现出生理色彩变化的动物。因此，这些情况下的结构颜色被称为动态颜色，动态颜色根据环境的变化而变化。相比之下，羽毛颜色通常被认为是相对静态的，仅在几个月内发生少量变化，而最新的研究表明，哀鸽（Zenaida Macroura）彩虹色羽毛颜色的变化与其羽毛中的水分有关。

（2）甲虫鞘翅构色结构与机制　甲虫鞘翅的结构色形成机理主要包括薄膜干涉、光栅衍射、散射和光子晶体等。

日本甲虫（Chrysochroa Fulgidissima）体表呈现出艳丽的彩虹色，且从不同角度观察，其体色会发生变化，如图 2.24a 所示。从 0°、20°、30°分别观测甲虫正面、背面和侧面体表的颜色变化。在 0°下观测正面、背面和侧面体色分别为绿色、橙色和紫色；在 20°和 30°下观测正面、背面和侧面，体色分别变为深绿色和蓝色、金色和黄绿色、红色和橙色。在 0°下对甲虫正面绿色部分、背面橙色部分和侧面紫色部分的截面微观结构进行观测，发现这三个部分的内部微观结构为层厚度不同的均匀多层结构，如图 2.24b 所示。甲虫体表正面、背面和侧面截面多层结构的层厚度和折射率的不同使其呈现出不同颜色，当从不同角度进行观测时，光通过这三种不同多层结构发生反射和折射后进入人眼的光波长即发生变化，因此便呈现出不同颜色。

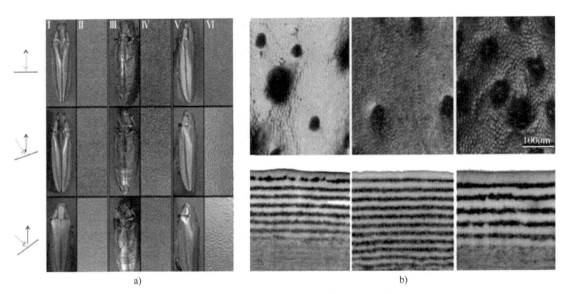

a)　　　　　　　　　　b)

图 2.24　甲虫体表颜色及其截面微观结构

Aglyptinus Tumerus 甲虫鞘翅表面具有衍射光栅结构，如图 2.25a 所示，当白光照射到甲虫鞘翅上时，其表面的衍射光栅对白光进行分解，将不同波长的光以不同的角度从光栅中反射和折射出去，形成有序的彩虹色序列，因此其鞘翅表面呈现绚丽的彩虹色，如图 2.25b 所示。

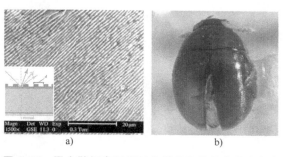

图 2.25　甲虫鞘翅表面衍射光栅结构及体表的彩虹色

Cyphochilus 甲虫体表呈现白色，如图 2.26a 所示，其鞘翅表面密集分布着白色的鳞片，如图 2.26b 所示，鳞片长 250μm、宽 100μm、厚 7μm，如图 2.26c 所示，对其内部微观结构进行观察发现随机交联排布的网络丝状结构（丝状结构长度小于 1μm，直径约为 250nm，其占空比为 60%左右），如图 2.26d 所示。由于鳞片内部的网络丝状结构对进入鞘翅的光进行散射，使不同波长的光均发生无规则反射和折射，进入人眼后全部可见光波段的光融合在一起即为白色，因此该甲虫鞘翅在目测下为白色。

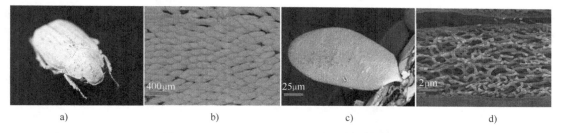

图 2.26　Cyphochilus 甲虫及其鳞片内部结构

a）Cyphochilus 甲虫　b）鞘翅上密集分布的鳞片　c）单个鳞片　d）鳞片内部结构

象甲虫鞘翅中心部分呈现具有金属光泽的橙黄色，但边缘部分却呈现绿色，如图 2.27a 所示。在光学显微镜下观测发现其上紧密排布着鳞片如图 2.27b 所示。用聚焦离子束（Focused Ion Beam，FIB）对鳞片上表皮进行切除，配合扫描电子显微镜（Scanning Electron Microscope，SEM）观测发现其内部的微观结构并不一致，如图 2.27c 所示。以白色虚线为分割线，左侧与右侧的光子晶体结构排布方式不同，左侧的光子晶体结构相较于右侧的倾斜 60°。对鳞片截面进行逐步切除，每切除 238nm 观测一次可以发现其表面孔洞的排布方式发生改变，但仍然呈规则排布。因此，SEM 下观测到的两种光子晶体结构排布，其实是一种光子晶体结构。建立图 2.27d 所示的结构单元，将结构单元在六个维度上相对于 z 轴分别倾斜 33.6°、37.5°、34.2°、88.2°、89.6° 和 91.8°。建立图 2.27e 所示的结构模型，其在不同角度下的光子晶体结构排布方式，与 SEM 下观测的结果基本一致。

1）甲虫鞘翅多角度变色及其构色机制。黑色甲虫（Lomaptera）体表在暗漫射和强漫射照明下会呈现出彩虹色，黑色甲虫不同角度下的颜色变化如图 2.28a 和图 2.28b 所示。对其

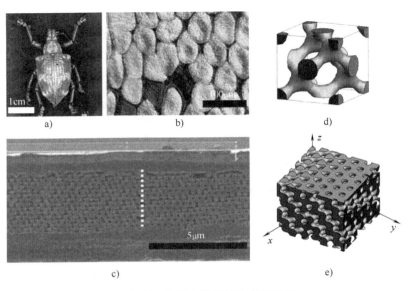

图 2.27 象甲虫及其鳞片内部结构

a）象甲虫 b）鞘翅上的鳞片 c）鳞片内光子晶体结构 d）光子晶体结构单元 e）光子晶体结构模型

表面和内部微观结构进行观测，发现其表面规则分布锯齿形衍射光栅鞘翅表面微观结构，如图 2.28c 所示，光栅常数为 1.45μm。光栅下为明暗交替的多层结构（其暗层层厚为 119nm，明层层厚为 67nm），其总层数约为 90 层，鞘翅截面微观结构如图 2.28d 所示。对其体表进行光学测试，然而未在测试结果中发现与此多层结构光学计算相符合的反射率曲线，因此甲虫体表的颜色变化成因主要是漫射光在光栅上进行衍射使得黑色体表形成彩虹色带。

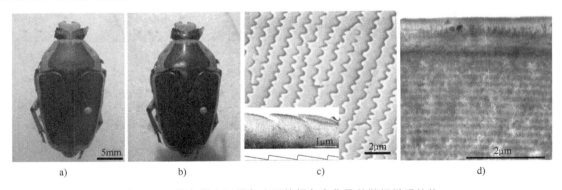

图 2.28 黑色甲虫不同角度下的颜色变化及其鞘翅微观结构

a）暗漫射照明下的甲虫颜色 b）强漫射照明下的甲虫颜色 c）鞘翅表面微观结构 d）鞘翅截面微观结构

图 2.29a 所示为虹彩蓝绿色甲虫（Chlorophila Obscuripennis）。在高倍光学显微镜和 SEM 下观测其鞘翅表面，发现隆起部分为绿色，凹陷部分为青蓝色，如图 2.29b 和图 2.29c 所示。用透射电子显微镜（Transmission Electron Microscope，TEM）分别对隆起和凹陷部分的截面微观结构进行观测，二者均为多层结构，但其层结构的层厚度不同，如图 2.29d~f 所示，隆起和凹陷部分浅色层的层厚度分别为 90nm 和 78nm，深色层的层厚度均为 66nm。对其鞘翅进行 0°、20°、40° 和 60° 的多角度光学测试，得到的反射率波峰分别出现在 520nm、

506nm、477nm 和 446nm 处，如图 2.29g 所示，因此甲虫鞘翅呈现虹彩蓝绿色并且可以多角度变色主要是由于上表皮多层结构对光进行干涉而形成的。

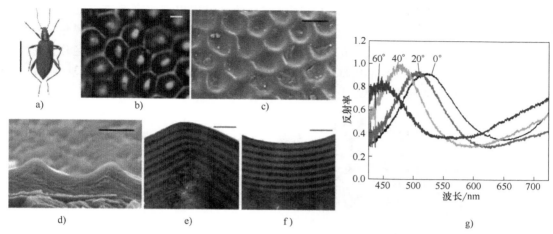

图 2.29　虹彩蓝绿色甲虫及其微观结构

a）虹彩蓝绿色甲虫　b）光镜下的鞘翅　c）鞘翅表面微观结构　d）鞘翅截面微观结构
e）鞘翅隆起部分截面上表皮微观结构　f）鞘翅凹陷部分截面上表皮微观结构　g）多角度光学测试结果

Anoplophora Graafi 甲虫体表呈现暗金属蓝和暗金属绿色，如图 2.30a 所示，但在光学显微镜下其体表鳞片呈现出蓝色、绿色、红色、紫色和黄色，如图 2.30b 所示，且从不同角度观察，发现其体色不一。鳞片内部为光子晶体结构，如图 2.30c 和图 2.30d 所示，其由纳米颗粒构成，而不同颜色鳞片内部的纳米颗粒尺寸不同。蓝色、绿色、黄色、红色和紫色鳞片内的纳米颗粒尺寸逐渐增加，蓝色和紫色鳞片内的纳米颗粒尺寸分别为 200nm 和 270nm，图 2.30e 所示为绿色鳞片内的纳米颗粒。

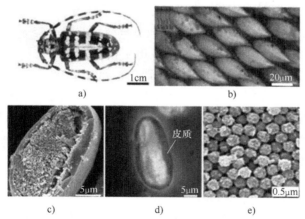

图 2.30　Anoplophora Graafi 甲虫及其鳞片内部微观结构

a）Anoplophora Graafi 甲虫　b）鞘翅表面鳞片　c）SEM 下绿色鳞片内部微观结构
d）光镜下绿色鳞片内部微观结构　e）绿色鳞片内的纳米颗粒

2）甲虫鞘翅不可逆变色及其构色机制。异色瓢虫（Harmonia Axyridis）从幼虫到蛹期个体间无明显差异，成虫后体色发生变化，橙色或黄色体表上的黑色斑点分布不规则，斑点数量也各不相同，在 0~20 个之间，且这种体色变化为不可逆变化，不同体色异色瓢虫如图

2.31a 所示。光学测试结果中黑色斑点部分的反射率曲线几乎无波动，橙色部分的反射率曲线在波长 600nm 处出现峰值，如图 2.31b 所示，这表明不同波长的光入射到黑色部分被吸收和反射的部分差不多，且在橙色和黑色斑点部分的光谱中出现多层薄膜对光作用的波峰值。将该甲虫用过氧化氢浸泡 12 个小时后，其鞘翅会发生褪色变化，这说明黑色斑点和橙色部分存在色素，色素化合物被氧化后便会褪色，如图 2.31c 所示。对鞘翅黑色斑点和橙色部分进行微观结构观察，发现其内部均为致密的多层结构，如图 2.31d 和图 2.31e 所示，因此异色瓢虫不同颜色的成因主要是由于色素色和多层结构共同作用的结果。

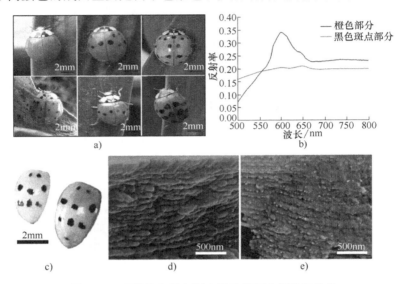

图 2.31　不同体色异色瓢虫及其鞘翅内部微观结构

a）不同体色异色瓢虫　b）鞘翅黑色斑点和橙色部分反射率测试结果
c）经过过氧化氢浸泡和未浸泡的鞘翅　d）鞘翅黑色斑点部分内部微观结构　e）鞘翅橙色部分内部微观结构

Ceroglossus Suturalis 甲虫成年后具有棕色和绿色两种不同金属光泽的体色，且这种体色为不可逆变化，如图 2.32a 所示。棕色和绿色甲虫鞘翅表面均有棱纹结构，如图 2.32a 所示，其分别是由多个凸包结构和凹坑结构串接形成，如图 2.32b 和图 2.32c 所示。两种颜色甲虫鞘翅上表皮截面结构均为多层结构，如图 2.32d 所示。绿色甲虫鞘翅上表皮截面为 9 个明暗周期分布的多层结构，明、暗层厚度分别为 100nm 和 60nm；棕色甲虫鞘翅上表皮截面为 20 个明暗周期分布的多层结构，明、暗层厚度分别为 120nm 和 70nm。根据多层结构的层厚度进行光谱理论计算，绿色和棕色甲虫鞘翅的反射率波峰分别为 556nm 和 644nm，光谱理论计算结果与其呈现颜色基本相符，因此棕色和绿色甲虫鞘翅表面的金属光泽颜色是其内部多层结构和表面微观结构共同作用的结果。

Phelotrupes Auratus 甲虫经过羽化后可以形成紫色、绿色和红色三种不同的体色，如图 2.33a～c 所示。利用 SEM 观测其鞘翅截面微观结构，发现紫色甲虫鞘翅内部为 12 层明暗交替的多层结构，明层厚度为 76.1±15.3nm，暗层厚度为 74.6±7.3nm，如图 2.33d 所示；绿色甲虫鞘翅内部为 10 层明暗交替的多层结构，明层厚度为 88.6±11.6nm，暗层厚度为 86.3±7.6nm，如图 2.33e 所示；红色甲虫鞘翅内部也为 10 层明暗交替的多层结构，明层厚度为 114.2±11.9nm，暗层厚度为 98.2±15.9nm，如图 2.33f 所示。图 2.33g～i 所示为三种

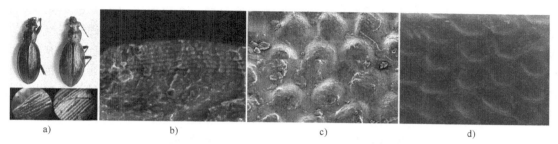

图 2.32 Ceroglossus Suturalis 甲虫及其鞘翅表面微观结构

a）Ceroglossus Suturalis 甲虫及其光学显微镜下观测到的鞘翅表面结构 b）棕色甲虫鞘翅表面微观结构
c）绿色甲虫鞘翅表面微观结构 d）鞘翅上表皮截面结构

颜色甲虫鞘翅的光学测试结果，紫色、绿色和红色甲虫鞘翅的反射率波峰值对应的光波长分别为 467nm、541nm 和 653nm，层厚度和层数不同使光在多层结构中产生不同的反射和折射，导致其相互干涉后光波长不同，因此甲虫呈现出不同的颜色。

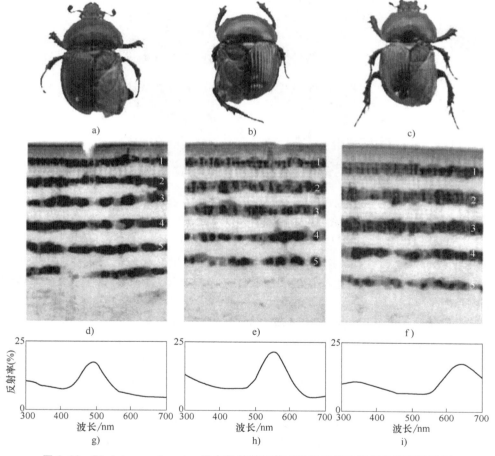

图 2.33 Phelotrupes Auratus 甲虫及其鞘翅截面微观结构和鞘翅光学测试结果

a）紫色 Phelotrupes Auratus 甲虫 b）绿色 Phelotrupes Auratus 甲虫 c）红色 Phelotrupes Auratus 甲虫
d）~f）三种颜色甲虫鞘翅截面微观结构 g）~i）三种颜色甲虫鞘翅光学测试结果

Torynorrhina Flammea 甲虫有红色、绿色和深蓝色三种，其鞘翅内部均有三维光子晶体结构、多层结构和二维纳米粒子结构，如图 2.34 所示。三种颜色的甲虫鞘翅表现出衍射现象，这是由鞘翅内部周期性分布的衍射光栅形成的，衍射光栅和二维纳米粒子分布在多层结构中，而衍射光栅、多层结构和二维纳米粒子形成了三维光子晶体结构。红色、绿色和深蓝色甲虫鞘翅内的多层结构层厚度分别为 205nm、160nm 和 145nm，由于多层结构对光的弱干涉作用和光栅带隙不同，导致其衍射光谱的波长分别为 660nm、520nm 和 476nm。

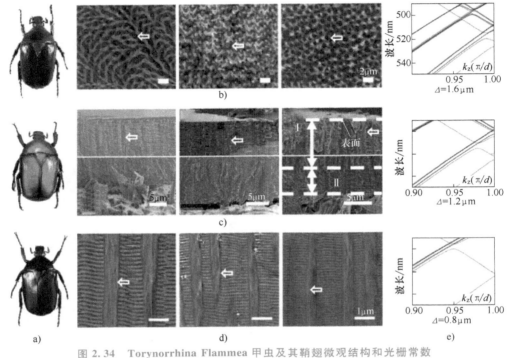

图 2.34　Torynorrhina Flammea 甲虫及其鞘翅微观结构和光栅常数
a）红色、绿色和深蓝色 Torynorrhina Flammea 甲虫　b）甲虫鞘翅表面微观结构
c）SEM 下鞘翅纵截面微观结构　d）TEM 下鞘翅纵截面微观结构　e）鞘翅的光栅常数

3）甲虫鞘翅可逆变色及其构色机制。当外界环境发生变化时，有的甲虫会发生可逆变色，这主要是由于甲虫内部产生颜色的多层结构、光子晶体结构、体表的微观结构发生可逆变化而形成的。

Tmesisternus Isabellae 甲虫在干燥环境中呈现绿色，而在高湿度环境中则变为红色，如图 2.35a 所示。该甲虫鞘翅内部为两种不同层进行交替堆叠的多层结构：一层为均质醇溶蛋白层，层厚度为 100～110nm；另一层是由黑色素纳米粒子和空气孔洞组成的混合层，层厚度为 70～80nm。在高湿度环境中，两种不同的层结构均会吸收水分，醇溶蛋白层会吸水膨胀，混合层的空气孔洞会被水分填充，但其黑色素纳米粒子不会吸水膨胀。因此，导致该甲虫在高湿度环境中发生颜色变化的机制是：鞘翅混合层吸水填充空气孔洞使该层空气孔洞的折射率从 1.0 变为水的折射率 1.33，醇溶蛋白层吸水溶胀引起该层厚度增加，使光入射到该层的折射和透射发生变化。

Charidotella Egregia 甲虫受到外界刺激时，其体色在 30～120s 内会由金色变为红色，如图 2.35b 所示。甲虫体色从金色变为红色的过程中，反射率不断降低，且 560nm、640nm 和

810nm 处峰值随反射率的降低逐渐消失，2min 后反射率曲线趋于水平且无峰值。甲虫鞘翅内部为多层结构，且有孔道分布在其中。当没有外界刺激时，多层结构中的孔道被体液充满，体表的金色金属光泽便是光在多层结构间反射和干涉产生的；而当甲虫受到外界刺激时，孔道中的体液消失，多层结构处于干燥状态，其体表金属光泽消失，并在色素色作用下呈现为红色。

在高湿度环境中，Dynastes Hercules 甲虫的体色会由原来的黄绿色变为黑色，如图 2.35c 所示，Hoplia Coerulea 甲虫则会由原来的蓝色变为绿色，如图 2.35d 所示。对这两种甲虫进行光学测试，发现从低湿度环境到高湿度环境，鞘翅体表的反射率明显降低，不同湿度环境中的 Dynastes Hercules 甲虫在波长 580nm 和 700nm 处反射率均出现峰值，因此该甲虫鞘翅颜色变化只是颜色的明度降低导致的；Hoplia Coerulea 甲虫鞘翅反射率曲线的峰值则由在波长 472nm 处变化为波长 540nm 处，其反射率曲线在对应体色波段有相应的峰值，因此该甲虫鞘翅颜色的变化不仅是因为湿度变化引起颜色明度的变化，还因为湿度变化使其体内微观结构改变导致反射率也发生变化。观察二者鞘翅内部微观结构，发现两种甲虫鞘翅内部均为光子晶体结构，且光子晶体结构中存在规则分布的空隙，分析得出这两种甲虫体色变化均是光子晶体结构中的空隙由空气填充变为水分填充引起的。不同光子晶体结构在相同的湿度环境中会产生各异的颜色。

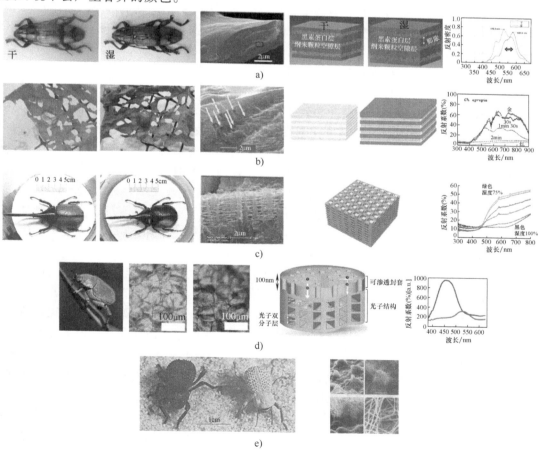

图 2.35　可逆变色甲虫及其构色机制

除了甲虫鞘翅内部结构的可逆变化会导致甲虫体色发生可逆变化外，甲虫体表微观结构的可逆变化也可导致体色发生可逆变化。沙漠甲虫（Cryptoglossa Verrucosa）可以在高湿度环境中由浅蓝色变为黑色，如图 2.35e 所示。当沙漠甲虫体表吸水时，致密的丝状结构会变为凸包结构，导致体表对光的散射产生变化，从而产生不同颜色的视觉效果。

（3）结构变色材料及其加工方法　目前变色材料被广泛应用于多个领域，根据其变色方式的不同，分为化学变色和物理（结构）变色。其中化学变色包括光致变色、电致变色、热致变色等；物理变色包括湿度响应变色、多角度变色等。

光致变色指物质在紫外或短波长可见光的照射下颜色改变，切断光源后其颜色又行复原的现象。光致变色材料分为有机光致变色材料和无机光致变色材料。有机光致变色材料种类繁多，反应机理也不相同，主要包括键的异裂，如螺吡喃、螺唔嗪等；键的均裂，如六苯基双咪唑等；电子转移互变异构，如水杨醛缩苯胺类化合物等；顺反异构，如周蔡靛蓝类染料、偶氮化合物等；氧化还原反应，如稠环芳香化合物、哔嗪类等；周环反应，如俘精酸酐类、二芳基乙烯类等。无机光致变色材料主要包括过渡金属氧化物，如 WO_3、MoO_3、TiO_2 等；金属卤化物，如碘化钙和碘化汞混合晶体、氯化铜、氯化锅、氯化银等；稀土配合物。

电致变色实质是一种电化学氧化还原反应，材料经过氧化还原反应后发生颜色的变化，如聚吡咯、聚噻吩、聚苯胺及其衍生物、紫精类、WO_3、NiO 等。热致变色材料分为可逆和不可逆变色两种，可逆热致变色材料的变色机理包括 pH 值变化、电子得失、晶体转变（重建型晶体转变和位移型晶体转变）、得失结晶水、电子转移、配位体几何构型变化等；不可逆热致变色材料的变色机理包括氧化反应、热分解反应、固相反应、升华反应、熔融变色等。湿度响应变色材料是根据湿度的变化引起媒介层性质的变化，进而使光传播性质（吸收、反射系数、频率等）发生变化而实现变色的材料。

光致变色材料、电致变色材料和热致变色材料的变色原理主要是化学反应使材料的分子结构和化学组成发生变化。这种通过化学反应达到变色效果的变色材料在使用寿命、安全性、稳定性、制备过程和生产成本方面存在不足。自然界的生物通过亿万年优胜劣汰进化形成各种各样的结构色，并可以通过改变生物体表和体内的微纳结构进而改变自身颜色，结构色在结构不被破坏的情况下便不会发生褪色现象，生物这种改变颜色的方法不仅安全、可靠、稳定、高效、适应性强，而且还很环保，由上述内容可知甲虫体表可逆变色主要是由环境湿度变化引起的。目前结构变色材料的加工方法主要包括化学加工、激光加工和 3D 打印加工。

1）湿度响应变色材料化学加工方法。通过化学加工的方法制成湿度响应变色材料主要有：陶瓷材料，如 TiO_2 和 SiO_2；聚合物，如水凝胶、聚苯乙烯、甲基丙烯酸甲酯等。陶瓷材料在高湿度环境中，材料的分子间隙不会发生变化，其硬度偏高。聚合物具有很好的延展性，在高湿度环境中，材料的分子间隙会发生变化，吸水膨胀，但其偏软、稳定性不够，在外力的作用下，其会因形变而变色。近年来碳材料由于具有高表面活性、表面积与体积比大、强稳定性、易溶亲水性和高强度，使其在湿度响应和力学性能方面均表现出优异的性能，但其制造成本较高，如氧化石墨烯和纤维素纳米晶。

陶瓷 TiO_2/SiO_2 可变色材料中，TiO_2 和 SiO_2 颗粒通过交替旋涂的方法形成布拉格层堆，该层堆是交替变换的多层结构，且 TiO_2 和 SiO_2 颗粒形成的多层结构中会有空气间隙，将 TiO_2/SiO_2 层堆置于高湿度环境中，水分便会填充到空气间隙中，使材料的折射率发生变化，从而引发颜色变化，如图 2.36a 所示。当 TiO_2 和 SiO_2 的旋涂层厚度变化时，光在材料中的折射率也会发生变化，使材料呈现出不同的颜色，例如，当层厚度变薄时，其颜色由紫色变为橙色和黄色，如图 2.36b 所示。

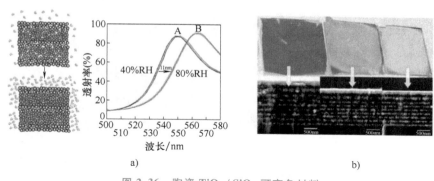

图 2.36 陶瓷 TiO_2 / SiO_2 可变色材料

a）不同湿度条件下 TiO_2/SiO_2 层堆的结构和透射率曲线变化 b）不同厚度 TiO_2/SiO_2 层堆呈现的颜色

将聚十二烷基衣康酸甘油酯（PDGI）溶入具有网络结构的聚丙烯酰胺（PAAm）多层结构中形成类似橡胶的一级网络结构的弹性水凝胶多层结构，如图 2.37a 所示，再将 PDGI 溶入一级网络结构的多层水凝胶中，制备出二级网络结构多层水凝胶（PDGI/PAAm^2），如图 2.37b 所示。PDGI/PAAm^2 可在平行和垂直多层排列方向发生膨胀行为，同时在外力的作用下，PDGI/PAAm^2 中网络结构发生变形，凝胶分子间的间隙发生变化，PDGI/PAAm^2 的层厚度随网络结构的变形而发生变化，光在其中的反射和折射便发生变化，因此材料在外力作用下会变色。随着拉伸长度的增加，PDGI/PAAm^2 由深蓝色变为红色、绿色和浅蓝色，如图 2.37c 所示。

水凝胶除了可以通过外力拉伸改变层结构厚度达到变色效果以外，还可以通过改变光子晶体结构达到变色目的。将聚（苯乙烯-甲基丙烯酸甲酯-丙烯酸）光子晶体小球沉积在聚丙烯酰胺溶液中，经过紫外线照射 15min 后变成聚丙烯酰胺光子晶体水凝胶。当将该水凝胶放置在高湿度环境中时，聚丙烯酰胺和聚（苯乙烯-甲基丙烯酸甲酯-丙烯酸）光子晶体小球吸水膨胀，聚丙烯酰胺中的光子晶体小球的直径变大，且小球间的间隙也随之变大，如图 2.37d 所示。该水凝胶在不同湿度环境中的膨胀率不同，光子晶体小球间的直径和球间间隙也不同，光子晶体水凝胶在 50%、70%、90% 和 100% 的湿度环境中呈现可见光范围内的紫罗兰、蓝色、青色、绿色和红色，因此光子晶体中光子晶体小球的直径和球间的间隙发生变化引起光子晶体颜色的变化，从而使聚丙烯酰胺光子晶体水凝胶在不同的湿度环境中产生变色现象，且这种变色现象是可逆的。当聚丙烯酰胺光子晶体水凝胶处于低湿度环境中时，其内部的水分逐渐减少，其便逆变回原来的颜色。

除了纯聚合物可以制备可变色材料，聚合物和陶瓷的混合物也可制备出可变色材料，如 SiO_2 反蛋白石光子晶体三维多孔结构材料。该材料是将 SiO_2 纳米粒子填充到凝胶溶液中，经过烷基氯硅烷气体和氧等离子体的反复作用，通过遮挡材料局部形成不同的官能团和光子晶体多孔结构，如图 2.38a 所示。由于该材料具有不同的官能团，将其放置在乙醇比例不同的水溶液中，其由绿色变为橙色或黑色，且显示出不同颜色的字母；当材料中的水-乙醇溶液挥发掉，其恢复到干燥状态时，便会重新恢复到原来的绿色，如图 2.38b 所示。

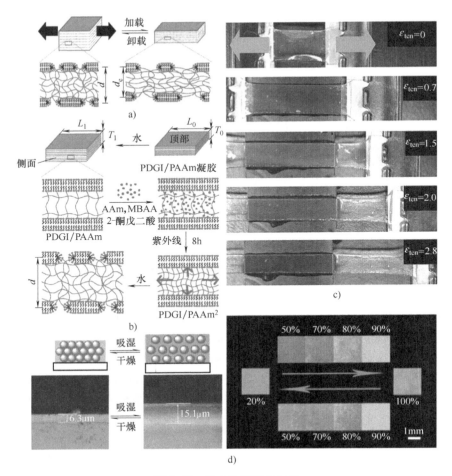

图 2.37　聚合物可变色材料

a）PDGI 溶入网络 PAAm 多层结构中形成的弹性水凝胶多层结构　b）二级网络结构多层水凝胶（PDGI/PAAm²）
c）拉伸外力作用下 PDGI/PAAm² 材料的颜色变化　d）不同湿度条件下聚丙烯酰胺光子晶体水凝胶的颜色

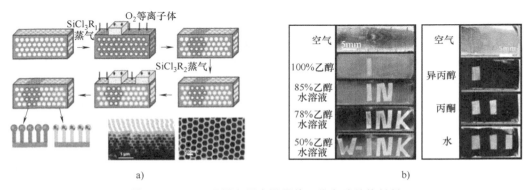

图 2.38　SiO₂ 反蛋白石光子晶体三维多孔结构材料

a）SiO₂ 纳米粒子填充到凝胶溶液中形成的光子晶体多孔结构　b）不同乙醇比例的水溶液中材料的颜色变化

纤维素纳米晶（Cellulose Nanocrystalline，CNC）通常是纸浆经过硫酸水解除去无定性态纤维素制备的纳米棒状结构，具有良好的生物相容性、环境友好、来源广泛、可再生和成本低等特点。在制备 CNC 的过程中，发现其薄膜可以呈现出彩虹色。将 CNC 和甘油（Gly）以 8∶2 的比例混合成功制备出湿度响应变色材料，如图 2.39a 所示。将 CNC/Gly 以涂覆的方式形成薄膜，薄膜在不同湿度环境中吸水膨胀率不同，在 33%、70%、75%、85% 和 98% 湿度环境中分别呈现绿色、黄色、橙色、红色和透明状态，如图 2.39b 所示，该变色行为是由于薄膜厚度变化而形成的。当 CNC/Gly 薄膜在干燥环境中放置 300s 后，其发生可逆变色，即转变为原来的绿色。

CNC 的湿度敏感性较低，湿度响应后恢复的时间较长，且湿度敏感性呈非线性变化，而氧化石墨烯（GO）具有高渗透性，在硅基底上通过浸涂的方法制成高敏感湿度传感器。该湿度传感器在湿度为 0% 的环境中呈现黄色，而在 12%、33%、44%、52%、68%、75% 和 98% 湿度环境中呈现橙色、红色、粉色、粉紫、浅粉紫色、紫色和蓝色，并且当湿度在 50%~98% 之间时，GO 的变色时间为 250ms，回到干燥状态的反应时间为 1.2s，如图 2.39c 和图 2.39d 所示，这是由于水分子很容易浸透进入 GO 薄膜孔隙中，且在高湿度环境中 GO 官能团和水分子之间形成的氢键被水分子之间的氢键替代，导致形成更多的孔隙，使水分子更容易进入材料中而发生变色。

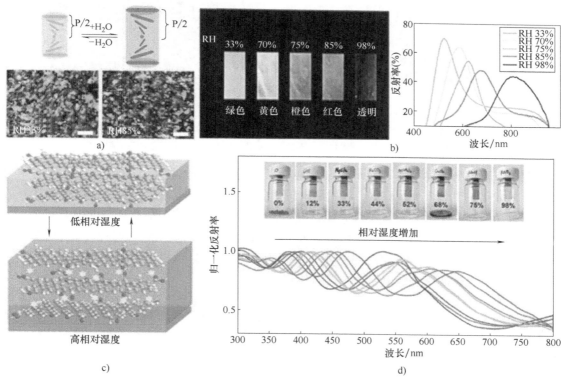

图 2.39　纤维素纳米晶和氧化石墨烯变色材料
a）CNC/Gly 薄膜的变色机理　b）不同湿度条件下 CNC/Gly 薄膜的颜色和反射率曲线
c）GO 薄膜的变色机理　d）不同湿度条件下 GO 薄膜的颜色和反射率曲线

2）多角度变色材料激光加工方法。激光加工属于无接触加工，并且激光束的能量及其移动速度均可调，运用激光加工技术可在金属和非金属表面加工出结构色，激光加工技术主要有飞秒激光、激光干涉、激光打印、双光子聚合等。激光加工技术可以在几秒或几分钟内完成材料的表面加工工艺，因此该技术具有耗时短、效率高、工期短、成本低等优点。

当在不锈钢箔材上进行飞秒激光加工时，可加工出规则排布的衍射光栅，从不同角度观测此材料，其呈现出不同的颜色。设计横向和纵向光栅条纹拼凑在一起的模型，如图 2.40a 所示，按照该设计模型，利用飞秒激光在不锈钢箔材上进行加工，如图 2.40b 所示，图 2.40c 和图 2.40d 所示为两种光栅结构，从不同角度观测衍射光栅条纹相互垂直放置的两个材料，发现平行于衍射光栅条纹 65°、48° 和 40° 的角度分别为红色、绿色和蓝色，如图 2.40e 所示。将上述衍射光栅条纹方向相互垂直的两个不锈钢箔材拼凑在一起，并从两个方向分别以 65°、48° 和 40° 的角度观测，其可呈现出 9 种不同的颜色，如图 2.40f 所示。

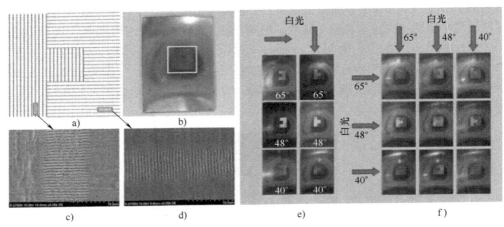

图 2.40 不锈钢箔材飞秒激光加工多角度变色材料

a）飞秒激光加工不锈钢箔材中衍射光栅的排布方式 b）经过飞秒激光加工的不锈钢箔材 c）、d）不锈钢箔材表面的两种光栅结构 e）、f）不同观测角度下不锈钢箔材两种光栅条纹及其组合产生的颜色变化

在聚合物纳米小柱结构表面沉积锗涂层，再利用激光加工技术可以制备出不同的结构色，如图 2.41a 和图 2.41b 所示。利用纳米压印技术制备不同直径小柱，通过改变激光束的能量、激光点的尺寸、激光加工频率等参数使小柱上沉积的锗膜的形状和厚度发生变化，从而呈现出不同的颜色，如图 2.41c 和图 2.41d 所示。纳米小柱上不同的锗膜厚度和直径对应不同的颜色，利用激光加工技术可以加工出具有结构色的彩色图片，如图 2.41e～g 所示，这类似于彩色墨水打印机打印出的彩色照片。

激光加工技术不仅能够加工出一维和二维微结构结构色，还可以加工出三维微结构结构色。双光子聚合是一个原子在同时吸收两个激光光子后从基态跃迁到激发态的过程，因此双光子吸收所需激光频率是单光子的两倍，同时双光子吸收是一个非线性过程，目前只能在强激光作用下发生，是一种强激光下光与物质相互作用的现象。双光子聚合激光加工技术利用了双光子吸收过程对材料穿透性好、空间选择性高的特点，可加工出三维微结构。利用该技术可加工出蝴蝶翅膀的松塔型结构。在计算机上设计出不同尺寸的单个光子晶体结构，调整激光参数改变光子晶体结构之间的间距，从而加工出不同颜色的样件，如图 2.42 所示。

3）结构变色材料 3D 打印加工方法。3D 打印技术是通过数字模型软件设计物体形状，在电脑的控制下将原材料一层一层进行叠加，即将粉末状金属、陶瓷、砂石等原材料逐层进行打印最终形成成品，将软件设计的图像做成实物。2005 年第一台高精度彩色 3D 打印机被

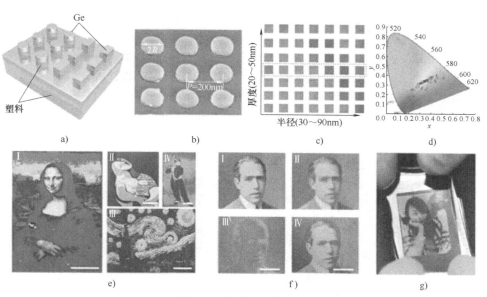

图 2.41 激光加工结构色

a) 聚合物纳米小柱结构表面沉积锗涂层模型 b) 沉积了锗涂层的纳米小柱结构 c) 不同激光加工参数下锗膜的颜色
d) 激光加工得到的颜色在 CIE-1931 标准色品坐标中的分布 e) ~g) 激光加工出的具有结构色的彩色图片

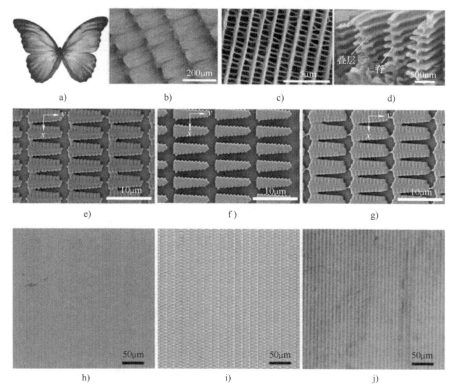

图 2.42 双光子聚合激光加工三维微结构结构色

a) 蝴蝶 b) 蝴蝶翅膀表面的鳞片 c) 鳞片表面微观结构 d) 鳞片表面的松塔型结构 e) ~g) 双光子聚合激光加工得到
的不同尺寸松塔型结构 h) ~j) 不同尺寸松塔型结构呈现出不同的颜色

生产出来，此后 3D 打印技术被广泛应用在各行各业，如海军舰艇、航天科技、医学、汽车行业、电子行业、服饰等。

黄星绿小灰蝶（Callophrys Rubi）有一对亮绿色的前翅，如图 2.43a 所示。这种颜色源于其弯曲表面上存在一种相互交织的复杂结构（Groid 结构）并以独特的方式对光进行衍射而形成，如图 2.43c 所示。这种结构对光有快速响应的属性，且具有更高的分辨率和强度。澳大利亚 Swinburne 研究所利用 3D 打印技术设计制造出 Groid 结构，如图 2.43d 所示。这种人工制造的结构被应用于开发更加先进的新型屏幕，使屏幕能以更快的速度对光进行响应，如图 2.43b 所示。

图 2.43　3D 打印技术加工光子晶体结构材料

a）黄星绿小灰蝶　b）3D 打印具有 Groid 结构的光学屏幕　c）蝴蝶翅膀中的 Groid 结构　d）3D 打印的 Groid 结构

2.3.2　构材结构仿生

1. 牙齿结构与构材结构仿生

（1）牙齿的结构　人类的牙齿是一种基本的生物矿物，具有牙本质和牙釉质外壳，人类牙齿的结构示意图如图 2.44 所示。牙本质与骨在各种成分上都类似，骨与牙的成分表见表 2.1，牙釉质比骨含有更多的矿物。牙本质类似骨，它的结构比骨更均匀，但晶粒更细，约为 2nm×50nm×25nm。牙本质充满了细管，细管由高钙化区包围，位于自由取向的晶体基体上，而晶体镶嵌在黏多糖和胶原中，胶原为片状，其位向平行于牙本质的表面。

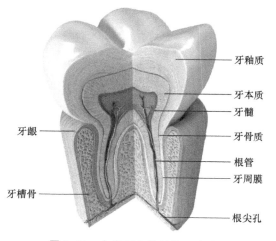

图 2.44　人类牙齿的结构示意图

表 2.1   骨与牙齿的成分（质量分数）表

成分	骨	牙本质	牙釉质
矿物	66%	70%	95%
有机物	24%	20%	0.5%
水	10%	10%	4.5%

1）牙釉质以高度矿化的形式覆盖在牙冠表面，暴露在口腔环境中。它由 96% 的无机物、1% 的有机基质和 3% 的水组成，呈典型的分级结构，包含釉柱和釉间质。釉柱由羟基磷灰石纳米微晶组成，这些微晶沿着 c 轴生长，形成宽度为 30～50nm 的棒状或线状结构。在有机基质的作用下，这些微晶被"捆绑"在一起，形成纳米棒或柱，最终延伸到牙齿表面。牙釉质具有优异的力学性能，硬度和模量分别为 1.1～4.9GPa 和 62.1～108.2GPa，是人体最坚硬的组织之一。尽管具有强大的抗损伤能力，但牙釉质的脆性较强，不过由于牙本质的存在，它能够抵御数百万次的功能性接触。

新生哺乳动物的牙釉质中，碳酸磷灰石晶体呈条状，长度至少为 100nm，但直径仅为 50nm，使得晶体能够从牙齿表面延伸到牙本质。这种高宽比允许晶体在长度方向上弯曲，从而改变其方向。晶体可分支和熔断，形成宽基底的金字塔状结构，与牙本质相连。在不同种类的动物中，晶体排列方式不同，例如，低级脊椎动物的牙齿中晶体排列与哺乳动物不同。

牙釉质含有两种蛋白质：酸性的釉蛋白和疏水性蛋白。釉蛋白通过共价键与多糖结合，控制牙釉质晶体形状。

2）牙本质位于坚硬的牙釉质下方，其冠部表面覆盖着牙釉质，根部表面则覆盖着牙骨质，起着支撑牙釉质和保护牙髓的作用。它由 70% 的无机物、20% 的有机物和 10% 的水组成，其中主要包含羟基磷灰石晶体和 I 型胶原蛋白。牙本质是高度矿化的组织，包括牙本质小管、管周牙本质和管间基质，牙本质的多尺度模型如图 2.45 所示。在形成过程中，矿化纤维模板和非胶原蛋白的作用使得矿化发生在胶原纤维内部，赋予了牙本质优异的力学性能，硬度和模量分别为 0.2～2.5GPa 和 11.6～29.8GPa。与牙釉质相比，牙本质的矿化程度较低，但具有更高的有机蛋白质和水含量，使其更富有弹性。

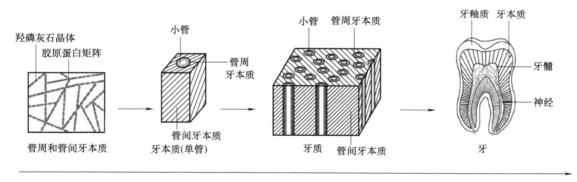

图 2.45   牙本质的多尺度模型

牙齿在咀嚼过程中会承受高达 1kN 的咬合力，牙本质作为硬质的牙釉质的能量吸收垫，可保护内部软组织，保护牙齿不易损坏。

3）牙骨质是覆盖在牙根表面的薄矿化组织，连接牙齿和牙周组织。其无机物含量为 45%~50%，有机物和水的总含量为 50%~55%。牙骨质可分为细胞牙骨质和无细胞牙骨质两类，主要由牙骨质板层组成，起到牙和牙周组织之间的黏附作用。细胞牙骨质能够修复受损的牙齿，并与新形成的牙周膜纤维重新附着。

4）牙髓是牙齿中唯一存在的软组织，包括血管、神经和淋巴等。通常通过根尖孔进入牙齿中央的牙髓腔，被牙本质包围。牙髓神经对外部刺激极为敏感，可引发剧烈疼痛，同时也起到提供营养和抗炎的作用。

（2）仿牙釉质多级结构材料　仿牙釉质多级结构材料是一种仿牙釉质结构的复合材料，其由无机纳米棒与有机质组成，这种组合赋予了该材料优异的力学性能和耐磨性。仿牙釉质多级结构材料可以替代传统口腔修复材料，具有广阔的发展前景。目前，制备这种仿牙釉质多级结构材料的方法包括液相自组装法、湿注射法、逐层组装法、3D 打印法、定向冷冻铸造法和磁型铸造法等。下面简要介绍这些合成方法及其在制备仿牙釉质多级结构材料中的作用。

1）液相自组装法和湿注射法。液相自组装法包括水热合成法，能够可控地合成具有规则形貌和结构的纳米颗粒。湿注射法可以将脆性成分有效地组装到特定结构中，解决了材料性能之间相互制约的问题，使材料具有较高的强度、刚度和韧性。这两种方法的应用节约了成本，并在生物医学工程等领域具有潜在应用价值。

2）逐层组装法。逐层组装法通过带相反电荷的化合物纳米层间的连续吸附，实现了对形成多层结构纳米尺度的可控。这种方法在制备规则纳米复合材料中得到广泛应用，可制备出仿牙釉质结构，具有抵抗振动损伤的能力。

3）3D 打印法。3D 打印法是一种先进的制造方法，通过逐层叠加的方式制造具有独特结构的人造材料。这种方法可用于制备分层结构的牙釉质，在临床牙齿修复中具有广阔的应用前景。

4）定向冷冻铸造法。定向冷冻铸造法通过浆料的配置、定向凝固、冷冻干燥和配体的烧结等过程，实现了对结构的精确控制。这种方法在生物启发的纳米材料合成方面应用广泛，可制备出与牙釉质相似的层状结构，具有极佳的断裂韧性。

5）磁型铸造法。磁型铸造法结合了水基浆料与磁感应颗粒，旨在制备程序化微结构，进一步提高了仿牙釉质多级结构的有序性。通过这种方法制备的仿牙釉质多级结构材料，其硬度和模量与牙釉质相当，韧性与氧化锆人造假牙相当。

2. 骨结构与构材结构仿生

（1）骨的分级结构　骨是由有机物（主要是 I 型胶原蛋白）、矿物质（羟基磷灰石）和水组成的具有复杂层次结构的复合材料。有机物中约 90% 是胶原蛋白，还有少量的非胶原蛋白、多糖和酯类等。矿物质占骨质量的 60%~70%，最主要的是羟基磷灰石（HA），此外还存在非晶磷酸钙（ACP）、磷酸八钙（OCP）和二水磷酸氢钙（DCPD）等，它们被认为是羟基磷灰石的前体相而存在。骨的主体骨架是胶原纤维结构，片状的纳米无机晶体填充于其中。通过透射电子显微镜（TEM）研究表明，板状晶体的轴与胶原纤维的长轴呈平行排列，晶体 a 轴垂直于胶原纤维的长轴，骨中有机相与无机晶体间巧妙组装，使得骨具有普通磷酸钙无法比拟的强度和韧性。

无论何种结构的骨，其构造都优于含有饱和胶原纤维的矿物质，原因在于骨具有复杂的分级结构。骨组织由外到内大致分四层，如图2.46所示，最外面是宏观结构上的密质骨和松质骨，共同组成了骨质。松质骨是由许多不规则的片状骨板或骨小梁交织排列组成的多孔网架结构，而密质骨则由环状骨板和间板组成，多层骨板（矿化的胶原纤维薄片）缠绕在中央管周围的同心层形成骨单元，又称哈弗斯系统。单层骨板内的矿化胶原纤维沿着哈弗氏管（直径为10~500μm）呈螺旋状缠绕，而相邻层骨板内的矿化胶原纤维则正交铺设。在微米尺度上，骨由重复的骨单元构成，其中矿化的胶原纤维平行堆叠在一起形成骨板（直径为3~7μm），且骨板中的胶原纤维束具有一定的排列方向。单层骨板内的胶原纤维呈规则平行排列，而位于相邻层的骨板的胶原纤维则以倾斜角交错排列或以相互垂直的角度排列。纳米结构主要由胶原蛋白纤维组成，而胶原蛋白纤维由众多直径为0.5μm的胶原纤维构成。次纳米结构处于骨组织结构的最里层，主要是沿胶原蛋白纤维规则排列的骨矿物质晶体。骨的力学性能源于此结构，羟基磷灰石在胶原纤维、蛋白多糖和许多其他蛋白基体上形成。矿化的初始位置在胶原分子的间隙，这种片状晶体的晶体学位向与有机母相取向有关，这种晶体往往沿着胶原纤维呈平行排列，这种组织形式和邻近的胶原纤维一致，导致长程有序，这种组织结构使得骨具有不同寻常的断裂性能。

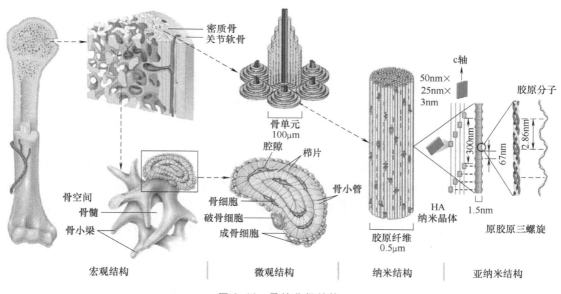

图2.46　骨的分级结构

（2）骨组织的结构力学性质　骨组织的结构力学性质通常用载荷-变形曲线来描述，其中纵坐标表示载荷大小，横坐标表示变形大小，如图2.47所示。为了避免问题的复杂化，我们以形态近似圆柱状的骨标本为例，通过对其进行拉伸试验，讨论骨组织的结构力学性质。

图2.47所示为圆柱状的骨标本通过拉伸试验获得的载荷-变形曲线。与应力-应变曲线相同，载荷-变形曲线首先包含一段线性区D域（也称为弹性区域），随后是一段非线性区域，分别对应骨组织在拉伸载荷作用下，发生的弹性变形和塑性变形。在弹性区域内，载

57

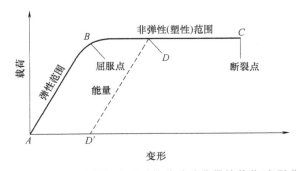

图 2.47 圆柱状的骨标本通过拉伸试验获得的载荷-变形曲线

58

荷-变形曲线的斜率表示骨组织的轴向刚度（Stiffness）。在该试验中，骨组织在弹性区域内承受的载荷（F）、弹性变形（x）、骨组织的轴向刚度（k）之间有如下的关系：

$$F = kx \tag{2.27}$$

从式（2.27）中可知，在一定的外力载荷条件下，骨的轴向刚度越大，骨所产生的弹性变形越小。对于圆柱状的骨标本而言，其产生的弹性变形（ΔL）可表示为

$$\Delta L = \frac{FL}{AE} \tag{2.28}$$

式中 L——骨标本的初始长度；

A——截面积；

F——外力；

E——材料的弹性模量。

由式（2.28）可知，骨标本受力后产生的弹性变形与外力的大小、骨标本的初始长度成正比，与骨标本的截面积、弹性模量成反比。由此可知，载荷-变形曲线是根据材料的几何结构，如截面积和初始长度的变化而变化，因此该曲线描述的是骨的结构力学性质。在载荷-变形曲线两段区域的连接点处，表示骨组织在此时发生了屈服，该点对应的载荷被称为屈服载荷。屈服载荷使得骨组织的内部结构发生了变化，它通常还蕴含着破坏积累。骨组织发生屈服以后，骨组织所产生的非弹性变形将持续至骨折发生，此时，骨组织的承载负荷能力全部丧失，即承载失败。骨组织在承载失败时的载荷称为极限载荷或失败载荷。

影响骨的力学性能的因素较多，如含水量、密度、孔隙率、矿物含量、胶原纤维的取向、有机和无机组元之间的界面键合、加载速率、作用时间等。骨具有黏弹性，这导致了其断裂方式，因为骨的韧性是应变速率的函数，其取决于黏弹性的程度，即胶原基体中增塑剂（水）的含量。研究表明，在高应变速率下，骨的应力-应变曲线是线性的，而在低应变速率下，骨具有充足的时间发生塑性松弛，因此骨的应力-应变曲线是非线性的。

（3）骨结构仿生 骨仿生的初期主要集中在成分和结构仿生。因为骨主要由羟基磷灰石等磷酸钙构成，所以最初的仿生思想是制造以羟基磷灰石为主的骨修复和替代材料。羟基磷灰石因其出色的生物相容性而迅速成为骨修复和替代材料的主流，但其力学性能较差、脆性大、骨诱导作用较弱，因此不断有改进措施被提出。为满足临床需求，对骨修复和替代材料的要求包括力学性能达标、生物相容性优异、体内可降解、微孔结构类似骨便于新骨组织生长、良好的孔隙率和骨诱导性、生长速度与新骨组织相匹配。

骨修复和替代材料的发展经历了金属类、生物惰性陶瓷、生物玻璃、磷酸钙类生物活性陶瓷和可吸收性高分子材料等几代。目前，以主动诱导、激发组织器官再生为特征的第三代生物材料正成为研究的热点。第三代骨组织工程修复材料主要有两种方式用于修复骨缺损：一种是体外复合培养细胞和支架材料，然后植入体内；另一种是直接将成形好的支架材料植入骨缺损部位。无论采用何种方法，选择和制备合适的材料都是研究的重点和难点。

1）生物陶瓷是一种无机非金属材料，具有悠久的历史，常见的有磷酸钙、硫酸钙和生物活性玻璃。磷酸钙类生物陶瓷中，羟基磷灰石（HA）使用最广泛，其具有良好的生物相容性和骨诱导性。近年来，随着纳米技术的发展，纳米尺寸的 HA（n-HA）逐渐被构建出来，具有更高的可吸收性和生物活性。磷酸三钙（TCP）生物陶瓷具有较快的体内降解速度，其中双向磷酸钙（BCP）结合了 HA 和 TCP 的优点。生物活性玻璃（BGs）具有可控制的降解速率，有利于骨生成和血管长入，但机械强度较低。未来，随着制造工艺的进步，生物陶瓷作为骨组织工程材料将得到更深入的研究。

2）聚合物材料包括生物聚合物和合成聚合物。生物聚合物如壳聚糖、胶原蛋白、明胶等具有优越的生物相容性，但力学性能较差，常与其他材料结合使用。合成聚合物如聚己内酯（PCL）、聚乳酸（PLA）、聚乳酸-羟基乙酸共聚物（PLGA）等具有较好的力学性能和缓慢的生物降解速度，但可能引起局部酸性微环境，影响细胞增殖和骨重塑。因此，表面改性或与其他生物相容性较高的材料复合是必要的。

3）金属材料因其优秀的力学性能和生物相容性被广泛应用于生物医学领域。然而，其力学性能过高可能导致植入物周围骨质疏松，因此需要调节其机械强度。近年来，使用 3D 打印技术制造金属植入物成为一种新兴的策略，有望推动个性化医疗与骨组织工程的发展。

2.3.3　联结结构仿生

1. 木材结构与联结结构仿生

木材是一种生物多孔材料，具有良好的吸声性能，相较于径切面和弦切面，木材在横切面上吸声性能最佳，因为横切面上分布着大量复杂的导管（阔叶树材）和管胞（针叶树材）。此外，导管与木纤维、管胞、轴向薄壁细胞及射线薄壁细胞之间形成的大量纹孔对吸声性能的提高也起到重要作用。

（1）木材的显微结构　木材作为一种重要的生物材料，具有无毒、可再生、可降解、高弹性、抗拉、抗压等优良特性。随着纳米材料科学、高分子材料科学及木材化学的发展，人类对木材的认识步入了一个新阶段。木材作为多孔性高分子材料具有复杂的层级结构，其结构特点可以概括为结构有序、层次分明，如图 2.48 所示。这种自然形成的分级多孔结构不仅具有极高的稳定性和生物相容性，还可以使纳米材料均匀分散，避免结块。此外，其庞大的孔径和高比表面积进一步使其适用收纳其他微粒和聚合物，为木材的功能化和木材性能的提升提供了空间。

纹孔能让水自由地出入（依靠毛细管作用），但能阻止空气进入充满树液的细胞，具有阀门的作用。倘若空气进入，从根部伸展到树冠的水柱就会断裂而导致树木最终死亡。针叶树材中占优势的纹孔类型为具缘纹孔，其纵切面如图 2.49 所示，具有纹孔膜及纹孔塞。由此可以理解水从细胞腔通过纹孔的毛细管作用。纹孔膜及纹孔塞能有效地起到密封纹孔的作

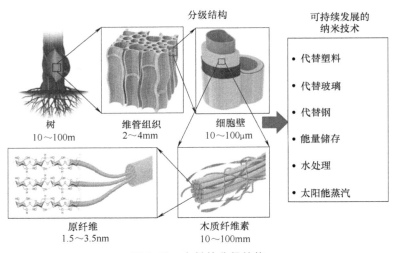

图 2.48　木材的分级结构

用，这不仅阻止了木材的干燥，还对木材的防护起到重要作用。

图 2.50 所示为榉木（阔叶树材）的电子显微镜照片。阔叶树材与针叶树材相比，细胞的种类多，树种不同其形状和大小的差别很大。阔叶树材的组成成分为木纤维、导管、管胞、木射线和薄壁细胞等。其中，木纤维是一种厚壁细胞，比针叶树材的管胞稍短，起着加强和支撑树体的作用，占总体积的 50%~70%，是决定阔叶树种木材物理力学性能的主要因素。导管是轴向一连串细胞组成的粗的管状结构，约占总体积的 20%，是水分和养分的流动通道。直径大的导管，肉眼可见。木射线约占总体积的 17%。木射线和薄壁组织担负着储藏和分配营养物的作用。

由图 2.48 和图 2.50 可知，构成木材的细胞大部分是由与树干轴线方向平行排列的管状细胞组成的，成为像由无数根管子包裹起来的管束结构，这种结构被称为蜂窝结构。木材细胞壁上有纹孔，是轴向细胞及横向木射线细胞间水分和养分的输送通道，也是木材干燥或防护药剂处理时水分和药剂的进出通道。

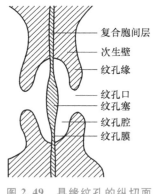

图 2.49　具缘纹孔的纵切面

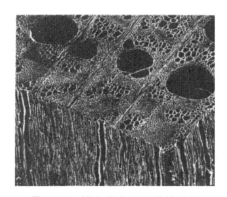

图 2.50　榉木的电子显微镜照片

形成木材细胞壁的物质，即木材的主要成分为纤维素、半纤维素和木质素，这三者含量占了 95% 以上。其中，以纤维素为主，其在针叶树材中含量约占 53%。纤维素的化学性能稳定，不溶于水和有机溶剂，弱碱对它几乎不起作用，这是木材化学稳定性好的主要原因。针叶树材中的木质素含量为 26%~29%，半纤维素含量为 23%~25%。它们的化学稳定性较差。阔叶树材的半纤维素含量较多，纤维素和木质素含量较少。除此之外，木材中有的还含有精油和树脂等抽提成分。特别是心材中含有的抽提成分也决定木材的颜色和耐腐性能。

纤维素分子能聚集成束，形成细胞壁骨架，而木质素和半纤维素一起构成结合物质，包围在纤维素外边。图 2.51 所示为木材细胞壁的组成示意图。木材细胞壁包括初生壁和次生壁，其中次生壁包括次生壁外层、次生壁中层和次生壁内层。在各层中，由纤维素束（微纤维）组成的微纤丝以各种角度倾斜围绕着内腔。其中，次生壁中层的厚度最大，为细胞壁的主体，其微纤丝紧密靠拢，与纤维轴呈 10°~20° 的螺旋状排列，这是木材顺纹强度高且呈各向异性的根本原因。其他各层中的微纤丝与轴向呈很大角度，且由于其厚度小，对顺纹强度的作用小。各层的微纤丝之间填充着半纤维素和木质素，起到加固细胞壁的作用。这种微纤丝呈螺旋状排列的结构称为螺旋缠绕结构。另外，木质素在细胞间层中起到连接细胞的作用。

木材的这种管束蜂窝结构和细胞壁微纤丝的螺旋缠绕结构，是植物材料特有的结构。这两种结构特点决定了木材的一系列特性。

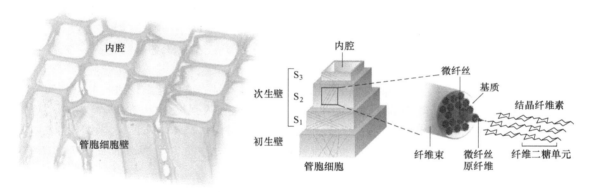

图 2.51　木材细胞壁的组成示意图

（2）木材的力学特征　木材具有各种各样的力学性质，其中，与其他材料相比最明显的特征是异向性和黏弹性。

异向性，是指材料的力学性能因载荷的作用方向不同而异的性质，即力学性能各向异性。黏弹性，是指木材同时具有弹性和黏性的性质。例如，在持久载荷（应力一定）作用下，木材的变形随时间增加而持续增大，这就是木材所发生的蠕变。

这些特征都与木材的组织结构密切相关。即决定木材各性质最重要的细胞是纤维细胞，纤维按木材的长度方向排列，且具有各自不同的性质和形状，它们与其他生物组织进行有机地组合。这些特征决定了木材是一种正交各向异性的黏弹性材料。

树干是由伸长生长和直径生长形成的，加上前述木材的蜂窝结构和细胞壁中的微纤丝的螺旋缠绕结构，木材在许多性质上显示出各向异性（方向性）。通常，木材作为具有树干轴线方向（纤维方向，L方向）、树干横切面半径方向（放射方向，R方向）及圆周方向（切线方向，T方向）的垂直三轴各向异性材料来使用。特别是纤维方向和其垂直方向的各种性质非常不同，这是木材所具有的特征。以与这三轴垂直的三个面（切面 TR、弦切面 LT 和径切面 RL）为木材基本面。可以按纤维（L）方向、半径（R）方向和弦切（T）方向这三条基本轴线来进行力学分析。

木材具有很高的顺纹抗拉强度，其应力-应变曲线如图 2.52 中的曲线 1 所示。木材被拉断前无明显的塑性变形，应力-应变曲线几乎为线性关系，破坏是脆性的。纤维方向的最大拉伸应力为 70~200MPa，此时的应变为 1%~2%（约为钢材的 1/10）；比例极限应力约为最大应力的 3/4，比例极限应变为 0.8%~1.2%。当木材顺纹压缩时，其最大应力为顺纹拉伸时的 40%~50%，而最大应力时的应变为 1%~2%，几乎与拉伸时相同；比例极限应力约为最大应力的 2/3，比例极限应变为 0.3%~0.4%。

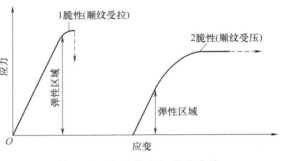

图 2.52　木材的应力-应变曲线

木材横纹（径向和弦向）抗压和抗拉强度均很小，横纹压缩时的最大应力只有顺纹压缩时的 1/20~1/10；横纹抗拉应力更小，只有顺纹拉伸时的 1/100~1/40。但木材横纹压缩和拉伸时的最大应变与顺纹时基本相同。因此，木结构中要特别注意避免发生木材横纹受拉的情况。

当木材受剪时，其破坏也具有明显的脆性特征，即在无明显变形的情况下突然发生破坏。

当木材顺纹受压时，木纤维可能受压屈曲，破坏时木材表面因此出现皱折并呈现明显的塑性变形特征，如图 2.52 中的曲线 2 所示。应力在抗压极限强度的 20%~30% 之前，应力-应变曲线呈线性关系，之后呈非线性关系，变形量不断增大。当木材弯曲时，由于上表面一侧的木材受压而下表面一侧的木材受拉，其破坏时的特征处于图 2.52 所示的曲线 1 和曲线 2 的中间状态。

材料在弹性变形阶段，其应力和应变成正比例关系（即符合胡克定律），其比例系数称为弹性模量。为了了解木材在弹性区域内的应力与应变的关系，需要知道木材的静曲弹性模量（E）、剪切弹性模量（G）和泊松比（ν）。泊松比是指材料在单向受拉或受压时，横向正应变与轴向正应变的绝对值的比值。

木材各方向的静曲弹性模量（E）、剪切弹性模量（G）和泊松比（ν），可以通过木材纤维方向的静曲弹性模量 E_L 进行估算。木材的 E_L 为 3~20（多为 6~14）GPa。

$$E_R = 0.075E_L,\quad E_T = 0.042E_L$$
$$G_R = 0.060E_L,\quad G_{LT} = 0.050E_L,\quad G_{RT} = 0.0029E_L$$
$$\nu_{LR} = 0.40,\quad \nu_{LT} = 0.53,\quad \nu_{RT} = 0.62$$

其中，下标 L、R 和 T 分别表示木材的纵向、径向和弦向。钢材的弹性模量（E）、剪切模量（G）和泊松比（ν）分别为 200GPa、80GPa 和 0.3。相比之下，木材的刚度远低于钢材。木材横截面的剪切模量 G_{RT} 非常小，这由其组织结构决定，因为在横截面上剪切载荷会使管胞产生回转状态，因此称为回转剪切。这表明木材在受到剪切力时较易变形。木材在不同方向上的弹性性质差异明显，尤其是纵向和横向的泊松比不同。木材的泊松比通常较大，意味着木材在受到压力或拉力时，横向变形较大。而钢材的泊松比相对较小，在受力时横向变形较小。木材和钢材在弹性模量、剪切模量和泊松比方面的差异，主要由它们的内部结构和组成不同引起。钢材由于紧密的晶体结构和较高的硬度，表现出较大的弹性模量和剪切模量，以及较小的泊松比。而木材由于其细胞结构和天然纤维的特性，表现出较小的弹性模量和剪切模量，以及较大的泊松比。

（3）木材的声学特性及吸声机制

1）声学特性。材料的声学特性可以用各种参数来描述。最常见的是空气隔声量（R_w）、冲击隔声量（L_n）和吸声系数（α）。空气隔声量被定义为发射室的声压级与接收室的声压级之间的分贝差，再加上一个项的分贝测量值，它取决于接收室的等效吸收面积。冲击隔声量是接收室中冲击源声量减去一个项的分贝测量值，它也取决于接收室的等效吸收面积。吸声系数是吸收的声功率与表面上入射声功率之间的比率。

木材是一种轻质材料，因此其隔音性能并不特别出色。在木材纹理的纵向方向上，声音传导比在垂直方向上好。密集的木结构可以反射声音，并可以很容易地制成引导声音反射的表面，乐器和音乐厅就利用了这一特性。

木结构建筑的隔音量通常可以通过使用多层结构实现。通过将多孔吸收材料放置在电路板或镶板后面，或者气隙中（如隔热层），形成所谓的电路板谐振器，当它振动时，可以有效地抑制对轻结构有影响的低音调声音，如图 2.53a 所示。此外，通过制作木板条或在木质表面打孔，可以创建穿孔谐振器，该谐振器还可以有效地抑制中高音调的声音。在多层木结构建筑中，控制隔音的手段具有挑战性，因为它们与结构刚度的实现方式（加固、接缝、连续结构）相反。木地板的脚踏隔热可以通过增加地板的重量来改善，例如，在地板表面上使用混凝土浇筑或在地板上表面的柔性层顶部使用所谓的浮动表面瓷砖，如图 2.53b 所示。

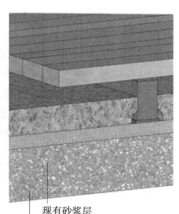

现有砂浆层
现有混凝土板

a)　　　　　　　　　　　　　　b)

图 2.53　木结构建筑的隔音

a）木板谐振器　b）木质浮动表面

当需要高隔音性能时，有必要考虑侧向传播现象，特别是在多户住宅和用轻质建筑元件建造的房屋中。研究表明，在两个相连的木质楼板中，衰减具有很强的方向性，沿整个结构垂直于横梁的衰减率很高。当波长超过横梁间距的一半时，只在横梁间的方向上有衰减。高衰减是楼板中横梁作用的结果。为了在此领域提升木制产品性能，需要开发能准确预测冲击声传播的预测工具。有限元仿真可能是应对低频振动声学问题的强大工具。科研人员研究了胶水对两种木质 T 形接头在低频振动声学性能上的影响，这些接头代表实际完整楼板装配的部分。

木地板在冲击声隔声和空气声隔声方面的性能并不理想。解决木地板隔音问题的方案：传统的木地板解决方案，与混凝土或轻质混凝土与软木骨料组成的木地板解决方案，以及包括吊顶的方案。考虑到空气声隔声和冲击声隔声这两个参数，传统木地板的性能最差，而混凝土复合地板的性能较好，混凝土和轻质混凝土应用之间没有显著差异。若复合地板仍不能满足要求，则需要吊顶。

对 Betung 竹（贝特竹或贝通竹）制成的墙板的声学性能进行了测量。测试的墙板具有中等密度（0.8g/cm^3）或低密度（0.5g/cm^3），竹子颗粒的尺寸从整片/细到中等和细小不等。从空气声隔声的角度来看，竹子颗粒整体尺寸较小的墙板具有更好的隔声值。相反，低密度和细介质颗粒虽然隔音效果较差，但吸声性能更好。多孔材料有助于高频声音吸收，而穿孔木板有助于在中频下获得良好的吸收值。评估木板引起的声波传输和反射时，最重要的参数是进入面板的声速。

2）吸声机制。

① 多孔型：多孔材料一直是主要的吸声材料。多孔材料的吸声原理是材料内部有大量微小的连通的孔隙，孔隙间彼此贯通形成空气通道，且通过表面与外界相通。当声波入射到材料表面时，一部分在材料表面被反射掉，另一部分入射到材料内部向前传播。由于摩擦和空气的黏滞阻力，使孔隙中空气质点的能量逐渐转化为热能，从而使声波衰减，达到吸音的效果。高频声波可使孔隙间空气质点的振动速度加快，加快空气与孔壁的热交换，因此多孔材料具有良好的高频吸声性能。

② 薄板振动型：薄板与墙体或顶棚分隔有空气腔体时也能吸声。当利用刚性薄板状材料固定在闭合空腔的前面分隔空气层时，入射到薄板上的声波将激发薄板振动。在该系统的共振频率处，会有极大的振幅。薄板的振幅将通过板材分子间的摩擦而受到阻滞，声能将首先转化为薄板振动能，最后转换为热能。薄板振动吸声结构的共振频率一般为 80～300Hz，即在低频具有较好的吸声性能。增加薄板的面密度或板后空腔深度，皆可使共振频率下移。当薄板的面密度和板后空腔深度一定时，薄板越薄，其吸声性能越好。在薄板背后的空腔里填放多孔材料，会使吸声系数的峰值有所增加。

③ 亥姆霍兹型：在亥姆霍兹（Helm-holtz）共振体中，吸声结构可以看作是多个单孔共振腔关联而成，亥姆霍兹共振体结构示意图如图 2.54 所示。单孔共振腔由大的腔体和窄的颈口组成，材料外部空间与内部腔体通过窄的瓶颈连接。在声波的

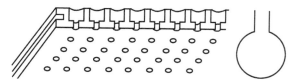

图 2.54　亥姆霍兹共振体结构示意图

作用下，孔颈中的空气柱就像活塞一样做往复运动，开口处振动的空气由于摩擦而受到阻滞，使部分声能转化为热能。当入射声波的频率与共振器的固有频率一致时，就会产生共振现象，此时孔颈中的阻尼作用最大，声能得到最大吸收。亥姆霍兹共振器的吸声特点是对频率的选择性很强，只对共振频率具有较大的吸声系数，当偏离共振频率时吸声效果变差，吸

声的频带也比较窄，一般只有几十赫兹到 200Hz。改变单孔共振腔的结构尺寸，共振频率发生变化，从而使其吸声频率发生变化。

（4）仿生木材吸声结构的设计　根据声学特性和吸声机制，想要改善木质材料吸声性能，可以采取如下措施：①材料表面微穿孔，符合多孔型吸声机制，改善高频吸声率；②在木质材料与刚性壁面之间设置封闭空腔，符合薄板振动型吸声机制，改善低频吸声率，若在其中填充多孔软质吸声材料，则吸声效果更佳；③按亥姆霍兹共振体形式进行加工，合理设计孔径、孔深和孔面积率的组合，改善中低频声波的选择吸收性能；④设置双层微穿孔结构组成的吸声体，通过对槽缝、穿孔孔径、深度、间距密度等的严格计算，配合安装时封闭一定的空腔，则吸声板能够在 125~4000Hz 整个范围都有较好的吸声效果；⑤模拟木材多孔吸声结构，设计仿生木材吸声结构，如图 2.55 所示。

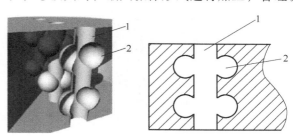

图 2.55　仿生木材吸声结构
1—主孔　2—侧孔

影响木材吸声性能的主要因素包括气流阻力（根据声音入射表面结构而变化）和孔隙特性。由于木材在纤维方向上有许多圆柱形孔隙，木材的吸声可归类为多孔吸收。在多孔吸收中，当声波进入多孔材料的空腔时，空腔壁的内摩擦或黏滞阻力将部分声能转化为热能。然而，少量连续的孔隙会降低木材的渗透性，导致吸音系数低。

木材的吸音性能已通过多层结构得到改善。通过在木板或镶板后面放置具有气隙的多孔吸收材料来形成所谓的板谐振器。当谐振器振动时，有效地抑制了低频声音。为了增强中高频的阻尼效果，可以通过在木质表面上打孔或木板条来制造穿孔谐振器。此外，还可以通过不同的处理或通过纤维材料生产木材复合材料来提高木材的吸音能力。

木材的吸声性能主要受空气渗透性及其多孔结构与声波相互作用的影响。迄今为止，研究人员已经进行了大量研究，发现可以通过改善木材的结构透气性来增强木材的吸声性能。研究人员还研究了热处理对毛白桐木透气性和吸声性能的影响。结果表明：在 100~200℃ 的温度下，木材试样的透气性从 0.25 增加到 0.45 达西（增加了 80%）；此外，平均吸声系数（A_{ave}）和降噪系数分别提高了 4.95% 和 18.33%。蒸汽爆炸是改善木材吸声的另一种有效方法。采用低压蒸汽爆炸技术，使棕榈木的透气性提高了 259.30%，A_{ave} 提高了 52.33%。借助蒸汽爆炸，使木莓的透气性从 2.03 增加到 5.60 达西（增加了 175.86%）；还观察到 A_{ave} 从 0.15 增加了到 0.26（增加了 73.33%）。通过超声波处理成功增强了麻痹木的吸声性，透气率和 A_{ave} 分别提高了 204.46% 和 19.74%。虽然上述方法可以有效改善木材的吸声性能，但这些方法还需要进一步优化以适应实际应用。

纤维素木材（CW）是一种新型的多功能材料，可以通过特定的化学技术从木结构中完全去除木质素来获得。由于它继承了木材纤维素的优点，如可再生、健康和环境友好，CW 及其衍生材料已被证明具有超低的导热性、高漫反射率、高抗压性和出色的透明度。在声学方面，通过脱木素作用获得的 CW 高渗透性结构有利于声波的注入和消散，为提高木材的吸声性能提供了新的思路。

　　木材的微观结构不仅在吸声装置中得到仿生应用，而且在电子器件、电池、超硬材料中也得到了仿生应用。一些典型木材结构仿生案例、仿生结构及其仿生机理见表2.2。

表 2.2　一些典型木材结构仿生案例、仿生结构及其仿生机理

木材结构仿生案例	仿生结构	仿生机理
超级电容器		木材分级多孔结构
高度可塑性木材水凝胶		木材层级结构
木材动力发电机		木材的自然吸水蒸腾情况及其分级结构

（续）

木材结构 仿生案例	仿生结构	仿生机理
弹性木材		具有蜂窝状结构和水合互连的纤维素纳米纤丝网络
木材发电机		蜘蛛网状的离子木材结构及其产电能力

（续）

木材结构仿生案例	仿生结构	仿生机理
仿生木质素基渗透能收集膜	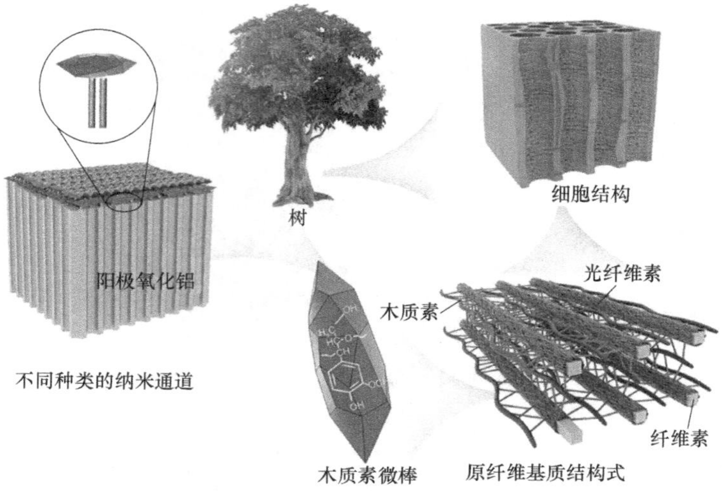 阳极氧化铝 不同种类的纳米通道 树 细胞结构 木质素 光纤维素 纤维素 木质素微棒 原纤维基质结构式	木质素疏水性及其刚性结构
锂金属电池阳极固态电解质界面膜	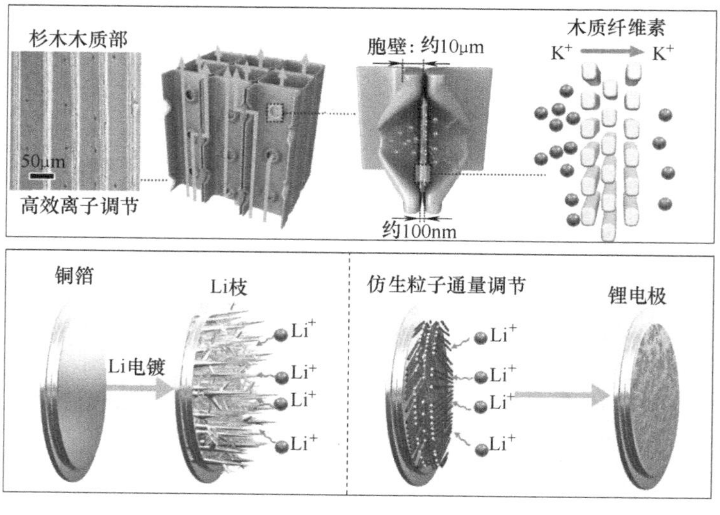 杉木木质部 50μm 高效离子调节 胞壁：约10μm 约100nm 木质纤维素 K⁺ → K⁺ 铜箔 Li枝 Li电镀 Li⁺ 仿生粒子通量调节 锂电极 Li⁺	木材纹孔膜结构及输运调控机制

68

（续）

木材结构 仿生案例	仿生结构	仿生机理
透明木材	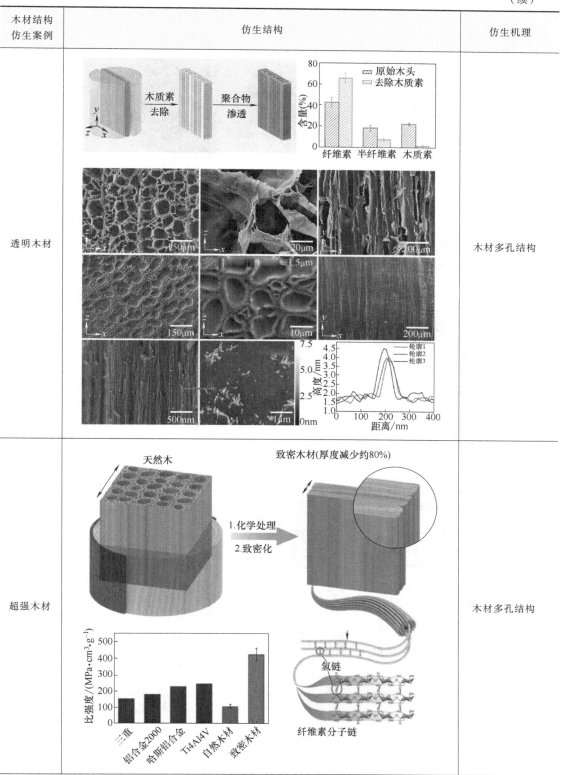	木材多孔结构
超强木材		木材多孔结构

（续）

木材结构仿生案例	仿生结构	仿生机理
木炭海绵	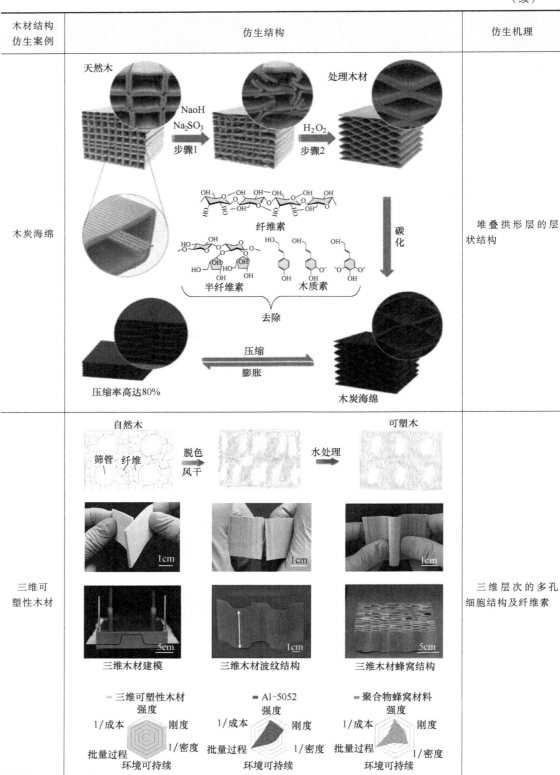	堆叠拱形层的层状结构
三维可塑性木材		三维层次的多孔细胞结构及纤维素

（续）

木材结构仿生案例	仿生结构	仿生机理
硬化木材		纤维素密集平行排列,相邻纤维素之间氢键作用力显著增强
各向异性结构的多孔、坚固的气凝胶		木材的自然分层和各向异性结构
碳化木电极		木材多孔结构

2. 贝壳结构与联结结构仿生

生物材料，尤其是生物矿化材料，如骨骼、贝壳和牙齿等，在历经了随生物体长期的进化后，其材料微结构和与之相对应的宏观性能基本上趋于最优化。尽管生物矿化材料的基本组成单元很常见，如碳酸钙和磷酸钙等，但生物矿化材料往往具有适应其环境及功能需要的复杂超结构组装，并表现出杰出的材料性能，是传统人工合成材料无法比拟的。

本节以贝壳为对象，主要介绍贝壳的形态、贝壳的结构及形成机理、贝壳的力学性能及增韧机制、仿贝壳材料的设计及制备。

贝类的种类很多，至今已记载的约有 11.5 万种，其中化石种类有 3.5 万种，仅次于节肢动物，为动物界的第二大门。贝类分为无壳和有壳两大类，无壳类包括没有外壳和只有内壳的种类；有壳类包括多壳类、双壳类、单壳类等。贝类从外表上看，它们的形态差别很大，但基本的结构是相同的，它们的身体柔软、不分节或假分节，通常由头部、足部、躯干部（内脏囊）、外套膜和贝壳五部分构成。

（1）贝壳的形态　贝壳的形态繁多，如扇形、陀螺形、纺锤形、笠形、象牙形、盾形、头盔形等，如图 2.56 所示。不仅不同类贝壳外形之间有明显差别，即使同一类贝壳也有一定差别。例如，瓣鳃类具有 2 片贝壳，所以又称为双壳类。双壳类贝壳有左右对称的，即左右两壳的大小、形状相同；也有左右不对称的，即左右两壳大小、形状不同；有两侧长度相等的，即贝壳的前、后两侧等长；也有两侧长度不相等的，即贝壳的前、后两侧不等长。对于腹足类通常只有 1 片贝壳，仅少数种类具有双壳（如双壳螺），也有些种类在成体时贝壳完全消失（裸鳃类）。有壳的种类，多数为外壳，少数为内壳。螺旋形贝壳有左旋和右旋之分，

图 2.56　贝壳形态

大部分种类为右旋，即壳口的位置在螺轴的右侧，少部分种类为左旋，即壳口的位置在螺轴的左侧，极个别种类是左旋和右旋同时存在。贝壳主要由占全壳 95% 左右的碳酸钙、少量的贝壳素和其他有机物组成，还含有镁、铁、磷酸钙、硫酸钙、硅酸盐和氧化物等无机成分。

贝壳表面状态不尽相同，有的表面光滑，有的具有放射肋（多数种类具有放射肋）。放射肋形状有多种，有宽有窄，有的排列较规则，有的有主肋和细肋之分，有的肋光滑，而有的具有生长棘；贝壳表面还有生长线，生长线是否细密、排列是否规则也是因种类而异。生长线和放射肋的形状变化很多，有的互相交织形成格状刻纹或呈鳞片状和棘状突起；有的只有生长线而无放射肋；有的生长线不明显而放射肋很发达；有的生长线和放射肋都不明显，贝壳表面光滑。此外，在贝壳的表面还有各种色彩（如红色、黄色、紫色、褐色、橘黄色及乳白色等），贝壳内面一般颜色较浅，多为近白色而具有光泽。

（2）贝壳的结构及形成机理　自然界的生物材料具有天然合理的复合结构，虽然它们的基本组成单元都是很常见的生物高分子材料和生物无机材料，但都具有优良的综合性能。

例如，生物材料可根据外部条件变化做出相应的改变，并具有自行愈合、修复和再生的能力。贝壳和珍珠为一种典型的生物矿化复合材料，其具有特殊的组装方式，因而具有强度韧性的最佳配合，对其结构和性能的研究将有助于仿生材料的研制。

到目前为止，在科学家们已经研究过的上百种贝壳中，共发现了7种贝壳微结构：柱状珍珠母结构、片状珍珠母结构、簇叶结构、棱柱结构、交叉叠片结构、复杂交叉叠片结构和均匀分布结构。这几类结构可在一种贝壳中单独或同时出现。角质层是贝壳的最外层，薄而透明，具有黑色光泽，主要成分是壳质素，功能是保护贝壳的中、内层不被碳酸溶解；棱柱层又称为中间层，是相对较厚的一层，一般由方解石棱柱构成，为贝壳提供硬度和耐溶蚀性；珍珠层也称为底层，由多边形文石薄片层叠而成，类似"砖墙"结构，为贝壳提供强度和韧性。研究表明，由文石片组成的贝壳珍珠层中近95%是普通陶瓷碳酸钙，其余是有机基质和少量的水，这导致裂纹偏转和抗滑移，以提供韧性和抗冲击性，因此它是一种生物陶瓷基复合材料。其综合力学性能，特别是断裂韧性，比单相碳酸钙陶瓷高2~3个数量级，这种特性是由其结构决定的。珍珠层的结构跨越了分子、矿物桥，到纳米尺度、多边形纳米颗粒、纳米微凸体、联锁砖等，涉及原子至数十微米尺度，具有与不同分级结构相关的强化和增韧机制，贝壳珍珠层分级结构如图2.57所示。目前，许多关于珍珠层的研究都是为了探索其增强性能背后的原因。珍珠层为制造新的材料和结构开辟了一个新思路，如仿生涂层、独立薄膜和复合材料。

1）棱柱层。棱柱层紧贴于角质层内侧，由垂直于贝壳表面的、极细的棱柱状晶体组成，小棱柱彼此平行，组成整个棱柱层，棱柱纵轴垂直或稍倾斜于壳表面。棱柱层厚度为50~2130μm，棱柱直径为30~50μm，棱柱的排列分为两种类型：一类是棱柱单层，包括两种情况，即棱柱端面完整平滑和棱柱端部带有空腔；另一类是2~3层棱柱构成棱柱复层，且棱柱形状不规则，常常为一端大另一端小，近似于锥体或楔形。

2）珍珠层。事实上，我们对珍珠层并不陌生，平常见到的那些美丽的珍珠，其构成材料就是珍珠层，或者说，珍珠层就是产生珍珠的母体和材料。珍珠层是一种以有机基质（包括多糖和蛋白质）为基体，与文石片形成增强相的两相相间的层状复合材料。其微结构是由一些小平板状结构的文石片单元平行累积而成，这些小平板板面平行于贝壳壳面，就像建筑物墙壁的砖块一样相互堆砌镶嵌、成层排列，形成整个珍珠层。这就是在生物材料学和生物学界公认的珍珠层著名的"砖-泥"式结构，这也是令许多艺术家和建筑学家赞叹不已的结构。1997年，美国加州大学的T. E. Schaffer等研究人员在珍珠层的有机基质层中观察到有孔洞存在。基于这一事实，他们提出在珍珠层的有机基质层中，存在垂直于上下两层文石片的一种具有纳米尺度的文石晶体结构，这种结构在生物矿化领域中被称为矿物桥。并由此推测珍珠层的层状"砖-泥"式结构是通过矿物桥连续生长形成的，而不是传统生物学中认为的由钙离子外延沉积生长形成的。也就是说，在珍珠层著名的"砖-泥"式结构中，存在一种新的微结构。但是，他们一直未能获得矿物桥存在的直接证据。2002年，在52万倍的透射电子显微镜下，研究人员观察并记录到了这种矿物桥结构，为珍珠层结构是通过矿物桥连续生长形成的生物学理论提供了有力的支持。研究人员发现每根矿物桥基本呈圆柱形，其高度与有机基质层厚度相同，它们在有机基质层中出现的位置是随机的。通过对矿物桥的进一步研究，发现了矿物桥在有机基质层中的几何特征和分布规律，并提出了珍珠层的微结构应描述为"砖-桥-泥"式结构，这一发现已得到了国际上的广泛认可。

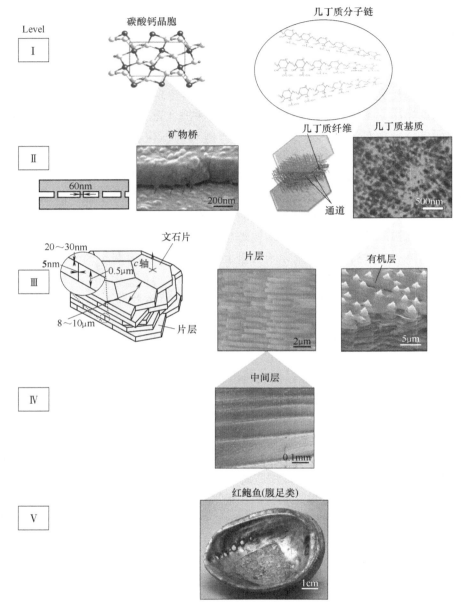

图 2.57　贝壳珍珠层分级结构

　　珍珠层是软体动物贝壳中普遍发育的一种结构单元，尤其在双壳类、腹足类及头足类的贝壳中发育得最为普遍。根据珍珠层中文石片的排列方式，通常可将其分为砌砖型及堆垛型（或称为圣诞树型）两类，如图 2.58 和图 2.59 所示。

　　砌砖型珍珠层在双壳类贝壳中普遍存在，其生长面上为典型的砖墙堆砌式生长形貌，每一微层以类似步阶的方式互相重叠，新生长的晶体沉积在步阶的边缘，逐渐向横向生长，通过其延伸与合并而使微层结构在横向上扩展。在纵剖面上，上下微层中的板片的中心位置呈无规则排列，双壳类贝壳珍珠层形成过程如图 2.60a 所示。

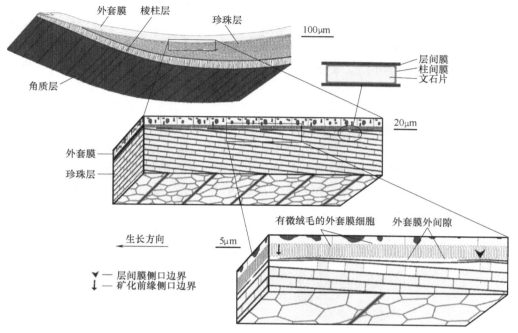

图 2.58　砌砖型珍珠层（双壳类贝壳）

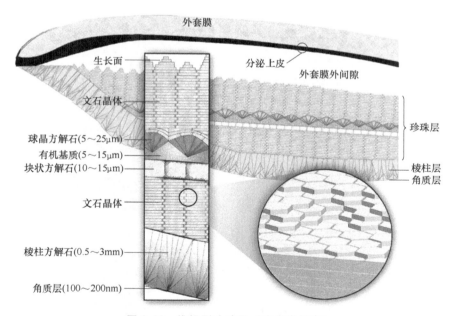

图 2.59　堆垛型珍珠层（腹足类贝壳）

堆垛型珍珠层在腹足类贝壳中普遍存在，其生长面呈锥形堆垛形貌（也称圣诞树形貌），新生的晶体形成于每一锥形堆垛的顶端，然后横向生长，同时更新的晶体在顶端形成，先形成的晶体在横向上继续生长使堆垛保持锥形形貌，横向生长最终使邻近堆垛的晶体相接触，形成了珍珠层的微层，上下微层的文石片沿层的生长方向规则排列，其中心位置有一定的偏移，但偏移较小（20~100nm），腹足类贝壳珍珠层形成过程如图2.60b所示。

3）珍珠层形成过程。珍珠层是一种具有独特的多层状结构、高抗断裂性及优良的力学性能等特点的典型的生物矿化材料，其形成过程十分复杂，目前对于珍珠层的形成过程主要有隔室说、矿物桥说、模板说和珍珠层相变理论等，尚未得到统一的结论。珍珠层的矿化过程对其力学性能起着关键作用。文石片以叠层的形式出现，下一层的片状物已经成核，底层没有汇合，然后片状物在水平方向上生长，直到该层被封闭。关于单个文石片的形成机制，有三个重要的假设：单晶生长，纳米颗粒的连贯聚集，以及从非晶质碳酸钙（ACC）或球霰石亚稳态，经过一系列相变发育为稳定的文石片。

有研究证实，腹足类贝壳文石晶体的连续成核和蛋白质介导的抑制作用，使其珍珠层中的文石晶片长成圣诞树模式。而对于双壳类贝壳来说，文石晶体在生长时通常具有长方形、六角形或圆形的形状，但当它遇到相邻的片状物并停止生长时，晶体的形状就会变成多边形。图 2.60 所示的两种类型的珍珠层结构有不同的矿化过程，其晶体排列、晶轴及其沉积方式都有很大的不同。在介观尺度上观察珍珠层的生长，可以看到文石片在腹足类贝壳中形成柱状结构，而在双壳类贝壳中文石片形成螺旋状、迷宫状和靶形结构。

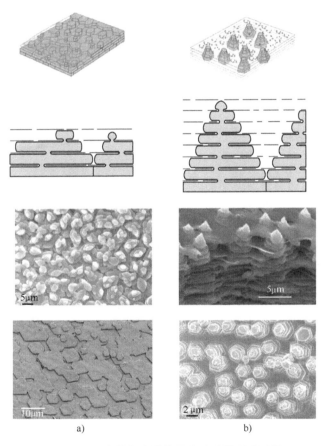

图 2.60 双壳类和腹足类贝壳珍珠层形成过程
a）双壳类 b）腹足类

柱状和层状是珍珠层中最为常见的两类微结构，形状不一的文石片与有机基质薄层以"砖-泥"式结构，沿 c 轴方向（即珍珠层的生长方向）逐层堆垛形成珍珠层。在以红鲍

（Haliotis Rufescens）为代表的柱状珍珠层中，相邻两层中的文石片保持基本一致的横向交错距离。于是各个文石片的边界在横断面上就形成了垂直于文石片层边界的、规则的带状结构，而在以大珠母贝（Pinctada Maxima）为代表的层状珍珠层中，横断面上的文石片边界则是随意分布的，如图2.61a、b所示。在柱状珍珠层俯视图中，发现相邻层的多边形文石片重叠，使得片材间边界形成垂直于片层边界的镶嵌带，如图2.61c所示。而在层状珍珠层中，片材间边界是随机分布的。柱状珍珠层的重叠区约占片材面积的1/3，而层状珍珠层的核心区和重叠区之间没有区别。在柱状珍珠层中，核心区和重叠区之间的区别是很大的，因为这两个区域所受到的应力不同。

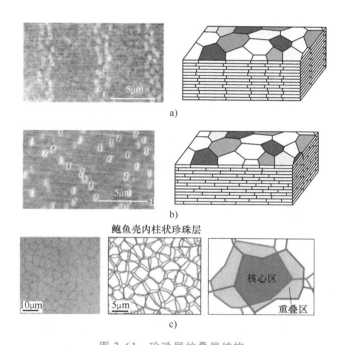

图 2.61　珍珠层的叠层结构

a）柱状珍珠层 SEM 图　b）层状珍珠层 SEM 图　c）柱状珍珠层俯视图

（3）贝壳的力学性能及增韧机制

1）力学性能。自然界为材料的设计和合成进化了高度复杂和精巧的机制。生命有机体生产的材料，具有的物理性能胜过用类似成分模拟合成的材料。自然界是使用自下而上的自组装方法形成纳米复合材料，与许多自上而下形成的人造材料相比，前者的强度更高、韧性更好。贝壳就是自下而上自组装的自然纳米复合材料的最好例子，这种材料由约95%的无机相 $CaCO_3$，（方解石和文石）和约5%的有机生物聚合物组成，尽管贝壳具有脆性，但它仍表现出了良好的综合力学性能，贝壳的力学性能见表2.3。

表 2.3　贝壳的力学性能

弹性模量/ GPa	断裂功/ （J/m²）	断裂韧性/ MPa·m^{1/2}	抗剪强度/ MPa	抗压强度/ MPa	硬度/ GPa	抗弯强度/ MPa	拉伸强度/ MPa	延展性 （%）
60~95	328~1240	3.3~8	32~167	145~700	0.198~5	22~180	140~180	4~55

虽然人们对贝壳的力学性能进行了大量的研究，但由于各研究所采用的贝壳种类、试验方法、试样状态等都有差别，加之贝壳在组织和性能上各向异性的特点，以及贝壳本身的形状也不便于制备出所需样品，所以使得研究的结果非常离散，差别非常大，但是从整体上看，试样的水合状态对力学性能有明显影响，干试样的弹性模量大于湿试样，而断裂韧性、断裂功和延展性则小于湿试样；烘干试样的力学性能大大降低，断裂功约为 $264J/m^2$，断裂韧性为 $2.9MPa \cdot m^{1/2}$，拉伸强度约为 $1MPa$，延展性为 0。试验时的加载方向也有很大影响，当加载方向垂直片层时，其弹性模量和断裂功高于平行片层方向加载时的数值，同时，贝壳中不同组织的性能也有一定差别。例如，有研究利用纳米压头在抛光贝壳上制造局部加载/卸载纳米压痕，测试了鲍鱼壳棱柱层（方解石）和珍珠层（文石），以及扇贝壳交叉片层结构（文石）的硬度和弹性模量。研究得到棱柱层的硬度约为 5GPa，弹性模量约为 70GPa；珍珠层的硬度为 3~4GPa，弹性模量约为 80GPa；交叉片层结构的硬度约为 5GPa，弹性模量约为 87GPa。这一结果表明，对于弹性模量，交叉片层略大于珍珠层，珍珠层略大于棱柱层；对于硬度，交叉片层结构和棱柱层基本相等，而珍珠层略低。总之，贝壳虽然是由低强度的无机物组成的，但其特有的生物结构是控制其力学性能的关键因素。其力学性能与它的组成相相比有显著提高，例如，强度大约提高了两倍，断裂功增加了 1000 倍，硬度是普通文石的两倍，压缩强度和拉伸强度之比由整块文石的 10~15 变为 1.5~3。

贝壳卓越的力学性能鼓舞了化学家和材料学家，在不断探索贝壳形成机制的同时，努力发展仿生材料制备的新技术。

2）增韧机制。珍珠层的突出特点之一是韧性高。因此，研究珍珠层的增韧机制对制备仿生材料有重大意义。Currey 在 1977 年提出了几种增韧机制：裂纹尖端前的塑性变形、裂纹偏转、裂纹钝化和纤维拔出。早期对珍珠层增韧机制的研究主要集中在裂纹偏转、纤维（文石血小板）拔出和有机基质桥接。近年来对珍珠层间增韧机制的研究主要集中在膨胀带的形成和纳米颗粒旋转。研究发现，珍珠层韧性的增加不仅仅是由弯曲度引起的，碳酸钙层滑动和有机韧带形成等其他增韧机制也起作用。

① 裂纹偏转和纤维拔出增韧机制如图 2.62 所示。裂纹偏转是贝壳中最常见的一种裂纹扩展现象，尤其在具有片层结构的贝壳中更加明显。当珍珠层沿垂直文石层面断裂时，由于有机基质的强度相对较弱，在有机/无机界面上易于诱导产生裂纹的频繁偏转，造成裂纹扩展路径的增长，从而使裂纹扩展过程吸收了更多的能量，而且导致裂纹从应力有利状态转为不利状态，增大了扩展的阻力，提高了材料的韧性。在珍珠层的形变和断裂过程中，裂纹偏转的同时经常伴随着纤维拔出作用的发生（珍珠层中的纤维是指文石片），由于在有机相-无机相间存在着相对较强的结合界面，有机基质与文石片间的结合力和摩擦力将阻止裂纹的进一步扩展，而且有机基质的塑性形变可降低裂纹尖端的应力场强度因子，从而使断裂所需的能量提高达到增韧的目的。

② 矿物桥增韧机制。Sch 首次证明了连接单个片材的矿物桥的存在。Äffer 等人在 1997 年提出矿物桥改善了有机基质层的力学性能，防止了珍珠层的裂纹扩展的观点。这些矿物桥代表了矿物在 c 轴上从前一层瓷砖生长的延续。它们通过阻止生长的蛋白质层突出，在覆盖的有机层上形成了矿化可以继续的位置，如图 2.63 所示。为了直接观察单个片材之间的矿物桥，让珍珠层在平行于生长方向的张力下断裂。在图 2.63a 中，箭头标记了剩余矿物桥的位置，而在没有有机基质的情况下，可以清楚地看到瓷砖层之间存在间隙。图 2.63b 所示为

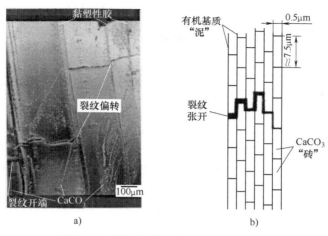

图 2.62　裂纹偏转和纤维拔出增韧机制

矿物桥形成的进一步证据，即单个矿物桥周围的文石似乎具有从矿物桥发出的半圆带。有人认为，这与矿物桥形成过程中蛋白质吸收程度较高相对应。

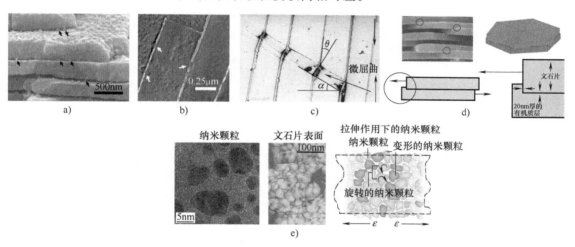

图 2.63　珍珠层的增韧机制

③ 微屈曲（Buckling）增韧机制。当对珍珠层进行动态和准静态压缩时，发现裂纹首先在内层产生，裂纹面高度扭曲形成一种微屈曲（Microbuckling）现象，从而形成一种新的增韧机制。图 2.63c 所示为沿中间层观察到的塑性微屈曲现象，此为降低整体应变能的机制，相同近似长度的层段通过切应变的协调滑动，在长度减小的区域内产生试样的整体旋转。在图 2.63c 中对角度 α 进行测量，发现约为 35°，理想的角度是 45°左右，这有利于微屈曲状态形成，意味着珍珠层表现出较低的扭结破坏应力。角度 θ（扭结带内的旋转）约为 25°，由层间滑动确定。θ 角受最大切应变的限制，若 θ 角超过一定值，则会沿滑动界面发生断裂。

④ "自锁"结构增韧机制。在文石片的上下表面观察到一些纳米粗糙突起，并发现相邻层间的纳米突起呈现相扣或咬合状态，如图 2.63d 所示。在相邻上下文石片的交界面上发现"自锁"结构。文石片层不是如先前认为的那么平整，而是有着明显的微尺度波纹型起伏。

"自锁"结构的连续断裂可以有效地抑制大的破坏，起到增韧作用。

⑤ 纳米颗粒增韧机制。占贝壳重量5%左右的有机大分子使本质上各向异性的矿物质自组装成各向同性的纳米颗粒，其在贝壳增韧机制中起到了不可替代的作用，如图2.63e所示。当珍珠层发生变形与断裂时，文石层间的有机基质发生塑性变形并且与相邻晶片黏结良好。这是珍珠层中的一种普遍存在的现象，这种现象在韧化过程中的作用是不可忽视的。首先，它提高了相邻晶片间的滑移阻力，因此强化了纤维拔出增韧机制的作用；其次，珍珠层发生塑性变形，仍与文石片保持良好结合的有机层在互相分离的文石片间起到桥接作用，从而降低了裂纹尖端的应力场强度因子，增加了裂纹扩展阻力并提高了韧性。

⑥ 集成增韧机制。图2.64所示为集成增韧机制示意图。假设纳米微凸体是剪切阻力的主要来源，如图2.64a所示，因此，文石层不会发生断裂。由折叠成交联聚合物有机基质（类似胶水）的β折叠片组成的蛋白质将黏附在文石层上，并通过蛋白质之间的许多结合键实现韧性连接，黏弹性胶模型如图2.64b所示。根据该模型，拉伸强度是分子链拉伸的结果，分子链的末端连接到相邻文石层的表面。在塑性变形开始时，断裂的矿物桥可能在形成随后抵抗剪切的纳米微凸体中起作用，如图2.64c所示。因此，文石层间增韧的真正机制是上述三种模式的协同作用，如图2.64d所示。可见，珍珠层的优异力学性能与其微结构特征和有机基质密切相关，其高韧性是在不同尺度上多级强韧化机制共同作用的结果，为仿生材料的制备提供了绝佳的模板。

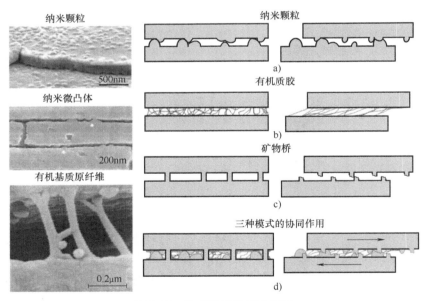

图 2.64　集成增韧机制示意图

此外，在珍珠层中还发现了一些其他微观结构特征：片材在层间的 Voronoi 排列，具有独特锯齿形形态的螺旋位错结构，以及相互联层间的螺旋结构，这些微观结构可能都在生物力学功能上发挥作用。

从以上分析可知，贝壳这种生物复合材料具有高韧性的主要原因是裂纹偏转、纤维拔出、有机基质桥接以及矿物桥作用等多种增韧机制协同作用的结果，而这些增韧机制又与贝壳的特殊组成和结构密切相关。贝壳的组成和组织结构的形成过程与机理，对于现代材料的设计和制备无疑具有重要的启示意义。

（4）仿贝壳材料的设计及制备　高性能结构陶瓷具有高强度、高硬度、优异的耐高温、耐化学腐蚀、耐磨损、低密度和热膨胀小等优异的性能，已在航空航天、能源、机械、汽车、化工、冶金等领域获得广泛的应用。但是，由于脆性断裂是陶瓷材料的本质特征，导致其使用的可靠性和抗破坏性较差，从而制约了高性能结构陶瓷在工程上的更广泛应用和产业化进程。

近年来，围绕着改善陶瓷材料韧性的问题，国内外进行了大量的研究工作，其中采用仿生层状复合结构设计进行陶瓷增韧就是改善陶瓷材料韧性的方法之一。贝壳类生物材料中的珍珠层是由95%以上的脆性文石晶体和少量有机基质以强弱相间的层状形式复合而成的，这种结构具有比一般文石晶体高得多的综合力学性能。层状复合陶瓷也是在脆性的陶瓷层间加入不同材质的较软或较韧的材料层（通常称之为夹层、隔离层或界面层）制成，这种结构的材料在应力场中是一种能量耗散结构，能克服陶瓷突发性断裂的致命缺点，当材料受到弯曲或冲击时，裂纹多次在层间界面处受到阻碍而发生钝化和偏转，有效地减弱了载荷下裂纹尖端的应力集中效应，同时，这种材料的强度受缺陷影响较小，是一种耐缺陷材料，这种结构可使陶瓷的韧性得到很大改善，以层状复合氮化硅为例，其断裂韧性可以达到 $20MPa \cdot m^{1/2}$ 以上，抗弯强度可以达到600MPa以上，断裂功提高 2~3 个数量级。

1）仿生层状复合陶瓷的材料组成和结构设计。仿生层状复合陶瓷材料就是模拟贝壳珍珠层的层状结构，用基体陶瓷层模拟珍珠层中的文石片，用弱界面结合的夹层模拟有机基质层，将陶瓷层和夹层通过适当的工艺结合在一起形成仿生层状复合陶瓷，因而基体陶瓷层和夹层的基本性质、几何尺寸、界面结合状态以及二者之间的物理和化学相容性等因素都会影响仿生层状复合陶瓷最终的力学性能，因此，高韧性陶瓷材料的仿生结构材料设计主要包括以下几个方面：

① 材料体系的选择和优化。基体陶瓷层和夹层的选择要考虑基体和夹层本身的性质（如弹性模量、热膨胀系数、强度、韧性等）、二者之间的物理和化学相容性、性能匹配性等。

② 制备方法和工艺参数的确定。根据仿生层状复合陶瓷的结构特点，选择合适的制备工艺（成型、涂覆、烧结等），优化工艺参数。例如，可采用轧膜成型或流延法成型制备基体陶瓷片层，界面层的涂覆工艺、排胶和烧结工艺都根据具体材料体系的不同而定。

③ 几何参数。仿生层状复合陶瓷由基体陶瓷层和夹层两种结构单元组成，二者的几何尺寸对材料的力学性能也有很大影响。几何参数主要包括结构单元尺寸（纤维直径、层片厚度等）、结构单元排列方式（如纤维排布角）、层数、层厚比等。

基体材料的层厚对复合材料的性能有一定的影响，层厚越大，则韧性越低。较薄的单层厚度可以将裂纹在材料厚度方向分成较多的小段，有利于材料断裂功的提高，同时，还可以减少层中缺陷，以提高材料的强度。例如，当总厚度不变时，10 层的 SiC 石墨复合物的强度是 550MPa，而 20 层的 SiC 石墨复合物的强度是 920MPa，断裂功也提高了 3.5 倍。但是，基体材料的厚度并不是越薄越好，因为工艺条件的限制，层厚的均匀性无法精确控制，使界面引入缺陷的概率增大，层厚越薄，界面越多，这种危害越大。例如，Al_2O_3-W 复合材料（W 层厚度为 25cm），当基体 Al_2O_3 层厚减小到一定值以后，复合材料的断裂韧性的增加趋势变缓，而抗弯强度却显著降低，这说明对于一定的材料体系而言，基体材料有一个最佳的层厚。

夹层材料的厚度对复合材料的性能也有明显的影响，例如，当夹层厚度小于一定的值时，材料韧性降低很快。随着夹层材料厚度增大，断裂韧性增加，但当大于一定值后，复合材料的韧性反而降低，例如，当层状 Al_2O_3-碳纤维纸陶瓷的夹层厚度由 0.01mm 增至 0.05mm 时，陶瓷断裂韧性从 $6.674MPa \cdot m^{1/2}$ 逐步下降到 $3.210MPa \cdot m^{1/2}$，即夹层厚度明显地偏大或偏小，断裂方式将发生改变，断裂韧性也会有显著的减小，如果金属夹层太厚，还会由于残余应力太大而导致陶瓷层中形成裂纹，产生不利影响。以金属钨为夹层材料的 Al_2O_3-W 层状复合材料（Al_2O_3 层厚度为 140cm），其抗弯强度和断裂韧性在夹层厚度较薄时，都随夹层厚度的增加而增加，但是，当 W 夹层厚度较大时，抗弯强度和断裂韧性则开始降低，这说明对于一定的材料体系而言，夹层材料也有一个最佳的厚度。

通过仿真设计，可以优化材料的层厚、单层中增强体的体积分数或质量分数、薄层的叠层次序、层间残余应力的大小，以及材料的制造工艺、成本和性能等参数，以最大程度地发挥层状材料可设计性的长处。例如，采用有限元模型与线性最优化计算机程序相结合，设计用于热交换器的 SiC 晶须（SiC_W）/莫来石多层结构复合陶瓷管，使材料烧结冷却时产生的过剩残余热应力减少 51%，材料具有更高的抗热裂能力。

三层结构是仿生层状复合陶瓷设计经常采用的形式。该结构利用适当的热膨胀系数差异或相变在表面层产生的残余压应力，提高材料性能。例如，当以 ZrO_2 为基体材料，45% Al_2O_3+ZrO_2 为表面层时，由于层间热膨胀系数的差异在表面层形成残余压应力，使材料的抗弯强度和断裂韧性分别从 450MPa 和 $8.8MPa \cdot m^{1/2}$ 提高到 682MPa 和 $16.2MPa \cdot m^{1/2}$，对于以 SiC 为表面层，SiC+TiB_2 为中间夹层的三层结构，由于添加 15%～30% 体积的 TiB_2 使强度和抗裂性能提高了 50%～100%，但耐蚀性和耐温性有所降低。

界面性能对复合材料的性能影响极大。界面结合强度越高，复合材料的模量越高，但强度和韧性却不一定高，因为过强的界面结合会抑制界面脱黏、基体桥接、纤维拔出和裂纹偏转等对裂纹能的吸收，不利于材料强度和韧性的提高。如有强烈的界面反应还会造成材料损伤，也是不利的。而过弱的界面结合强度，会使仿生层状复合陶瓷的各向异性增大，不能抵抗切应力，易遭破坏，也影响裂纹偏转，所以要求界面有一个适当的结合强度，才能得到最佳的强度和韧性。另外，界面的粗糙度与界面结合强度有很大的关系，粗糙度值越大，结合强度较强，材料的强度和高温抗蠕变性能提高（因为其抑制了软夹层的蠕变和层间相对位移），但却使断裂韧性下降。

抗弯强度和断裂韧性往往是相互矛盾又相辅相成的参数。研究表明，以 Si_3N_4 为基体、Si_3N_4 增强 BN 为夹层的复合材料，当夹层中 Si_3N_4 含量在 20% 以下时，材料为弱界面结合，断裂韧性达到 $20MPa \cdot m^{1/2}$，抗弯强度为 600MPa 左右，而当夹层中 Si_3N_4 含量为 60% 以上时，界面变为强结合，抗弯强度大于 1000MPa，而断裂韧性则下降到 $7MPa \cdot m^{1/2}$ 左右。

2）仿生矿化沉积薄膜。仿生宏观层状材料和仿生微观层状材料，是从贝壳珍珠层结构上进行的仿生，下面介绍模拟贝壳的生物矿化过程进行的仿生，即在自组装模板上沉积陶瓷薄膜，陶瓷的卓越性能为许多先进技术的实现提供了强大的保证，特别是陶瓷薄膜和涂层广泛应用在燃料电池和半导体装置中。由于陶瓷薄膜具有良好的力学性能和惰性，它们表现出作为微型电机系统和在苛刻环境下电子装置保护涂层的潜力，但传统的陶瓷薄膜和涂层的加工，通常需要较高的温度和复杂的设备。此外，由于收缩和热膨胀系数不匹配，薄膜裂纹和截面分层经常发生。因此，生产陶瓷薄膜的主要挑战是寻找收缩小的低温、低压合成路线。

在自然界中，许多生物展现了在环境的温度、压力和气氛下，通过生物矿化创造了具有高度功能性的结构复杂、形状独特的生物陶瓷，如贝壳的形成就是一个最好的例子。生物矿化的显著特征是，通过有机大分子和无机矿物离子在界面处的相互作用，从分子水平控制无机矿物相的析出，从而使生物矿物具有特殊的高级结构和组装方式，它是由一个细胞调制控制生物矿物的形核、长大，以及复杂的微组装过程。生物矿化可以分为以下四个阶段：

① 有机大分子预组织。在矿物沉积前构建一个有组织的反应环境，实现有机大分子的预组织。

②界面分子识别。预成形的有机大分子系统为无机相的组装提供骨架，在其与溶液的界面处，通过晶格几何特征、静电相互作用、极性、立体化学因素、空间对称性等因素影响控制无机物成核的部位、结晶物质的选择、晶型、取向及形貌。

③ 生长调制。受控于有机分子组装体的晶体生长和停止实现矿物相组装。

④ 细胞加工。涉及大规模的细胞参与活动，形成更高级的组织。

3）仿贝壳材料的应用。陶瓷有许多优点（如耐蚀、耐磨、耐高温），但它的脆性却限制了它在许多领域的应用。陶瓷工作者一直在试图通过各种方法改善其韧性，如利用 ZrO_2 相变增韧、添加晶须或纤维增韧、颗粒弥散增韧等，但这些方法都有其自身的缺点：ZrO_2 相变增韧材料在低温下易老化，在高温下易增韧失效；晶须（纤维）复合材料分散工艺复杂，且很难在常压下烧结；颗粒弥散增韧效果有限，不能大幅度改善陶瓷力学性能等。

研究发现，贝壳的珍珠层是陶瓷（文石）-聚合物（蛋白质）层状复合材料。此种复合材料是由极薄的有机物分隔开的、排列有序的、不等轴的 $CaCO_3$ 文石片组成的，具有高韧性和适中强度。当贝壳受外力作用发生断裂时，裂纹沿文石片之间有机层发生频繁的偏转，吸收更多的裂纹扩展能，同时有机层也能使裂纹钝化，因此贝壳不会发生突然的灾难性断裂，目前，仿贝壳结构的宏观层状结构陶瓷已经得到广泛的研究，有的在实际中得到了应用。同时模仿贝壳生物矿化机制，通过自组装制备微观层状复合材料越来越受到人们的重视，它在未来的高性能陶瓷材料设计和制备中将发挥重要作用。

3. 竹子结构与联结结构仿生

竹子是蒲葵科、斑竹亚科、斑竹族中的一种多年生草，是农业作物之一。一项研究将竹子分为 75 个属和大约 1500 个种，主要分布在热带与温带地区，大量存在于亚洲和南美洲。世界上的竹林大约有 65520 平方公里。亚洲拥有全球竹林的 65%。竹子具有重量轻、强度高、力学性能优良、生长速度快、性能稳定、无毒无害等特性。传统上，竹子被用来建造各种生活设施和工具。目前，除食用与药用价值外，竹子被广泛用于各个领域。其中，以竹纤维为基础的复合材料受到汽车、材料、工程、生物技术等多个领域的广泛关注和应用。

竹子生长的主要方式是无性繁殖。新的根茎穿透地面，产生次生的秆，直到它达到一个稳定的大小。竹子可以在 2~4 个月内生长到 15~30m 的高度。竹子在 3 年内达到成熟，成熟竹子的抗拉强度可与低碳钢相当。竹子的生长速度非常快，已知竹子最快每小时可以垂直生长 5.08cm，一些毛竹品种在 3 个月内就能生长到 18.288m，因此，其在取代不可再生的、昂贵的合成纤维复合材料以及维持生态平衡的研究中，具有巨大潜力。竹基复合材料在家庭用品、运输和建筑方面的发展，使竹子经济进入了新的方向，同时在生态和社会方面为人类带来了巨大的好处。

（1）竹子的化学组成　竹子的化学成分主要由纤维素、半纤维素和木质素构成。这些成分实际上都是高聚糖，占竹子总重量的 90% 左右。其他成分包括蛋白质、脂肪、果胶、单宁酸、色素和灰分，这些成分主要存在于细胞腔或特殊的细胞器中，其在竹子的生理活动中起着重要作用。从分子尺度看，竹材是由小分子单体通过聚合组成的高分子聚合物，具有两种主要结构形式：一种是线性高聚物，如纤维素；另一种是三元交联网络高聚物，如木质素。它们一般是各向异性和非均匀体。

纤维素是氢化合物，是植物的基本成分，由单体分子（$C_6H_{10}O_5$）组成，其聚合度为 10000。竹材的力学性能和吸湿性能主要来自于纤维素。纤维素是筛格和层状晶格组织，呈各向异性。40 个纤维素链组成纤维单元，单元纤维束组成微观纤维，这些微观纤维集合成竹纤维。竹纤维为中空的管状结构，纤维壁是由多层与纤维轴成不同角度的微纤维层构成，这种层状螺旋结构大大增强了抗拉性能。

木质素是苯基丙烷单元的聚合物，分子式为（$C_6H_5CH_3CH_2CH_3$）$_n$，其以不同的浓度存在于细胞壁的不同层中。竹材木质素的强度比纤维素弱，能为竹子提供硬度及颜色（黄色）。

半纤维素是由 150~200 个糖分子组成的多糖化合物（多缩成糖），比在纤维素内聚合化程度要低得多，在木质化前起基体作用。

对于其他非纤维素成分来说，它们对竹子的其他特性具有影响，如强度、柔韧性、湿度及密度等。通常情况下，竹子的化学成分会随着竹子年龄的增长而发生变化。特别是纤维素含量随竹龄的增加而不断降低，直接影响竹材的化学成分。

（2）竹子的结构　竹子的整体结构是一个由基部向上逐渐递减的圆锥形空心结构，每隔几厘米至几十厘米有一个竹节，由节的横隔壁组成一个纵横关联的整体，这对中空细长的竹竿的刚度和稳定性起着重要作用。竹秆内约 52% 为薄壁组织，40% 为纤维组织，8% 为输导组织。竹类也是禾本科植物，人们把它的茎看作和其他禾本科植物的茎一样，常称它为秆。竹茎的外形确实和其他禾本科植物的茎相似，但节部特别明显。竹节上有两个环，上面的称为秆环，下面的称为箨环，即着生叶鞘的环。两环之间的一段称为节内，这三者共同构成竹类茎上的节。毛竹的茎秆，从表皮至髓腔的部分，统称为竹壁。竹壁自外而内，分为竹青、竹肉和竹黄三个部分。竹青是表皮和近表皮含叶绿素的基本组织部分，所以呈绿色；竹黄是髓腔的壁；竹肉是介于竹青和竹黄之间的基本组织部分。这些结构又和一般禾本科植物的茎不同。根据竹类茎的质地，人们又把它看作木质茎，事实上，它只有初生组织，但由于它的机械组织特别发达，基本组织细胞的细胞壁木质化，造成它坚实的木质特性，成为可以和木材媲美的材料。现以毛竹（Phyllostachys Pubescens）为例，说明它的结构的特殊性，毛竹的结构如图 2.65 所示。竹节由秆环、箨环和竹横隔壁组成，起着加强竹秆直立和水分、养分横向输导的作用。竹秆的节间，竹材维管束排列互相平行，而在竹节处的维管束

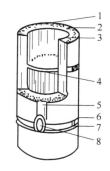

图 2.65　毛竹的结构

1—竹青　2—竹肉　3—竹黄　4—竹横隔壁
5—沟　6—秆环　7—箨环　8—芽

呈弯曲走向并且纵横交错。横隔壁把竹秆分隔成空腔，即髓腔。髓腔周围的壁称为竹壁。竹壁在宏观上由三部分组成，自外而内依次为竹皮、竹肉和髓环组织（髓环和髓）。竹皮是竹壁最外层，通常横切面上看不见维管束的部分。竹肉是界于竹皮和髓环组织间的部分，横切面上有维管束分布。维管束是在竹材横切面上，见到的许多呈深色的菱形斑点，在纵切面上它呈顺纹股状组织。维管束在竹壁内的分布一般自外而内由密变疏。竹肉内侧与竹腔相邻的部分为髓环，其上也无维管束分布。

竹材的微观构造是指竹材内部的细胞特征、细胞排列及组成成分。竹材由细胞组成，细胞是构成竹材的基本形态单位。可以把竹材分为表皮系统、基本系统和维管系统三部分。在解剖学上进一步将竹材细分为表皮层、皮下层、皮层、基本薄壁组织、维管束和竹腔壁等六部分。

1）表皮系统。表皮系统包括从竹青最外沿至开始出现维管束纤维帽的界线处之内的细胞组织，分为表皮层、皮下层和皮层。其均由体小壁厚、排列紧密的细胞构成。

① 表皮层。表皮层是竹秆壁最外面的一层细胞，也是细胞组分最丰富的层次。由长形细胞、硅质细胞、栓质细胞和气孔器及刚毛等构成。长形细胞占大部分表面积，顺纹平行排列，且竹秆中段表皮层的长形细胞数量最多。长形细胞外侧面细胞壁特别肥厚。栓质细胞和硅质细胞形态短小，常成对结合，插生于长形细胞的纵列之中。栓质细胞略成梯形（六面体），小头向外；硅质细胞近似于三角形（六面体或五面体），顶角朝内，硅质细胞中有硅酸盐结晶，加强了表面的硬度。表皮上穿插着许多小孔，即为气孔。

② 皮下层。表皮层之下紧贴的是皮下层。通常为 1~2 层或 3 层柱状细胞，细胞壁稍厚或很厚，纵向排列，细胞成柱状，横切面为方形或矩形。

③ 皮层。皮下层之内无维管束分布的部分即为皮层。皮层细胞大于皮下层细胞，细胞呈圆柱状，纵向排列。细胞层数因竹种不同而异，通常为 3~7 层不等。在竹秆横切面上，皮层细胞为圆形或椭圆形，细胞壁明显比表皮层细胞壁和皮下层细胞壁薄。但有些竹种，皮层和皮下层细胞并无显著区别。

2）基本系统。基本系统由基本薄壁组织和髓环组织（髓环和髓）两部分组成。

① 基本薄壁组织。基本薄壁组织由基本薄壁组织细胞组成，主要分布在维管系统之间，环绕维管束，其作用相当于填充物，构成维管束内外的营养组织。基本薄壁组织细胞一般较大，在横切面上呈多角形或长方形。依据纵切面的形态，基本薄壁组织细胞可分为长形细胞和近似于正方形的短细胞两种，但以长形细胞为主，短细胞分布于长细胞之间。长细胞大小不一，其特征是细胞壁有多层结构，在竹子生长的早期阶段已木质化，其细胞中的木质素含量高，细胞壁上出现瘤层。短细胞具有浓稠的细胞质和薄的细胞壁，不木质化，而有些厚壁长细胞木质化程度高。基本薄壁组织中横向流通能力很小，但仍比纵向要大。

② 髓环。髓环位于髓腔竹膜外围，由多层排列紧密的石细胞组成，其质地相当坚硬。其细胞形态与基本薄壁组织细胞不同，呈横卧短柱状，排列整齐紧密，横切面上可见有非尖端形、多角形、扁圆形、长菱形等。石细胞一般由基本薄壁组织细胞形成，最初由于它们有较大的细胞核而与邻近细胞相区别，随着细胞生长，次生壁沉积并变得很厚。一般髓环细胞的石化程度与竹龄关系密切。

③ 髓。髓一般由大型基本薄壁组织细胞组成。髓组织破坏后留下的间隔，即竹秆的髓腔。髓呈一层半透明的薄膜黏附在秆腔内壁周围，也称竹衣。但并不是所有竹种皆如此，也

有含髓的实心竹。

3）维管系统。维管系统由包藏在基本薄壁组织中的维管束群组成，主要有向上输导水分和无机盐的木质部与向下输导光合作用产物的韧皮部两个部分，通常包含纤维、导管、筛管及伴胞等细胞。将茎横切成薄片，放在显微镜下观察，可以看到一个个的维管束，外层是韧皮部，内层是木质部，韧皮部和木质部之间没有形成层，如图 2.66 所示。这导致竹子茎秆在生长到一定时候粗细程度不变。

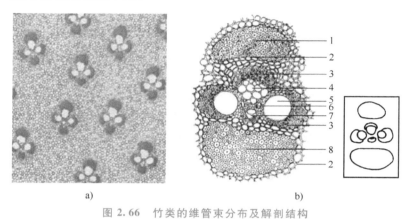

a)   b)

图 2.66　竹类的维管束分布及解剖结构

a）维管束在竹壁中的分布　b）竹类植物维管束解剖结构

1—外方纤维股　2—薄壁组织　3—维管束外鞘　4—初生韧皮部的筛管　5—后生木质部的两个大型导管
6—小的后生木质部分子　7—细胞间隙（由原生木质部深化而成，其中常具有 1～2 个环纹导管或填充体）　8—内方纤维股

维管束是输导组织与机械组织的复合体，其外部为初生韧皮部，内部为初生木质部。初生木质部包括原生木质部和后生木质部，其总轮廓大体为 V 形。初生木质部的特征细胞为导管。初生韧皮部位于初生木质部的外部，它的特征细胞是筛管和伴胞。通常在维管束的外缘有发达的厚壁纤维组织，这就是竹材具有十分坚韧特性的原因。从竹秆节间的横切面上看，一个典型的维管束由纤维帽、维管束鞘、木质部和韧皮部等部分构成。

① 导管。导管是由一连串轴向细胞首尾相连而成的管状组织。构成导管的单个细胞是导管分子，导管末端以无隔膜的孔洞相通。在 V 形基部的原生木质部中，导管含有环纹导管和螺纹导管，其中有填充体，并被一些非全部木质化的薄壁细胞围绕。在 V 形的后生木质部对称分布一个大型导管，它的导管壁全部加厚，仅留下具缘纹孔没有加厚。

② 筛管和伴胞。筛管是由许多细胞构成的纵行管状组织，每一个细胞称为一个筛状分子，在它的端壁或近端壁上形成了筛板。筛板上有许多小孔即为筛孔。茎秆筛管中一直未见淀粉粒，甚至在晚期阶段也如此，筛管在茎秆全生命过程中都具有机能。有时筛管中有胶质物沉积，堵塞通道变为不可渗透。筛管除了导管外，比其他细胞大，其周围通常紧贴着一个或多个长形、细薄壁的细胞，即伴胞。筛管分子通过筛孔互相连接起来，伴胞有浓胞质和大胞核，胞间联系物把伴胞与筛管分子连接起来。伴胞和筛管在生理上具有十分密切的相互依存关系。

③ 薄壁细胞。初生木质部和初生韧皮部除外侧有纤维外，全部被木质化的薄壁细胞所包围。维管束内的薄壁细胞通常小于基本薄壁组织细胞，并在胞壁上具有较多单纹孔。

④ 纤维。纤维是纤维帽（或纤维股、纤维束、纤维群）中的纤维细胞。一般竹材的纤

维细胞细长，两端渐尖，有时在端部出现分叉。其腔径较小，细胞壁较厚，壁上有明显的节状加厚。纤维相靠紧密，有小孔沟通，通导能力小，纤维群几乎包围了组成维管束的其他细胞，其横断面积超过其他细胞共同的横断面积。竹材纤维细胞横切面近似圆形，且壁上有少数小的单纹孔。许多竹种纤维细胞壁上具有瘤层，瘤层排列具有一定规律，不同竹种间瘤层规律和密度不同。竹秆中纤维壁厚通常随竹龄增加而逐渐增厚。

竹纤维细胞壁加厚过程同时伴有木质素沉积和细胞壁层次积累，也是纤维细胞硬化的过程。竹材纤维细胞处于不同的部位，其细胞壁加厚程度也有所不同。其细胞壁具有多层结构，且由宽窄层次交替构成。各层之间有不同的角度，宽层与竹纤维细胞长轴夹角很小，并且木质素含量明显低于窄层，而窄层与纤维细胞长轴夹角较大。一般纤维股外侧纤维细胞壁层次多于纤维股内侧，在维管束中形成层次不一的混合式。

由于竹纤维细胞壁多层结构，使其模型与木材纤维细胞不同。竹材纤维细胞壁分为初生壁（P）和次生壁（S），不过这时次生壁（S）是由多层构成的，且每层与细胞长轴夹角不一。

Parameswaran 等人在研究 7 种竹材纤维细胞壁时，总结前人对细胞壁层次的厚度、夹角及排列方式的研究成果后，提出竹纤维细胞壁从紧靠胞间层的最外层开始依次是：初生壁（P）、次生壁过渡层 S0（这层并不总是存在）、S1-l、S2-t、S3-l、S4-t、S5-l、S6-t 等。其中标注 l 和 t 分别代表细胞层次方向偏于轴向和横向。并提出厚壁纤维多层结构模型如图 2.67a 所示。Wai 等人在 1985 年研究竹材 Bambusa Polymorpha 纤维制浆过程中纤维的形态变化时，发现纤维股和纤维鞘中的纤维细胞壁层数上有差异：纤维股上的纤维细胞壁一般为 3～4 个宽层，而纤维鞘上仅有 1 或 2 个薄层。虽然纤维股和纤维鞘中纤维细胞在层数上有差别，但基本结构相似。并用 L1、L2、L3 等表示从初生壁逐渐向内的宽层，用 N1、N2、N3 等表示从初生壁逐渐向内的薄层。他们提出了刺竹纤维次生壁模型如图 2.67b 所示。

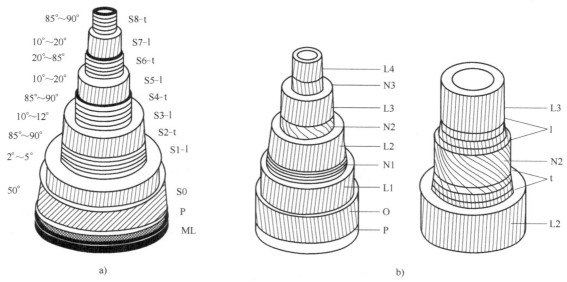

图 2.67 竹材纤维细胞壁模型

a）厚壁纤维多层结构模型 b）刺竹纤维次生壁模型

竹节处的纤维形态与节间不同，它们通常具有钝的尾端，分叉现象也相当普遍，有些纤维还有内含物，与节间的纤维相比，竹节处的纤维长度短很多。

（3）竹子的力学性能　竹材的力学性能非常优越，其拉伸强度达 530MPa，与最好的铝合金相当。但竹材的密度最高只有 1.2g/cm³，所以其单位质量的强度非常大。

竹材不同于一般空心薄壁圆管之处在于其存在竹节，竹节这种天然构造使竹子形成了竹节间中空、竹节处实心的特殊结构。

带节的竹秆与不带节的竹筒相比，其抗劈开强度和横纹拉伸强度分别提高了 128.3% 和49.1%。竹节处由于维管束方向不与纵轴平行，拉伸强度有所下降，但此处组织膨大，使抗拉截面加大而保证了在外力作用下不在竹节处破坏。由此，在一些竹子搭成的结构中，在受拉和受弯较大处可以选用竹节较多的竹子，而在受扭较大处则应选用竹节较少的竹子，以最大限度地发挥竹子的力学性能。

对竹材的进一步研究发现，竹材表层（竹青）的高强度和高韧性主要是竹纤维结构的优越性所致。竹纤维具有空心多层结构，其微观结构如图 2.67 所示。该结构由厚薄交替的多层构成，每一层由更小的微纤丝组成，微纤丝呈螺旋状排列。厚层中的微纤丝螺旋升角为3°~10°（相对于纤维轴），薄层中的微纤丝螺旋升角为 30°~90°，多数情况下为 30°~45°。相邻层的螺旋升角逐渐变化，从而避免了几何和物理上的突变，显著改善了相邻层面的结合。

同时，外层厚度的增加使竹材正向刚度有少量降低，但切向刚度会大幅度增大。竹材的空心柱、竹纤维层状排列、不同层面的界面内竹纤维升角逐渐变化的结构恰是功能适应性原理决定的。这对复合材料的设计具有积极的指导作用。

1）弹性模量。竹子的弹性模量取决于许多因素，如竹龄、种类和材料的方向。理想情况下，竹子被视为一种单向的、纤维增强的复合材料。式（2.29）被用来描述竹子的弹性模量：

$$E = fE_f + (1-f)E_m \qquad (2.29)$$

式中　f——纤维体积比；

　　E_f——纤维的弹性模量；

　　E_m——基体的弹性模量。

通过静单向试验，利用沿纵轴的大块试样测量毛竹的弹性模量，得到毛竹的弹性模量约为 15GPa。竹子基质的弹性模量约为 2GPa，而纤维的弹性模量约为 46GPa。通过弯曲试验测得 1、3 和 5 年生毛竹的弹性模量为 5~16GPa。使用纳米压痕测量径向弹性模量，其值为7.5~13GPa。弹性模量从竹子外向竹子内呈逐渐减小的趋势。

2）拉伸强度。竹子具有较高的拉伸强度，主要是由于竹纤维细胞具有优异的力学性能。基体（薄壁组织）的拉伸强度约为 50MPa，而纤维的拉伸强度约为 810MPa。毛竹沿轴向的拉伸强度，从内到外在 100~400MPa，而毛竹的拉伸强度沿同一方向为 100~750MPa。微拉伸试验表明其拉伸强度为 200~600MPa。竹子拉伸强度由外表面到内表面呈逐渐降低趋势。

3）抗断裂性。竹子具有非常良好的抗断裂性能。通过双悬臂试验沿纵向-径向开裂竹子来测量毛竹的能量释放速率，断裂功约为 0.36kJ/m²。在测量毛竹的断裂韧性时，使用单边缘缺口狗骨样品进行拉伸试验，其断裂韧性为 20~100MPa·m^{1/2}。在四点弯曲试验中，竹子的内表面、外表面及横截面均被制造缺口。在三种不同情况下，最终裂缝全部偏移到两端，而并不是沿缺口方向继续裂开。

裂纹桥接是裂纹偏转的主要增韧机制，对于外表面和内表面均具有缺口的竹子，纤维素桥接是主要的增韧机制。

与内表面具有缺口的竹子相比，外表面具有缺口的竹子具有更低的纤维素桥接纤维密度。对横截面具有缺陷的竹子，韧带桥接是主要的增韧机制。而韧带桥接能够使竹子获得良好的拉伸强度。毛竹的抗断裂性从外到内逐渐增加，与拉伸强度和韧性的变化趋势相反。这主要是因为竹子的大部分能量用于保护靠近内部区域的木质素网，而更靠近外部的纤维阵列上能量较少。这种拉伸强度和抗断裂性的协同作用赋予了竹子优异的力学性能。

（4）仿竹材料的应用

1）仿竹结构的复合材料。根据毛竹外密内疏的结构特性，用连续电镀法在碳纤维上镀 Fe、Ni，制备了镀 Cu-Fe，Cu-Ni 的双层碳纤维，用它们分别制备了 CF/Cu-Fe 和 CF/Cu-Ni 复合材料，与竹秆中纤维的体积分数相近的 CF/Cu 复合材料相比，这种新型的复合材料的抗弯强度和导电性能都有显著提高。制备 SiC 包裹碳纤维的梯度基复合材料，发现这种材料密度低，力学性能优良和抗氧化功能突出。基于竹材中微纤维独特的层次结构，提出了一种仿生纤维双螺旋模型，实验表明其压缩系数比普通纤维提高了 3 倍。

自然界中的分层材料一直是创新材料研究和开发的原型。竹子的一个特点是维管束和实质层之间从外部到内部表面的渐变。这种功能梯度结构使竹子具有优良的力学性能，如强度大和抗断裂性好。功能梯度材料（Functional Gradient Material，FGM）可以有效地减少不同层之间的应力集中，这对许多设备和连接件的性能至关重要。受竹子微观结构的启发，创新的 FGM 已经被合成，以满足不同的机械和热需求，包括陶瓷-金属接头、压电执行器和仿生物圆柱结构。

陶瓷-金属接头在高温下的结构至关重要。陶瓷-金属接头的性能受化学（界面上的热力学和动力学、润湿、黏附等）和机械因素（残余应力、缺陷、断裂能量等）的综合影响。因此，设计方法对生产的产品至关重要。为了减少加工过程中的应力，Bruck 等人开发了一种功能分级的镍-氧化铝接头，成分逐渐过渡。不同成分的镍和氧化铝的粉末混合物在球磨机中与黏合剂混合形成浆液。首先，通过单轴冷压粉末制造出均匀的层，然后对它们进行烧结。多层试样是用热等静压法制造的，在此过程中，温度和压力都是斜坡式的，保持并冷却。进行了一系列的机械测试，以描述每个单层的机械行为。结果表明，在具有较高氧化铝成分的层中出现了较高的强度，这与梯度微结构是一致的。为了找到镍成分的最佳比例，在使用条件下，对不同的 FGM 试样的峰值轴向应力进行了测量。结果表明，对于具有不同层厚度的试样，最佳梯度指数 p 约为 3.2。

压电执行器对微机电系统的性能非常重要。通常情况下，压电板和金属垫片之间的黏合强度下降对传统的单形态致动器是不利的。受摩梭竹子微观结构的启发，使用分级多孔的锆钛酸铅（PZT）开发了一种新型压电执行器。商用 PZT 和硬脂酸粉末的混合物通过模具和冷等压法压实。具有不同成分的层的混合物在空气中使用一系列的加热速率进行烧结。FGM 样品是通过压实不同的均匀层，然后将它们烧结在一起制备的。通过对一系列的 FGM 试样进行试验，提供最大弯曲曲率的最佳厚度参数是 1.92。进一步的研究表明，这些测量结果和来自层压板模型的预测之间取得了良好的一致。功能分级的压电执行器成功地缓解了不同层之间的应力集中，不同层之间的应力集中，需要进行数值模拟，以揭示满足功能需求的最佳梯度。

功能分级的竹子结构能很好地抵抗弯曲和屈曲载荷。使用 3D 打印技术来生产功能分级的圆柱形结构。两种聚合物分别作为纤维和基体。建立了一系列的纤维-基体复合材料模型来模拟竹子的横截面，包括一个有两个同心层的模型，代表纤维和基体材料，以及两个基于竹子纤维梯度的等尺寸或不同尺寸纤维的模型。通过四点弯曲试验来描述这些圆柱形试样的抗弯能力。

由于竹子出色的抗弯曲能力，竹子在压缩状态下是稳定的，直径与长度之比可达到 1/250~1/150。基于竹子的结构特征，设计了仿生圆柱形结构来模拟维管束和薄壁细胞的梯度分布。进行了非线性屈曲分析，以描述承载效率，即临界屈曲应力和圆柱体质量之间的比率。结果显示，功能分级圆柱体的承载效率比同质圆柱体的承载效率高约 125%。功能分级圆柱体没有表现出传统圆柱体的局部屈曲，而是表现出更有利的整体屈曲。

2）竹/玻璃钢复合建筑材料结构。竹子不仅本身可以作为建筑材料用于土木工程，其形态结构更是天然的合理力学结构，在建筑仿生学中也有着重要的作用。竹子的茎秆很特别，每隔一段就会长有竹节。从力学角度分析，每个竹节相当于一个横向抗扭箱，抵抗水平方向上的扭矩，同时能大大提高竹子横向抗挤压和抗剪切的能力。竹子在风载作用下各段抵抗弯曲变形能力基本相同，相当于一种阶梯状变截面杆，是一种近似的等强度杆。而其下粗上细的特点也刚好适应于下部弯矩大、上部弯矩小的需要，因此其在风雨中也不会折断受损。

3）竹子仿生结构在土木工程中的应用。竹的纤维相当于混凝土中的钢筋，其他木质部相当于混凝土。这样可以将竹子的结构仿生到建筑混凝土结构中。竹子的结构是良好的力学模型，人们引用仿生学原理，将这种结构应用于高层建筑设计。这种结构的高层建筑稳定性强，抗风能力和抵抗地震横波的冲击能力较好。随着现代建设的飞速发展，建设用地越来越紧张。为了在较小的土地范围内建造更多的建筑面积，建筑物不得不向高层发展。但是在高层建筑，特别是超高层建筑的设计中，人们遇到了各种各样的问题。其中主要的问题是高空强风引起建筑物的摇晃，特别是强台风地区，更为严重。例如，台北 101 大楼采用的就是设置协调质块阻尼器的方法避免高空强风引起建筑物的摇晃。

竹子多生长在河边，河边多为砂性土。那么竹子为何能完好地在那里生长，而不会被河边的大风吹倒，甚至洪水冲走呢？其实它的根系也很特别，仔细观察，可以发现其根有的在土中，有的露在上面。和茎秆一样，竹的根也有分节（原因和作用现在还不清楚），它的须根系分布很有特点，这样就使得其根部更牢固。可以利用仿生学原理，将竹子的该特点应用到建筑基础的设计和处理中。

对于竹的研究依然有许多尚未解决的问题。若能更好地分析其潜在的力学性能，则更能有助于仿竹结构的应用，特别是在高层建筑中的应用。这既能缓解土地紧缺的压力，同时又有助于提高建筑物抵抗风载、地震等不良因素的能力，具有深远的意义。

4）竹纤维增强摩擦材料。竹纤维增强摩擦材料在摩擦过程中形成了直接接触层和非直接接触层。直接接触层主要是由玻璃纤维、石墨和矿物纤维组成的形成耐磨层；非直接接触层是由竹纤维碳化后形成凹槽和孔隙及其他颗粒混合而成，可以减小磨损率，减少表面划痕。硬质颗粒可以在凹槽里存留和移动，使得颗粒磨损变小，磨去硬质的尖角，增加了硬质颗粒在摩擦材料表面的停留时间，凹槽也可以为磨屑排除提供通道。但是，对于竹纤维增强摩擦材料中竹纤维的含量也有要求，若竹纤维含量过多（如9%和12%竹纤维增强摩擦材料），则摩擦材料的非耐磨层的摩擦结构单薄，使得摩擦表面基体松散，不稳定，在摩擦制动过程中会出现大块脱落的现象，从而使得磨损率很大。若竹纤维含量适中（如3%竹纤维增强摩擦材料），则大块磨屑脱落较少，磨损较小。因此，适当含量的竹纤维增强摩擦材料可以提高摩擦性能。

2.4　仿贝壳结构材料设计范例

　　一般来说，生物材料结构仿生设计程序基于不同的出发点，会在仿生设计的开始有较小的差异，即是先有性能优异的仿生生物原型，模仿生物原型结构得到性能相近或者更加优异的仿生设计，还是先有目的需求，再寻找与目的需求相关的生物原型。抛开这两点，生物材料结构仿生设计程序可以大致概括为确立产品/目的需求—选取生物对象—提取仿生对象特征—简化仿生对象特征—选取仿生材料—确定制备方法、工艺参数调整—几何参数设计—表征仿生设计产品。

　　本节以贝壳的多层结构制备层状复合陶瓷材料为例，介绍生物材料结构仿生设计程序。

2.4.1　确立产品/目的需求和选取生物对象

　　针对珠母贝珍珠层的力学性能，从弹性模量、拉伸强度和断裂功三方面进行研究，发现其弹性模量仅为60~70GPa，与玻璃相当，但其拉伸强度和断裂功分别达到140~170MPa和350~1240J/m^2，均远超过无机文石的力学性能。因此，可以通过模仿贝壳结构以及探索贝壳生成机理，来制备一种具有高拉伸强度和断裂功的人工复合材料。

2.4.2　提取仿生对象特征和简化仿生对象特征

　　贝壳的力学性能分析及增韧机理已在2.3.3节中进行了详细介绍，这里不过多赘述。总之，珍珠层内的文石晶体与有机基质交替叠层排列方式是造成裂纹偏转产生韧化的关键所在。有机基质层强度相对较弱，易于诱导裂纹在其中偏转，从而阻止裂纹的穿透扩展。因此，可以把珍珠层的结构抽象为软硬相交替的多层增韧结构，这是一种靠细观结构实现的止裂机制。根据这一止裂机制，进行仿珍珠层陶瓷增韧复合材料的设计。层状结构陶瓷材料就是模拟贝壳珍珠层的层状结构，用基体陶瓷层模拟珍珠层中的文石片，用弱界面结合的夹层模拟有机基质层，将陶瓷层片和夹层通过适当的工艺而结合在一起形成仿生层状陶瓷，因而基体陶瓷层和夹层的基本性质、几何尺寸、界面结合状态，以及二者之间的物理和化学相容性等因素都明显地影响了仿生结构陶瓷最终的力学性能。

2.4.3　选取仿生材料

1. 基体材料

目前，层状陶瓷复合材料的基体材料主要是一些具有较高的强度和弹性模量的结构陶瓷材料，如 Al_2O_3、ZrO_2、SiC、Si_3N_4、TiB_2、B_4C 等。基体材料的强度对复合材料的性能有很大影响，基体材料的强度直接影响复合材料的断裂韧性，强度越高，断裂韧性越高。基体材料增韧后可以提高层状复合材料的断裂性能。基体材料常用的增韧方法有颗粒弥散增韧、纤维或晶须增韧、相变增韧等，研究证明，基体材料采用不同的增韧方法和材料，其增韧效果是不同的，基体材料对层状陶瓷复合材料性能的影响见表 2.4。可见，当采用 B_4C+TiO_2 弥散增韧 SiC 基体材料时，与未增韧相比，材料不仅抗弯强度下降，而且硬度变大，即韧性降低。采用 ZrO_2 相变增韧 Al_2O_3 基体材料，与层状结构一起起到了协同增韧作用，抗弯强度和冲击强度都得到了提高。因此，要发挥协同增韧作用，针对不同的基体必须选择合适的增韧材料和结构。

表 2.4　基体材料对层状陶瓷复合材料性能的影响

序号	单相基体/夹层材料	性能	多相基体/夹层材料	性能
1	β-SiC/(TiB_2+42%B_4C)	抗弯强度 584MPa	(β-SiC+10%B_4C+4%TiO_2)/(TiB_2+42%B_4C)	抗弯强度 410MPa
1		基体硬度 4.0MPa		基体硬度 11.0MPa
2	Al_2O_3/BN	抗弯强度 310MPa	(Al_2O_3+ZrO_2)/BN	抗弯强度 363MPa
2		冲击强度 68.1kJ/m²		冲击强度 88.6kJ/m²

2. 夹层材料

夹层材料是决定层状陶瓷复合材料韧性高低的关键。选择夹层材料时一般要考虑以下因素：与基体不发生较剧烈的化学反应，以免生成不利的脆性产物；热膨胀系数相差不应太大，避免热应力开裂；强度适中，性能稳定，且与基体结合强度适中，以利于裂纹偏转等。常见的夹层材料有：金属夹层材料（如 Ni、Al、Cu、W、Ti），无机夹层材料（如石墨、BN、ZrO_2、Al_2O_3 等），纤维即高分子夹层（碳纤维、芳纶纤维、环氧树脂等）。不同的夹层材料各有特点，根据具体目的选取不同夹层材料制备的层状陶瓷复合材料的性能见表 2.5。

表 2.5　以 Al_2O_3 为基体材料选取不同夹层材料制备的层状陶瓷复合材料的性能

夹层材料	主要性能
BN	冲击韧性大幅度增加,抗弯强度下降 20%
ZTA	抗弯强度为 390~408.5MPa,断裂功为 22.6kJ/m²,是单相 Al_2O_3 的 5.6 倍,是单相 ZTA 的 2.8 倍,断裂韧性为 10.5~11.2MPa·$m^{1/2}$,维氏硬度为 16.8~18.6GPa,在一定程度上克服了弱夹层各向异性的缺点
Ni	断裂性能随 Ni 层厚度增加而增强
SnO_2	界面热应力状态良好,界面结合强度适当
云母片	与块状氧化铝相比,抗弯强度基本相同,但断裂韧性 K_C 却提高了近 60%,达 5.3MPa·$m^{1/2}$
SiC	断裂韧性为 15.12MPa·$m^{1/2}$,抗弯强度为 563MPa,断裂功为 3.335kJ/m²
碳纤维	断裂韧性提高 1.5~2 倍
TiC	韧性比块状陶瓷明显提高
TiN	韧性比块状陶瓷明显提高

本节的增韧复合陶瓷材料以 Al_2O_3 为基体材料，其中加入人工合成的钇铝石榴石（$Y_3Al_5O_{12}$）作为辅助原料。钇铝石榴石的加入，可以起到三个作用：①弥散强化基体；

②阻碍氧化铝晶粒长大；③提高高温性能。选用 $LaPO_4$ 加入适量 Al_2O_3 作为弱性夹层材料，磷酸是形成弱性夹层的关键组分，但由于其自身难以烧结致密化，故加入 Al_2O_3 可解决这一问题，以提高夹层的抗剪强度，从而在允许裂纹偏转的情况下，增加裂纹在界面层中扩展的阻力，消耗外力功，增加材料的断裂韧性。另外，加入 Al_2O_3 也能提高夹层与基体层之间的结合强度。

2.4.4 确定制备方法、工艺参数调整和几何参数设计

$Al_2O_3+Y_3Al_5O_{12}$ 基体层采用凝胶注模工艺制备，基体层厚度为 $110\sim150\mu m$，然后将制备好的基体层浸涂 $LaPO_4+Al_2O_3$ 料浆并烘干，即可在基体层上形成均匀的夹层，其厚度约为 $10\sim30\mu m$，厚度由基体层在夹层料浆中的浸涂次数决定。最后，将浸涂 $LaPO_4+Al_2O_3$ 夹层料浆的片层顺序叠放在石墨模具中，在 Ar 气保护下进行热压烧结（1600℃，25MPa，$1\sim2h$），制得 $Al_2O_3+Y_3Al_5O_{12}/LaPO_4+Al_2O_3$ 层状陶瓷复合材料，厚度比为 11。

上述过程中，基体层的厚度、夹层厚度以及陶瓷的制备工艺（烧压成型）需要前期调研或者查找资料得到，具体内容已在 2.3.3 节中有所介绍。

2.4.5 表征仿生设计产品

不同的仿生设计产品会基于不同仿生设计目的，而进行相对应的性能表征试验。通过性能表征试验，可以得到仿生设计产品是否符合仿生设计需求，以及可以进一步分析结构仿生设计的合理性、结构原理及优化仿生设计的方向。

本节以上文中 $Al_2O_3+Y_3Al_5O_{12}/LaPO_4+Al_2O_3$ 层状陶瓷复合材料为例，通过力学性能进行表征。这种层状陶瓷复合材料具有较好的韧性，室温时抗弯强度和断裂韧性分别为 668.5MPa 和 13.8MPa·$m^{1/2}$，1250℃时抗弯强度和断裂韧性分别为 586.5MPa 和 11.2MPa·$m^{1/2}$，虽然其抗弯强度比基体材料略有下降，但室温断裂韧性为基体材料的 3 倍。符合此次制备一种高韧性材料的初衷。

该层状陶瓷复合材料之所以有这样好的强韧性，主要是因为其在断裂过程中，裂纹扩展路径的总长度要远远大于试样的厚度。由于夹层相对于基体层力学性能要弱得多，当裂纹遇到夹层时导致裂纹发生偏转，继而沿着夹层继续扩展，增加裂纹长度，并且基体层仍可以独立断裂，而每一层基体层断裂时均产生新的临界裂纹，这就要消耗外界能量，增加断裂功。随着主裂纹向前扩展，伴随有次生并行裂纹出现，增加裂纹数量。在基体层内也引发了从裂纹，从而也增加了裂纹扩展的路径，消耗了外力功。另外，断裂时片层之间的相互支承作用，不仅增大断裂功，同时还由于片层之间的相互作用，引发基体层之间的二次开裂，消耗外力功。可见，并行裂纹扩展、裂纹的偏转、基体层内从裂纹形成和基体层间相互支承，都极大地提高了材料的断裂韧性。

讨论与习题

1. 讨论

1）生物材料具有的功能特性哪些是与其结构特性相关的？

讨论参考点：生物结构是生物行为、功能可以有效发挥的保证，是生物体的骨架、支承、桥梁和纽带。

2）生物材料具备的力学、声学、光学等特性是由其结构特性调控的吗？

讨论参考点：生物结构包括构件、构材和联结。

2. 习题

1）试述生物材料结构特性。

2）生物材料的结构仿生方式包括什么？

3）壁虎爪趾的结构特征是什么？简述其与力学性能的关系。

4）简述鲨鱼鳞片微观结构特征与其力学性能关系？

5）试述甲虫鞘翅结构色的主要构色机制及其对仿生变色材料的启发作用。

6）试述骨中主要有机相及其结构特征。

7）试述珍珠层的增韧机制及其对于陶瓷材料增韧的启发作用。

8）影响竹子力学性能的主要因素是什么？

第 3 章
结构仿生学力学理论基础

结构仿生是从自然界生物的力学特性、结构关系、材料性能等汲取灵感，用于结构的仿生设计中，以实现结构综合性能的最优化。开展结构仿生研究，往往要涉及一些复杂的关键力学问题。力学是研究物体运动和力的学科，它在工程中有着广泛的应用和重要的意义。结构设计方面，力学是结构设计的基础，它可以帮助工程师确定结构的强度、刚度和稳定性等参数，从而确保结构的安全性和可靠性；材料选择方面，力学可以帮助工程师了解材料的力学性能，从而选择最适合的材料，以满足工程项目的需求；机械设计方面，力学还可以帮助工程师设计机械系统，包括机器人、汽车、飞机等，以确保它们的运动和力学性能符合要求。

3.1　结构静力学

结构静力学的各种计算方法需要满足三个基本条件：力系的平衡条件、变形的连续（几何条件）和力与变形的物理条件（本构关系），并基于一个基本原理——叠加原理。结构按组成构件的几何特征可分为杆件结构、薄壁结构（板壳结构）和实体结构。

3.1.1　平面体系的几何构造分析

几何构造分析就是按照几何学的原理对体系发生运动的可能性进行分析。在不考虑材料变形的条件下，受任意载荷作用，位形均保持不变的体系，称为几何不变体系，如图 3.1a 所示。若体系的位形可以改变则称为几何可变体系，如图 3.1b 所示。

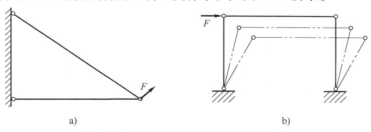

a)　　　　　　　　　　　　　　　　b)

图 3.1　几何不变体系和几何可变体系

一个结构体系是由约束将各部件联系起来的一个整体,要成为几何不变体系,必须具有足够的约束数量使体系的自由度为零。在进行平面体系几何构造分析时,可首先计算体系的计算自由度 W。假设体系中各个约束都不存在,此时,各部件自由度的总和为 a,全部约束的数量为 d,必要约束的数量为 c,则体系的自由度 S 可表示为

$$S = a - c \tag{3.1}$$

体系的计算自由度 W 为

$$W = a - d \tag{3.2}$$

多余约束数 n 为

$$n = S - W \tag{3.3}$$

若体系 $W = 0$,则 $S = n$,表明该体系具备成为几何不变体系所要求的最少约束数量。

平面杆件体系中,m、g、h 和 b 分别为体系中的刚片数、单刚结点数、单铰数和单链杆数(包括支座链杆数),其计算自由度 W 可表示为

$$W = 3m - (3g + 2h + b) \tag{3.4}$$

平面铰接链杆体系中,体系的结点数为 j,单链杆数为 b,其计算自由度 W 为

$$W = 2j - b \tag{3.5}$$

3.1.2 静定结构受力分析

1. 静定结构内力计算的一般原则

静定结构是没有多余约束的几何不变体系,由此决定了静定结构的基本静力特性:静定结构的约束力及内力完全可以由静力平衡条件唯一确定。

静定结构涉及静定梁、刚架、拱、桁架、组合结构等不同类型。对静定结构进行受力分析时,只需考虑平衡条件,而不考虑变形条件。分析的基本方法是选取隔离体,建立静力平衡方程。

对于平面一般力系来说,静力平衡方程为两个力的投影平衡方程和一个力矩平衡方程:

$$\sum F_x = 0, \quad \sum F_y = 0, \quad \sum M = 0 \tag{3.6}$$

若力的投影平衡方程用力矩平衡方程来代替,则平面一般力系的三个平衡方程可以写成:

$$\sum M_A = 0, \quad \sum M_B = 0, \quad \sum M_C = 0 \tag{3.7}$$

对于平面杆系件来说,杆件内力一般包括轴力 F_N、剪力 F_Q 和弯矩 M。轴力是截面上应力沿杆轴切线方向的合力,以拉力为正。剪力是截面上应力沿杆轴法线方向的合力,以绕微段隔离体顺时针方向旋转为正。弯矩是截面上应力对截面形心的合力矩,在结构力学中,弯矩不规定正负号。

2. 截面法求内力及内力图

截面法是分析杆件内力最基本的方法,用指定截面将杆件切开,选取杆件的任一侧作为隔离体,由隔离体的静力平衡方程求截面内力。轴力等于截面一侧所有外力沿杆轴切线方向投影的代数和。剪力等于截面一侧所有外力沿杆轴法线方向投影的代数和。弯矩等于截面一侧所有外力(包括载荷和约束力)对截面形心力矩的代数和。

截面法在使用时需要注意以下问题:

1）隔离体与周围的约束要全部截断，替换成相应的约束力。

2）约束力要符合约束的性质。即截断链杆，在截面上加轴力。截断受弯杆件时，在截面上加轴力、剪力和弯矩；去掉滚轴支座、铰支座和固定支座时，分别加上一个、两个和三个约束力。

3）隔离体是应用平衡条件分析的对象，即受力图中只画隔离体本身所受力，无须画出隔离体施加给周围的力。

4）不要遗漏力，包括载荷和被截断约束处的约束力。

5）未知力一般假设为正号方向。若计算结果为正值，则内力的实际方向与假设方向一致；反之，则内力的实际方向与假设方向相反。

各截面的内力求出后，通常用图形来表示各截面内力的变化规律，这种图形称为内力图。作内力图时，轴力图和剪力图可绘在杆轴的任意一侧，并标明正负号。弯矩图规定纵坐标画在杆件受拉一侧，不标注正负号。

3. 几种典型静定结构的特点

典型的静定结构包括静定梁（单跨和多跨梁）、刚架、拱、桁架等。静定多跨梁的特点是当外力作用在基本部分时，附属部分不受力；当外力作用在附属部分上时，附属部分和基本部分都受力。其计算的关键是区分基本部分和附属部分。计算时先计算附属部分，再计算基本部分。静定刚架中刚结点可以承受和传递弯矩，弯矩是刚架的主要内力。在一般情况下，根据刚架的受力分析结果先画出弯矩图；然后以杆件为隔离体，利用杆端弯矩求杆端剪力，并作剪力图；最后取结点作为隔离体，利用杆端剪力求杆端轴力，并作轴力图。在结点载荷作用下，桁架中的杆件为二力杆，只受轴力作用。计算中要充分利用结点单杆和截面单杆，联合应用结点法和截面法，以使计算工作简洁有效。分析组合结构时，最主要的是区分结构中的链杆和梁式杆，正确地画出隔离体的受力图。三铰拱的基本特点是在竖向载荷作用下有水平约束力，由于水平约束力的存在，使截面的弯矩远小于相同跨度的简支梁。

3.1.3　虚功原理与结构的位移计算

在载荷作用下，结构会产生变形和位移。变形是指结构原有形状的改变。位移表示物体位置的变化，用于度量变形的大小和方向。位移包括线位移和角位移，线位移是指结构任一点产生的移动，角位移是指杆件截面产生的转角。这种线位移和角位移称为绝对位移。功是力与位移的乘积。根据力与位移之间的关系，功可分为实功和虚功。实功是指力在其本身引起的位移上所做的功，虚功是力在其他原因产生的位移上做的功。

1. 虚功原理的概念及其证明

虚功原理：处于平衡的必要和充分条件是，系统发生任意一个协调的虚位移时，外力在虚位移上所做的虚功（外虚功）总和 W_{ij} 恒等于各微元体截面上的内力在其虚变形上所做的虚功（即虚变形能）总和 U_{ij}，也即恒有如下虚功方程成立

$$W_{ij} = U_{ij} \tag{3.8}$$

下面只从物理概念上来证明虚功原理的必要条件，即论证若处于平衡状态，则虚功方程（3.8）成立。

物体在力系作用下处于平衡状态，称为静力状态 i，由于其他因素所引起的变形协调的

虚位移，称为虚位移状态 j。在虚位移过程中所涉及的虚功可以按下面两种方法来计算。

方法一：外力区分，虚位移不区分。

将静力平衡状态分为一系列的微元体。处于平衡状态微元体所受的力包括外载荷和隔离体截面的内力。将总虚功 W 分解为外力所做的虚功 W_{ij} 和所有截面内力所做的虚功 $W_内$

$$W = W_{ij} + W_内 \tag{3.9}$$

相邻隔离体截面上的内力互为作用力与反作用力，必然大小相等、方向相反，由于虚位移是光滑、连续的，相邻分割面虚位移相同，分割面内力虚功相互抵消。因此，整个结构中所有隔离体截面上内力在虚位移上所做虚功总和等于零，即 $W_内 = 0$，则式（3.9）变为

$$W = W_{ij} \tag{3.10}$$

式（3.10）表示总虚功等于外力的总虚功。

方法二：各部分外力不区分，虚位移区分。

将各微元体的虚位移分解为刚体虚位移和变形虚位移两部分，注意虚位移是光滑连续的，但刚体虚位移和变形虚位移在分割面处一般是不光滑、不连续的。

将总虚功 W 分解为微元体上所有力在刚体虚位移上所做的虚功 $W_刚$ 和在变形虚位移上所做的虚功 U_{ij} 即

$$W = U_{ij} + W_刚 \tag{3.11}$$

根据刚体的虚位移原理可知，平衡力系在刚体虚位移上的总虚功等于零，即 $W_刚 = 0$，则式（3.11）表示总虚功等于所有力在变形虚位移上的总虚功。

两种方法计算的结果相同，这就证明了虚功方程式（3.8）成立。

由以上分析可知：

1）虚功原理涉及静力平衡的力系和变形协调的位移两个因素，而且力和位移是分别给出的，彼此独立无关。因此，虚功原理可以用来解决两类问题：①平衡问题，此时虚功原理代表平衡条件；②几何问题，此时虚功原理代表位移协调条件。

2）虚功原理的表述没有涉及结构类型、材料性质和结构达到平衡状态位移的大小。因此，虚功原理适用于任何力学行为（线性和非线性），适用于任何结构。将虚功原理应用于非线性问题时，应注意平衡状态是在变形后实现的，而虚位移是偏离平衡状态的无限小位移。

3）刚体的虚功原理只是虚功原理的一种特例。因刚体发生虚位移时，刚体本身不产生变形，因此，虚变形能 $U_{ij} = 0$，于是有 $W_{ij} = 0$，即刚体上的所有外力所做的虚功总和等于零。

4）虚变形能是内力在变形位移上做的虚功，因此，有时又称为内力的虚功，或称为内虚功。

当变形体为杆件体系时，如图 3.2a 所示，平面杆系承受均布力、集中力和力偶作用形成一个静力平衡状态 i，同一结构由于其他因素所引起的变形协调的虚位移状态，如图 3.2b 所示，则外虚功可表示为

$$W_{ij} = \sum F_{\mathrm{P}i}\Delta_{ij} + \sum m_i\varphi_{ij} + \sum \int q_i y_{ij}\mathrm{d}s \tag{3.12}$$

式中　$F_{\mathrm{P}i}$ ——静力状态 i 下的广义力；

　　　m_i ——静力状态 i 下的力偶；

　　　q_i ——静力状态 i 下的均布载荷；

　　　Δ_{ij} ——广义位移；

φ_{ij}——角位移；

y_{ij}——线位移。

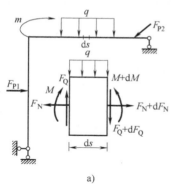
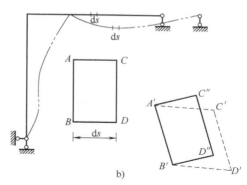

图 3.2　变形体为杆件体系时静力状态和虚位移状态

a）静力状态　b）虚位移状态

对于直杆体系，由于变形互不偶联，虚变形能可表示为

$$U_{ij} = \sum \int F_{Ni}\varepsilon_j \mathrm{d}s + \sum \int F_{Qi}\gamma_j \mathrm{d}s + \sum \int M_i\kappa_j \mathrm{d}s \tag{3.13}$$

式中　F_{Ni}——静力状态 i 下的轴力；

　　　F_{Qi}——静力状态 i 下的剪力；

　　　M_i——静力状态 i 下的弯矩；

　　　ε_j——虚位移状态 j 下的轴向变形；

　　　γ_j——虚位移状态 j 下的剪切变形；

　　　κ_j——虚位移状态 j 下的曲率。

根据虚功原理可得

$$\sum F_{Pi}\Delta_{ij} + \sum m_i\varphi_{ij} + \sum \int q_i y_{ij}\mathrm{d}s = \sum \int F_{Ni}\varepsilon_j\mathrm{d}s + \sum \int F_{Qi}\gamma_j\mathrm{d}s + \sum \int M_i\kappa_j\mathrm{d}s \tag{3.14}$$

式（3.14）就是平面杆系结构的虚功方程。

2. 结构位移计算的一般公式

根据平面杆系结构的虚功方程，由单位荷载法可推导出结构位移计算的一般公式。

图 3.3a 所示为一平面杆系结构在载荷、支座移动和温度变化等作用下发生的实际变形状态。各杆发生的应变为 ε、γ、κ，结构的支座位移为 Δ_{Ci}。现拟求结构中点 K 沿任一指定方向 kk' 上的广义位移 Δ。根据单位荷载法，在该点拟求位移方向虚设一相应的单位广义力 $F_P = 1$，如图 3.3b 所示。在该单位广义力作用下，结构将产生约束力 $\overline{F}_{Ri}$ 和各杆截面的内力 $\overline{F}_N$、$\overline{F}_Q$、$\overline{M}$。字母上加一横表示单位广义力 $F_P = 1$ 引起的内力和约束力。将结构真实位移视作虚功方程中的虚位移状态 j，将虚设力系视作虚功方程中的静力平衡状态 i，根据平面杆系结构的虚功方程式（3.14）可得

$$1 \times \Delta + \sum \overline{F}_{Ri}\Delta_{Ci} = \sum \int \overline{F}_N\varepsilon\mathrm{d}s + \sum \int \overline{F}_Q\gamma\mathrm{d}s + \sum \int \overline{M}\kappa\mathrm{d}s$$

即

$$\Delta = \sum \int \overline{F}_N \varepsilon ds + \sum \int \overline{F}_Q \gamma ds + \sum \int \overline{M} \kappa ds - \sum \overline{F}_{Ri} \Delta_{Ci} \qquad (3.15)$$

式（3.15）就是结构位移计算的一般公式，式中等号右边的四个乘积中，当虚设力系状态中的 $\overline{F}_{Ri}$、$\overline{F}_N$、$\overline{F}_Q$、$\overline{M}$ 和实际位移状态中的 Δ_{Ci}、ε、γ、κ 方向一致时，力与变形的乘积为正，反之为负。由此得到的 Δ 若为正值，则表明位移的方向与虚设单位力的方向一致，若为负值则表明位移的方向与虚设单位力的方向相反。这种通过虚设单位载荷作用下的平衡状态，利用虚功原理求结构位移的方法称为单位荷载法。它适用于静定和超静定的梁、刚架、桁架、拱、组合结构等不同结构类型；载荷、温度变化、支座移动等不同因素导致的位移；线性、非线性材料组成的结构。针对具体的结构类型和导致变形的影响因素，结构的位移计算公式可相应地简化。

1）载荷作用下结构位移的计算公式为

$$\Delta = \sum \int \left(\frac{\overline{F}_N F_{NP}}{EA} + \frac{\eta \overline{F}_Q F_{QP}}{GA} + \frac{\overline{M} M_P}{EI} \right) ds \qquad (3.16)$$

式中　EA——截面的抗拉刚度；

　　　GA——截面的抗剪刚度；

　　　EI——截面的抗弯刚度；

　　　η——切应变截面形状系数，是一个无量纲数，其值仅与截面形状有关。

2）温度变化时结构位移的计算公式为

$$\Delta_t = \sum \int (\overline{F}_N \varepsilon_t + \overline{F}_Q \gamma_t + \overline{M} \kappa_t) ds \qquad (3.17)$$

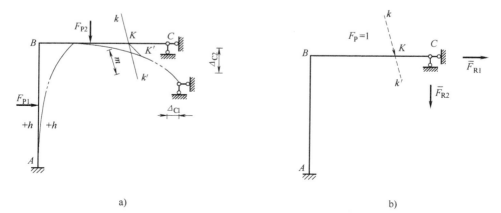

a)　　　　　　　　　　　　　　　　　　b)

图 3.3　平面杆系结构实际变形状态和虚拟状态

a）实际变形状态　b）虚拟状态

3）制造误差的位移计算公式为

$$\Delta_e = \sum \int \overline{F}_N \varepsilon_e ds + \sum \int \overline{M} \kappa_e ds \qquad (3.18)$$

4）支座移动引起位移的计算公式为

$$\Delta = - \sum \overline{F}_{Ri} \Delta_{Ci} \qquad (3.19)$$

5）弹簧支座下结构位移的计算公式为

$$\Delta = \sum \int \frac{\overline{M}M_P}{EI}\mathrm{d}s + \sum \frac{\overline{F}_k F_{Rk}}{k_N} \tag{3.20}$$

式中　　F_{Rk} ——约束力；

　　　　k_N ——弹簧刚度。

3.1.4　力法

1. 超静定次数

上面介绍了静定结构的内力和位移的计算。然而实际工程中，大多数结构都是超静定的。根据超静定结构分析方程中所用未知量的不同，超静定结构的解法可分为两大类：一类称为力法，也称柔度法；另一类称为位移法，也称刚度法。力法是以力为未知数建立补充方程，比较适合多余约束数量少的超静定结构。位移法是以位移为未知数建立补充方程，方程形式统一，适合于计算机编程运算。

超静定结构中的多余约束数目称为超静定次数。确定结构的超静定次数，可以用 3.1.1 节中计算自由度的方法进行确定，即超静定次数 n 为

$$n = -W \tag{3.21}$$

更为直接的方法可采用去除约束法，即原结构中去掉 n 个约束，结构成为静定的，则原结构为 n 次超静定结构。

2. 力法的基本原理

力法是分析超静定结构最基本的方法。它的基本思想是基于变形协调条件，将超静定问题转化为静定问题来求解。

在力法中，多余约束力的计算是超静定结构计算的关键。多余约束力作为处于关键地位的未知力，也称为多余未知力，是力法的基本未知量。去掉多余约束后，包括载荷和多余约束力的静定结构，称为力法的基本体系，力法的基本体系既可代表静定结构，又可代表原来的超静定结构。力法的基本方程为

$$\delta_{11}X_1 + \Delta_{1P} = 0 \tag{3.22}$$

式中　　δ_{11}、Δ_{1P} ——基本结构（静定结构）的位移；

　　　　X_1 ——未知力。

3. 力法典型方程

力法典型方程是根据原结构的位移条件建立起来的。典型方程的数目等于结构的超静定次数。n 次超静定结构的基本体系有 n 个多余未知力，相应的有 n 个位移协调条件。利用叠加原理将这些位移条件表述成如下的力法典型方程：

$$\begin{cases} \delta_{11}X_1 + \delta_{12}X_2 + \cdots + \delta_{1n}X_n + \Delta_{1P} = 0 \\ \delta_{21}X_1 + \delta_{22}X_2 + \cdots + \delta_{2n}X_n + \Delta_{2P} = 0 \\ \vdots \\ \delta_{n1}X_1 + \delta_{n2}X_2 + \cdots + \delta_{nn}X_n + \Delta_{nP} = 0 \end{cases} \tag{3.23}$$

式（3.23）中的系数 δ_{ij} 和自由项 Δ_{iP} 都代表基本结构的位移。位移中符号采用两个下标，第一个下标表示位移的方向，第二个下标表示产生位移的原因。例如，δ_{ij} 表示 $X_i = 1$ 单独作用时，基

本结构沿 X_i 方向的位移，常称为柔度系数。Δ_{iP} 表示载荷单独作用时，基本结构沿 X_i 方向的位移。位移正负号规定：当 δ_{ij} 和 Δ_{iP} 的方向与相应 X_i 方向相同时，位移为正；反之为负。

4. 力法求解超静定结构的一般步骤

综上所述，用力法求解超静定结构的一般步骤如下：

1）确定结构的超静定次数，去掉多余约束，并以多余约束力代替相应多余约束的作用，得到原结构力法的基本体系。

2）基本结构在载荷和多余约束力作用下，根据去掉多余约束处的位移与原结构相应位移一致的条件，建立力法典型方程。

3）分别作多余约束力单位载荷和载荷单独作用下基本结构的内力图，按照求位移的方法计算力法方程的系数 δ_{ij} 和自由项 Δ_{iP}。

4）将系数和自由项代入力法方程，解方程求出多余约束力。

5）根据叠加法作超静定结构的内力图。对于刚架结构，根据杆件和结点的平衡条件依次作出剪力图和轴力图。

6）对计算结果进行校核分析。

需要注意以下几点：

1）力法方程的物理含义是基本体系在外部因素和多余未知力共同作用下产生的多余未知力方向上的位移，应等于原结构相应的位移。实质上是位移协调条件。

2）主系数 δ_{ii} 表示基本体系仅由 $X_i = 1$ 作用所产生的 X_i 方向的位移。副系数 δ_{ij} 表示基本体系仅由 $X_j = 1$ 作用所产生的 X_i 方向的位移。

主系数恒大于零，副系数可为正、负或零。力法方程的系数只与结构本身和基本未知力的选择有关，是基本体系的固有特性，与结构上的外因无关。

3.1.5 位移法

1. 位移法的基本原理

位移法是以节点位移作为基本未知量求解超静定结构的方法。位移法运用的前提包括两个基本变形假设：①各杆端之间的轴向长度在变形后保持不变；②刚性节点所连各杆端的截面转角是相同的。其基本未知量是节点位移。节点位移分为节点角位移和节点线位移两种。每一个独立刚节点有一个转角位移（基本未知量），是整个结构的独立刚节点总数。图 3.4a 所示的超静定结构角位移数为 6；图 3.4b 所示的超静定结构角位移数为 1。

位移法中杆端弯矩、固端剪力正负号规定：杆端弯矩使杆端顺时针方向转动为正。固端剪力使杆端顺时针方向转动为正。位移法中节点弯矩正负号规定：节点弯矩使节点逆时针方向转动为正。固端弯矩是载荷引起的固端弯矩，固端剪力是载荷引起的固端剪力。线刚度 i 的计算公式为

$$i = \frac{EI}{l} \tag{3.24}$$

式中　EI——杆件的抗弯刚度；

　　l——杆长。

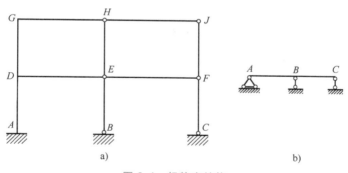

图 3.4 超静定结构

2. 位移法求解超静定结构的一般步骤

综上所述，使用位移法求解超静定结构的一般步骤如下：

1）确定结构的基本未知量，选取基本结构。

2）建立位移法典型方程。

3）绘制基本结构的单位弯矩图和载荷弯矩图。

4）利用平衡条件求位移法方程中的各系数和自由项，解方程求各基本未知量。

5）由叠加法绘出最后的弯矩图。

3.1.6 力矩分配法

采用力法和位移法计算超静定结构时，都需要求解多元线性方程组。当未知量较多时，手算求解方程组的计算工作量很大。为避免求解多元线性方程组，人们提出多种适合手算的算法。下面介绍目前工程界中仍具有应用价值、物理概念鲜明的力矩分配法。从本质上来说，力矩分配法是基于位移法基本原理的一种近似分析方法。它的适用范围是连续梁和无侧移刚架。下面介绍力矩分配法中的几个术语。

1. 转动刚度

转动刚度是指使杆端产生单位转角所需要施加的力矩，表征杆端抵抗转动的能力。杆端转动刚度 S_{AB} 的定义是当杆件 AB 的 A 端（或称近端）发生单位转角时，A 端所产生的弯矩值。此值不仅与杆件的线刚度 $i = EI/l$ 有关，而且与杆件另一端 B（或称远端）的支撑情况有关。不同情况的等截面杆的转动刚度分别为

1）远端为固定支座：$S_{AB} = 4i$。

2）远端为铰支座：$S_{AB} = 3i$。

3）远端为定向支座：$S_{AB} = i$。

4）远端为自由端：$S_{AB} = 0$。

2. 传递系数

当杆件 AB 仅在 A 端有转角时，远端 B 的弯矩 M_{BA} 与近端 A 的弯矩的比值，称为该杆从 A 端传至 B 端的弯矩传递系数，用 C_{AB} 表示。不同情况的等截面杆的传递系数分别为

1）远端为固定支座：$C_{AB} = \dfrac{2i}{4i} = \dfrac{1}{2}$。

2）远端为铰支座：$C_{AB} = \dfrac{0}{3i} = 0$。

3）远端为定向支座：$C_{AB} = \dfrac{-i}{i} = -1$。

3. 分配系数

图 3.5a 所示的刚架结构在结点 A 处作用顺时针方向的集中力矩 M。欲求各杆端弯矩 M_{Aj}，即需要分析结点 A 处的四个杆端如何分担外力矩。

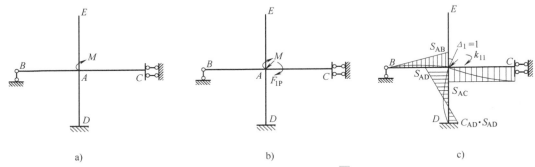

图 3.5　刚架结构及其 M_P 图和 $\overline{M}_1$ 图

a）刚架结构　b）M_P 图　c）$\overline{M}_1$ 图

采用位移法求解杆端弯矩。刚架的独立位移为结点 A 的角位移，则位移法的基本方程为

$$k_{11}\Delta_1 + F_{1P} = 0 \tag{3.25}$$

由 M_P 图（图 3.5b）和 $\overline{M}_1$ 图（图 3.5c）可得：

$$k_{11} = S_{AB} + S_{AC} + S_{AD} + S_{AE} = \sum_A S \tag{3.26}$$

于是 $\Delta_1 = -\dfrac{F_{1P}}{k_{11}} = \dfrac{M}{\sum\limits_A S}$，由于结点 A 的转动，各杆端弯矩为 $\overline{M}_1 \Delta_1$，即

$$M_{AB} = S_{AB}\Delta_1 = \frac{S_{AB}}{\sum\limits_A S} M = \mu_{AB} M, \quad M_{AC} = S_{AC}\Delta_1 = \frac{S_{AC}}{\sum\limits_A S} M = \mu_{AC} M$$

$$M_{AD} = S_{AD}\Delta_1 = \frac{S_{AD}}{\sum\limits_A S} M = \mu_{AD} M, \quad M_{AE} = S_{AE}\Delta_1 = \frac{S_{AE}}{\sum\limits_A S} M = \mu_{AE} M$$

M_{Aj} 称为分配弯矩，可见，各杆 A 端的弯矩与各杆 A 端的转动刚度成正比，其中的系数：

$$\mu_{Aj} = \frac{S_{Aj}}{\sum\limits_A S} \tag{3.27}$$

μ_{Aj} 称为分配系数，其中 j 可以是 B、C、D 和 E。分配系数表示结点 A 上各杆端截面承担外力矩 M 的比率，同一结点上，某一杆端的转动刚度相对较大，其分配系数就较大，且所有分配系数之和等于 1。

4. 单结点力矩分配法的基本步骤

综上所述，单结点力矩分配法的基本步骤如下：

1）在独立角位移上附加刚臂，建立位移法基本结构，并计算分配系数。

2）由载常数计算各杆固端弯矩，并求刚臂的不平衡力矩。

3）对不平衡力矩进行反号作为结点等效力矩载荷，进行弯矩分配和传递。

4）叠加各杆端的固端弯矩、分配弯矩和传递弯矩，得到各杆端最终弯矩，并绘制弯矩图。

3.2　弹性力学

在弹性力学中，应力和应变关系是对遵守胡克定律的完全弹性体而言的。在小变形的情况下，应力在弹性限度范围内，大多数的材料都可以视为弹性体。

仅在 x 轴方向作用有相同应力的弹性体，只产生正应变而无切应变。根据胡克定律，应力、应变之间的关系为

$$\begin{cases} \varepsilon_x = \dfrac{\sigma_x}{E}, \varepsilon_y = \varepsilon_z = -\nu\varepsilon_x \\ \gamma_{xy} = \gamma_{yz} = \gamma_{xz} = 0 \end{cases} \tag{3.28}$$

式中　E——弹性模量；

　　　ν——泊松比。

而对于仅在 x-y 面内有切应力 τ_{xy} 作用的弹性体，只产生切应变，其他应变为 0，应力、应变之间的关系为

$$\gamma_{xy} = \frac{\tau_{xy}}{G}, \varepsilon_x = \varepsilon_y = \varepsilon_z = \gamma_{yz} = \gamma_{zx} = 0 \tag{3.29}$$

式中　G——剪切弹性模量。

一般的弹性体，产生由 6 个应力分量（σ_x，σ_y，σ_z，τ_{xy}，τ_{yz}，τ_{xz}）表示的变形，其应变分量可表示为

$$\begin{cases} \varepsilon_x = \dfrac{1}{E}\left[\sigma_x - \nu(\sigma_y + \sigma_z)\right], \gamma_{xy} = \dfrac{1}{G}\tau_{xy} \\[2mm] \varepsilon_y = \dfrac{1}{E}\left[\sigma_y - \nu(\sigma_x + \sigma_z)\right], \gamma_{yz} = \dfrac{1}{G}\tau_{yz} \\[2mm] \varepsilon_z = \dfrac{1}{E}\left[\sigma_z - \nu(\sigma_x + \sigma_y)\right], \gamma_{xz} = \dfrac{1}{G}\tau_{xz} \end{cases} \tag{3.30}$$

式（3.30）称为胡克定律。

当一个物体所受载荷不超过其比例极限时，载荷与变形呈线性关系，即物体服从胡克定律，线弹性力学模型如图 3.6 所示。如果将外部载荷去除后，物体的变形可以完全恢复，即没有残余变形，则该物体称为线性弹性体，简称线弹性体。

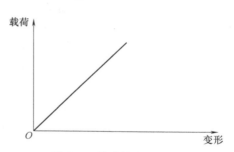

图 3.6　线弹性力学模型

3.3 多孔弹性理论

构成生命体的功能活性材料（组织、细胞、细胞核等）是由间质流体等液体与蛋白纤维网络等固体骨架组成的生物含液多孔材料。最新研究表明，细胞质、细胞核可视为多孔弹性材料。固体变形应变场与流体渗流场相互作用、相互影响，其流-固耦合力学行为可通过毕奥（Biot）多孔弹性理论来描述。

Biot 在多孔弹性材料（如土壤）力学的基础上，从比较严格的固结机理出发推导出准确反映孔隙压力消散与土骨架变形之间关系的三维固结方程。

其中，平衡方程为

$$\begin{cases} \dfrac{\partial \sigma_x}{\partial x} + \dfrac{\partial \tau_{xy}}{\partial y} + \dfrac{\partial \tau_{xz}}{\partial z} = 0 \\[2mm] \dfrac{\partial \tau_{xy}}{\partial x} + \dfrac{\partial \sigma_y}{\partial y} + \dfrac{\partial \tau_{yz}}{\partial z} = 0 \\[2mm] \dfrac{\partial \tau_{xz}}{\partial x} + \dfrac{\partial \tau_{yz}}{\partial y} + \dfrac{\partial \sigma_z}{\partial z} = -\gamma \end{cases} \tag{3.31}$$

式中　γ——土的重度，应力为总应力。

根据有效应力原理，总应力为有效应力 σ' 与孔隙压力 p_w 之和，孔隙压力等于静水压力和超静水压力 u 之和，即

$$\begin{cases} \sigma = \sigma' + p_w \\ p_w = (z_0 - z)\gamma_w + u \end{cases} \tag{3.32}$$

式中　γ_w——水的重度。

将式（3.22）代入式（3.31），得

$$\begin{cases} \dfrac{\partial \sigma'_x}{\partial x} + \dfrac{\partial \tau_{xy}}{\partial y} + \dfrac{\partial \tau_x}{\partial z} + \dfrac{\partial u}{\partial x} = 0 \\[2mm] \dfrac{\partial \tau_{xy}}{\partial x} + \dfrac{\partial \sigma'_y}{\partial y} + \dfrac{\partial \tau_{yz}}{\partial z} + \dfrac{\partial u}{\partial y} = 0 \\[2mm] \dfrac{\partial \tau_{xz}}{\partial x} + \dfrac{\partial \tau_{yz}}{\partial y} + \dfrac{\partial \sigma'_z}{\partial z} + \dfrac{\partial u}{\partial z} = -\gamma + \gamma_w \end{cases} \tag{3.33}$$

与式（3.31）相比，式（3.33）中加入了各方向的单位渗透力，是以固体骨架为脱离体建立的平衡微分方程。

Biot 多孔弹性理论假设土骨架是线弹性体，服从广义胡克定律。将弹性力学本构方程中的应力用应变表示，用几何方程将应变表示为位移（设 x、y、z 三个方向的位移分别为 u^s、v^s、w^s，再将三者代入式（3.33）中得到以位移和孔隙压力表示的平衡微分方程：

$$\begin{cases} -G\nabla^2 u^s - \dfrac{G}{1-2\nu} \cdot \dfrac{\partial}{\partial x}\left(\dfrac{\partial u^s}{\partial x} + \dfrac{\partial v^s}{\partial y} + \dfrac{\partial w^s}{\partial z} \right) + \dfrac{\partial u}{\partial x} = 0 \\[3mm] -G\nabla^2 v^s - \dfrac{G}{1-2\nu} \cdot \dfrac{\partial}{\partial y}\left(\dfrac{\partial u^s}{\partial x} + \dfrac{\partial v^s}{\partial y} + \dfrac{\partial w^s}{\partial z} \right) + \dfrac{\partial u}{\partial y} = 0 \\[3mm] -G\nabla^2 w^s - \dfrac{G}{1-2\nu} \cdot \dfrac{\partial}{\partial z}\left(\dfrac{\partial u^s}{\partial x} + \dfrac{\partial v^s}{\partial y} + \dfrac{\partial w^s}{\partial z} \right) + \dfrac{\partial u}{\partial z} = -\gamma + \gamma_w \end{cases} \tag{3.34}$$

式（3.34）包含四个未知量，故需补充方程对其求解，由于水不可压缩，对于饱和状态，材料单元体内水量的变化率在数值上等于土体积的变化率，故由达西定律得

$$\frac{\partial \varepsilon_v}{\partial t} = -\frac{K}{\gamma_w} \nabla^2 u \tag{3.35}$$

将式（3.35）展开用位移表示，得

$$-\frac{\partial}{\partial t}\left(\frac{\partial u^s}{\partial x} + \frac{\partial v^s}{\partial y} + \frac{\partial w^s}{\partial z}\right) + \frac{K}{\gamma_w} \nabla^2 u = 0 \tag{3.36}$$

因此，完整的 Biot 固结方程为

$$\begin{cases} -G\nabla^2 u^s - \dfrac{G}{1-2\nu} \cdot \dfrac{\partial}{\partial x}\left(\dfrac{\partial u^s}{\partial x} + \dfrac{\partial v^s}{\partial y} + \dfrac{\partial w^s}{\partial z}\right) + \dfrac{\partial u}{\partial x} = 0 \\[2mm] -G\nabla^2 v^s - \dfrac{G}{1-2\nu} \cdot \dfrac{\partial}{\partial y}\left(\dfrac{\partial u^s}{\partial x} + \dfrac{\partial v^s}{\partial y} + \dfrac{\partial w^s}{\partial z}\right) + \dfrac{\partial u}{\partial y} = 0 \\[2mm] -G\nabla^2 w^s - \dfrac{G}{1-2\nu} \cdot \dfrac{\partial}{\partial z}\left(\dfrac{\partial u^s}{\partial x} + \dfrac{\partial v^s}{\partial y} + \dfrac{\partial w^s}{\partial z}\right) + \dfrac{\partial u}{\partial z} = -\gamma + \gamma_w \\[2mm] -\dfrac{\partial}{\partial t}\left(\dfrac{\partial u^s}{\partial x} + \dfrac{\partial v^s}{\partial y} + \dfrac{\partial w^s}{\partial z}\right) + \dfrac{K}{\gamma_w} \nabla^2 u = 0 \end{cases} \tag{3.37}$$

式（3.37）的求解是比较困难的，对于一般的土层情况，边界条件稍微复杂，便无法求得解析解，因此自 1941 年 Biot 固结方程建立以来，并未在工程中得到广泛应用。随着计算机技术的发展，特别是有限单元法的发展，Biot 多孔弹性理论才重新受到重视，并开始应用于工程实践中。

3.4　流体力学

流体力学是研究在力的作用下，流体自身的静止和流动状态及流体与固体界面之间的相互作用和流动规律的学科。生物体内包含着大量的液体，在生物力学研究中，流体力学理论和实验方法经常被用来研究相关问题。

流体力学的主要理论基础包括三大基本方程，即连续性方程、动量方程和能量方程。

由质量守恒定律，可导出连续性方程：

$$\int_\tau \frac{\partial \rho}{\partial t} d\tau + \int_\sigma \rho v_n d\sigma = 0 \tag{3.38}$$

式中　ρ——液体密度；

v_n——流体流速。

由动量守恒定律，可导出动量方程：

$$\int_\tau \rho \frac{dv}{dt} d\tau = \int_\tau \rho F d\tau + \int_\sigma \rho_n d\sigma \tag{3.39}$$

式中　F——作用在单位质量流体上的力；

ρ_n——σ 面上的面力密度。

由能量守恒定律，可以导出能量方程：

$$\int_{\tau} \rho \frac{\mathrm{d}}{\mathrm{d}t}(U + \frac{v_{\mathrm{n}}^2}{2})\mathrm{d}\tau = \int_{\tau}(\rho F v_{\mathrm{n}} + \rho q)\mathrm{d}\tau + \int_{\sigma}(\rho_{\mathrm{n}} v_{\mathrm{n}} + \lambda \frac{\partial T}{\partial n})\mathrm{d}\sigma \qquad (3.40)$$

式中　U——单位质量流体的内能；

　　　q——单位时间内热源给单位质量流体的热量；

　　　T——温度；

　　　λ——热导率。

式（3.23）~式（3.40）是用积分形式表示的一组流体力学方程，可用于研究流场中物理量的整体变化关系，也可用于推导间断面上的条件。

常见的流体分为：①牛顿流体，切应力与剪切速率呈线性关系，水为常见的牛顿流体；②非牛顿流体，切应力与剪切速率呈非线性关系，生物体液多为非牛顿流体，如图 3.7 所示。

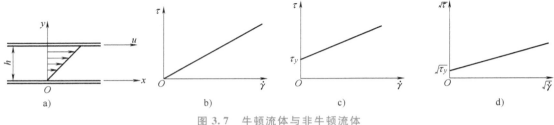

图 3.7　牛顿流体与非牛顿流体

a）平板剪切流　b）牛顿流体 $\tau\text{-}\dot{\gamma}$ 图　c）宾厄姆（Bingham）流体 $\tau\text{-}\dot{\gamma}$ 图　d）卡森（Casson）流体 $\sqrt{\tau}\text{-}\sqrt{\dot{\gamma}}$ 图

3.5　流变力学

既有固体的变形特性又有流体的流动特性的物体称为流变体。若把胡克弹性固体和牛顿黏性流体作为流变体中的两个极端，则世界上所有的物质都属于流变体。流变体力学研究物质变形与运动的一般规律，简称流变力学。由于目前对胡克弹性固体和牛顿黏性流体研究得比较全面和深入，习惯上还是将不符合胡克定律的固体和不符合牛顿黏性定律的流体归于流变体，分别称为流变固体和流变流体。

按研究目的和方法不同，流变力学分为宏观和微观两类。前者注重流变体的宏观性质，基本目的是建立本构方程；后者注重材料的微观结构，揭示宏观性质与微观结构的关系。研究生物材料的流变特性已成为独立的分支，称为生物流变学。几乎所有的生物组织都是由固态和液态两种成分共同构成的。例如，在典型的生物固体材料松质骨中包含由骨小梁构成的网状骨架和充满网状骨架孔隙内的骨髓液；而在典型的生物流体材料血液中包含占 45% 体积的血细胞等有形成分，血细胞中有由细胞膜、微丝和细胞核等构成的固体构架。因此生物组织是最典型的流变体。有时为了简化研究，将一些生物固体材料按胡克弹性固体处理，如成年人的密质股骨，蹄类牲畜的项背韧带，节肢动物控制翅膀和后腿弹跳的韧带等。在研究大动脉中的血流动力学时将血管壁简化为刚体，将血液按牛顿黏性流体处理等。但当研究进一步深入时必须考虑其流变特性。那些明显具有流变特征的生物材料如肌肉、肺组织、软骨、生物黏液等则必须按流变体来分析。

3.5.1　流变固体的时间效应

胡克弹性固体受恒定应力作用时产生的应变不随时间变化，反之保持恒定应变时相应的应力也不随时间变化。流变体则不同，受恒定应力作用时或多或少会产生连续的变形，保持恒定应变时应力幅值一般将随时间减小。流变体的这种时间效应可用以下三种行为来描述，也代表了三种测试方法。

（1）蠕变　在恒定应力（σ_0）作用下，流变固体材料的应变随时间的增长而逐渐增加的现象称为蠕变（Creep）。这里，材料的应变是时间的增长函数，即

$$\varepsilon = f(\sigma_0, t) \tag{3.41}$$

图 3.8 所示为在载荷较大时金属件的典型蠕变曲线。其中总应变是弹性应变和蠕变应变之和 $\varepsilon = \varepsilon_e + \varepsilon_c$，其中 ε_e 为瞬时弹性应变，ε_c 为蠕变应变。第 1 阶段（AB）的应变率随时间增加而减小，称为非稳态（或过渡）蠕变阶段；第 2 阶段（BC）的应变率几乎保持不变，称为稳态（或稳定）蠕变阶段；第 3 阶段（CD）的应变率随时间增加而迅速增大，直至材料破坏，称为加速蠕变（或破坏）阶段。

蠕变与塑性变形不同。塑性变形在应力超过弹性极限之后才出现，而发生蠕变时的应力通常小于弹性极限。蠕变的特征是应力不一定很大，但应力作用的时间比较长，产生的变形也可能相当大。当材料发生蠕变时，在某瞬时的应力状态不仅与当时的变形有关而且与该瞬时以前的变形过程有关。

（2）松弛　若保持应变（ε_0）恒定，流变固体材料的应力随时间的增加而减小的现象称为应力松弛，简称松弛（Relaxation）。这里，材料的应力是时间的衰减函数：

$$\sigma = g(\varepsilon_0, t) \tag{3.42}$$

图 3.9 所示为典型的松弛曲线。图 3.9 中初始应力 $\sigma(0)$ 小于材料的屈服极限，总应变保持不变。时间足够长后应力衰减到极限应力，不再改变。随着加载时间的增加，材料的蠕变应变逐渐增大。由于总应变保持不变，弹性应变逐渐减小，相应的应力也随之减小。这就是产生应力松弛的原因。由此可见松弛过程本质上也是一种蠕变过程，只是表现形式不同，因此可将松弛理解为广义的蠕变。

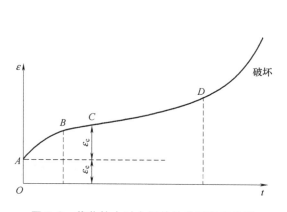

图 3.8　载荷较大时金属件的典型蠕变曲线

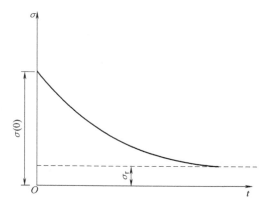

图 3.9　典型的松弛曲线

（3）滞后　除了在准静态条件下的蠕变和松弛行为外，流变体在动态载荷下的行为也是反映其流变性的重要特征。当一流变体承受周期性循环载荷时，应变对应力存在相位滞后，这一现象称为滞后（Hysteresis）。当以一定速率对试件加载到某一伸长比后再以相同速率卸载时，由于加载时的应力应变关系与卸载时的应力应变关系存在差异，在 σ-ε 平面上加载与卸载曲线构成一滞后环，如图 3.10 所示。

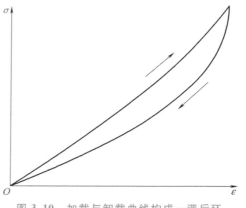

图 3.10　加载与卸载曲线构成一滞后环

3.5.2　黏弹性模型

为了用数学方法描述流变体的应力-应变-时间关系，最常用的方法是运用黏弹性模型建立微分型本构关系。

黏弹性模型用弹簧和阻尼器（黏壶）作为基本元件，分别称为弹性元件和黏性元件，如图 3.11 所示。将两个基本元件以不同的串并联方式组合，可得到不同的模型，阻尼器既可表示剪切效应，也可表示拉压效应。本书中阻尼器均表示拉压效应（剪切效应与之等价），这样的黏弹性模型称为线性黏弹性模型。

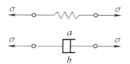

图 3.11　黏弹性模型

（1）Maxwell 模型　Maxwell 模型由弹簧和阻尼器串联而成，如图 3.12a 所示。设弹簧的拉压弹性模量为 E、剪切弹性模量为 G，正应力 σ 与正应变 ε、切应力 τ 与切应变 γ 均满足胡克定律，即

$$\sigma = E\varepsilon, \tau = G\gamma \tag{3.43}$$

设阻尼器的黏度为 η（或 η_1），满足牛顿黏性定律，即

$$\tau = \eta\dot{\gamma}, \sigma = \eta_1\dot{\varepsilon} \tag{3.44}$$

设在应力 $\sigma(t)$ 作用下，弹簧和阻尼器的应变分别为 ε_1 和 ε_2。模型的总应变为两者之和，即

$$\varepsilon = \varepsilon_1 + \varepsilon_2 \tag{3.45}$$

由式（3.43）和式（3.44）可得

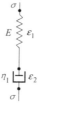

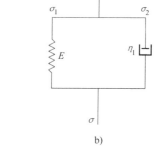

图 3.12　两种黏弹性模型

a）Maxwell 模型　b）Kelvin 模型

$$\dot{\varepsilon} = \frac{\dot{\sigma}}{E} + \frac{\sigma}{\eta_1} \text{ 或 } \sigma + \frac{\eta_1}{E}\dot{\sigma} = \eta_1\dot{\varepsilon} \tag{3.46}$$

式（3.46）是 Maxwell 模型的本构方程。

满足 Maxwell 模型的本构方程的流变体称为 Maxwell 体，属于流变流体类。用 Maxwell 模型可描述 Maxwell 体的应力松弛行为。设 $\dot{\varepsilon} = 0$（保持应变 ε_0 恒定），由式（3.46）可得

$$\frac{1}{E}\dot{\sigma} + \frac{1}{\eta_1}\sigma = 0 \tag{3.47}$$

设初始条件为 $t=0$，$\sigma=E\varepsilon_0$。求解式（3.47）可得应力随时间衰减规律为

$$\sigma(t) = E\varepsilon_0 \mathrm{e}^{-\frac{Et}{\eta_1}} \tag{3.48}$$

由于当 $t=\eta_1/E$ 时应力衰减到一个固定比例，因此常将该时间作为描述 Maxwell 体应力松弛的特征时间，称为松弛时间。

（2）Kelvin 模型 Kelvin 模型又称为 Kelvin-Voigt 模型（或称为 Voigt 模型），由弹簧和阻尼器并联而成，如图 3.12b 所示。设弹簧和阻尼器的应力分别为 σ_1 和 σ_2，模型的总应力为两者之和，即

$$\sigma = \sigma_1 + \sigma_2 \tag{3.49}$$

由式（3.43）和式（3.44）可得

$$\sigma = E\varepsilon + \eta_1 \dot{\varepsilon} \tag{3.50}$$

式（3.50）是 Kelvin 模型的本构方程。

满足 Kelvin 模型的本构方程的流变体称为 Kelvin 体，属于流变固体类。用 Kelvin 模型可描述 Kelvin 体的蠕变行为。设保持应力 σ_0 恒定，初始条件为 $t=0$，$\varepsilon(0)=0$。求解式（3.50）可得应变随时间增长规律为

$$\varepsilon(t) = \frac{\sigma_0}{E}\left(1 - \mathrm{e}^{-\frac{Et}{\eta_1}}\right) \tag{3.51}$$

由于当 $t=\eta_1/E$ 时应变增长到一个固定比例，因此常将该时间作为描述 Kelvin 体蠕变的特征时间，称为延迟时间。

（3）标准线性固体 Maxwell 和 Kelvin 模型都是二参量模型。前者能表示应力松弛，但不便表示蠕变；后者能表示蠕变，但不能表示应力松弛。为了更全面地描述黏弹性行为，需要建立更多参量组合的模型。三参量模型又称标准线性固体（有的书上称为 Kelvin 模型），由 1 个 Kelvin 单元和 1 个弹簧串联，或由 1 个 Maxwell 单元和 1 个弹簧并联组成。

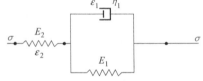

图 3.13 标准线性固体

图 3.13 所示为由 1 个 Kelvin 单元和 1 个弹簧串联组成的标准线性固体。设单个弹簧和 Kelvin 单元中的弹簧的弹性模量分别为 E_1 和 E_2，阻尼器的黏度为 η_1。设单个弹簧和 Kelvin 单元的应变分别为 ε_2 和 ε_1，标准线性固体的应变与应力可表示为

$$\begin{cases} \varepsilon = \varepsilon_1 + \varepsilon_2 \\ \sigma = E_2\varepsilon_2 = E_1\varepsilon_1 + \eta_1\dot{\varepsilon}_1 \end{cases} \tag{3.52}$$

从式（3.52）可推导出标准线性固体的本构方程为

$$\sigma + \frac{\eta_1}{E_1+E_2}\dot{\sigma} = \frac{E_1E_2}{E_1+E_2}\varepsilon + \frac{E_2\eta_1}{E_1+E_2}\dot{\varepsilon} \tag{3.53}$$

若保持应力恒定，由式（3.53）可推导出蠕变表达式为

$$\varepsilon(t) = \frac{\sigma_{t_1}}{E_2} + \frac{\sigma_0}{E_1}\left(1 - \mathrm{e}^{-\frac{E_1 t}{\eta_1}}\right) \tag{3.54}$$

相应的延迟时间为 $t=\eta_1/E$。

若保持应变恒定，可推导出应力松弛表达式为

$$\sigma(t) = E_2\varepsilon_0 + \frac{E_2^2\varepsilon_0}{E_1 + E_2}\left(1 - e^{-\frac{E_1 + E_2}{\eta_1}}\right) \tag{3.55}$$

相应的松弛时间为 $t = \eta_1 / (E_1 + E_2)$。

（4）材料函数　线性黏弹性材料的准静态力学特性可以通过蠕变试验或应力松弛试验测定。在蠕变试验中，应变可表示为

$$\varepsilon(t) = \sigma_0 J(t) \tag{3.56}$$

式中　$J(t)$——蠕变函数或蠕变柔量，表示单位应力作用下随时间变化的应变值，一般是随时间单调增大的函数。

在应力松弛试验中应力响应可表示为

$$\sigma(t) = \varepsilon_0 Y(t) \tag{3.57}$$

式中　$Y(t)$——松弛函数或松弛模量，表示单位应变作用下随时间变化的应力值，一般是随时间单调减小的函数。

材料的蠕变柔量和松弛模量统称为材料函数。3 个基本模型的材料函数分别为

Maxwell 体：

$$Y(t) = Ee^{-\frac{Et}{\eta_1}} \tag{3.58}$$

Kelvin 体：

$$J(t) = \frac{1}{E}\left(1 - e^{\frac{Et}{\eta_1}}\right) \tag{3.59}$$

标准线性固体：

$$J(t) = \frac{1}{E_2} + \frac{1}{E_1}\left(1 - e^{-\frac{E_1 t}{\eta_1}}\right), Y(t) = E_2 - \frac{E_2^2}{E_1 + E_2}\left[1 - e^{-\frac{(E_1 + E_2)t}{\eta_1}}\right] \tag{3.60}$$

从式（3.60）可以看出，黏弹性材料的蠕变柔量和松弛模量不是互为倒数关系，这与弹性材料的模量与柔量互为倒数不同。

为了表达更复杂的材料性质，可以将多个 Maxwell 单元并联或将多个 Kelvin 单元串联，构成广义 Maxwell 模型或广义 Kelvin 模型，如图 3.14 所示，并可推导出相应的材料函数。

（5）动态力学性能　为了研究材料在动态载荷下的力学性能，通常采用施加交变应力或交变应变的振动试验，测量材料的响应，用动态模量和动态柔量来描述。

为了便于计算，材料受到的等幅振荡的应变常用复数表示为：

$$\varepsilon(t) = \varepsilon_{i_0} e^{i\omega t} = \varepsilon_0(\cos\omega t + i\sin\omega t) \tag{3.61}$$

式中　ε_0——应变振幅；

　　　ω——角频率（$\omega = 2\pi f$，f 为振荡频率）。

根据材料黏弹性模型的应力应变关系可推导其本构方程。设应力响应为

$$\sigma(t) = \sigma_0 e^{i(\omega t + \delta)} \tag{3.62}$$

式中　δ——相位滞后角。

由本构方程可得动态应力与动态应变之比，即复数形式的模量为：

$$\frac{\sigma(t)}{\varepsilon(t)} = Y^*(i\omega) = Y_1(\omega) + iY_2(\omega) \tag{3.63}$$

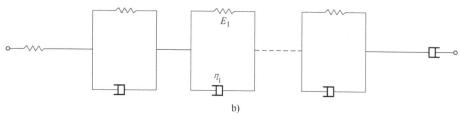

图 3.14　广义 Maxwell 模型和广义 Kelvin 模型

a）广义 Maxwell 模型　b）广义 Kelvin 模型

式中　$Y^*(i\omega)$——复模量或动态模量，表示交变应变下的应力响应，它仅是角频率的函数；

$\quad\quad Y_1(\omega)$——储能模量，反映能量的存储；

$\quad\quad Y_2(\omega)$——损耗模量。

相位滞后角的正切 $\tan\delta = Y_2/Y_1$ 称为损耗因子。

设材料受到等幅振荡应力 $\sigma(t) = \sigma_0 e^{i\omega t}$ 的激励，应变响应为 $\varepsilon(t) = \varepsilon_0 e^{i(\omega t - \delta)}$，由本构方程可得动态应变与动态应力之比，即复数形式的柔量为：

$$\frac{\varepsilon(t)}{\sigma(t)} = J^*(i\omega) = J_1(\omega) + iJ_2(\omega) \tag{3.64}$$

式中　$J^*(i\omega)$——复柔量或动态柔量，表示交变应力作用下的应变响应，它仅是角频率的函数；

$\quad\quad J_1(\omega)$——储能柔量；

$\quad\quad J_2(\omega)$——损耗柔量。

从定义可以看出，复模量与复柔量互为倒数。

3.5.3　积分型本构关系

为了更好地描述材料的记忆性能和物体受力后的响应过程，应采用积分形式的本构关系。它的基础是玻尔兹曼叠加原理：对线性黏弹性材料，由多个因素（应力或应变）引起的总效应等于各个因素引起的效应之和。

设初始应力为 σ_0，然后在此基础上有 r 个应力增量 $\Delta\sigma_i$（$i = 1-r$）依次在 ζ_i（$i = 1-r$）时刻作用在物体上，在 ζ_i 后的 t 时刻的总应变可表示为 σ_0 和各应力增量引起的应变的叠加：

$$\varepsilon(t) = \sigma_0 J(t) + \sum_{i=1}^{r} \Delta\sigma_i J(t - \zeta_i) \tag{3.65}$$

式中　$J(t)$——材料的蠕变柔量。

113

对随时间连续变化的应力可以按时间先后将其分为无数个应力微分，每个应力微分表示为

$$\mathrm{d}\sigma(\xi) = \left[\frac{\mathrm{d}\sigma(\zeta)}{\mathrm{d}t}\right]_{t=\zeta} \mathrm{d}\zeta = \dot{\sigma}(\zeta)\mathrm{d}\zeta \tag{3.66}$$

式中　$\dot{\sigma}$——应力对时间的导数。

无数个应力微分引起的应变响应叠加用积分形式表示为

$$\varepsilon(t) = \sigma_0 J(t) + \int_0^t J(t-\zeta)\ddot{\sigma}(\zeta)\mathrm{d}\zeta \tag{3.67}$$

式（3.67）为玻尔兹曼叠加原理的积分表达式，又称为遗传积分。

设初始应力为零，随时间改变的应力引起的应变为

$$\varepsilon(t) = \int_{-\infty}^t J(t-\zeta)\dot{\sigma}(\zeta)\mathrm{d}\zeta \tag{3.68}$$

式（3.67）和式（3.68）称为积分形式的蠕变型本构方程。

运用玻尔兹曼叠加原理也可得到积分形式的松弛型本构方程为

$$\sigma(t) = \varepsilon_0 Y(t) + \int_0^t Y(t-\zeta)\dot{\varepsilon}(\zeta)\mathrm{d}\zeta \tag{3.69}$$

$$\sigma(t) = \int_{-\infty}^t Y(t-\zeta)\dot{\varepsilon}(\zeta)\mathrm{d}\zeta \tag{3.70}$$

对同一材料，积分型本构方程与微分型本构方程本质一致，只是表现形式不同。

同样，材料的松弛函数和蠕变函数也可用积分形式表示。常用的有表示松弛效应的多个 Maxwell 单元并联的拉压松弛模量和表示蠕变效应的多个 Kelvin 单元串联的蠕变柔量，分别用对数坐标形式表示。

拉压松弛模量的积分型表达式为

$$E(t) = E_\mathrm{e} + \int_{-\infty}^t H(\tau)\mathrm{e}^{-\frac{t}{\tau}}\mathrm{d}(\ln\tau) \tag{3.71}$$

式中　E_e——当 $t \to \infty$ 时的模量；

　　$H(\tau)$——松弛时间谱，可用试验测定。

蠕变柔量的积分型表达式为

$$J(t) = J_\mathrm{g} + \int_{-\infty}^t L(\tau)\left(1 - \mathrm{e}^{-\frac{t}{\tau}}\right)\mathrm{d}(\ln\tau) \tag{3.72}$$

式中　J_g——瞬时弹性柔量；

　　$L(\tau)$——延迟时间谱，也可用试验测定。

$H(\tau)$ 和 $L(\tau)$ 均称为记忆函数，在研究高分子聚合物时是用来计算材料积分形式松弛模量和蠕变柔量的重要函数。运用适当的记忆函数能很好地描述高分子聚合物和生物材料的黏弹性动态性能。

3.5.4　非线性黏弹性本构关系

高分子聚合物、生物材料等在有限变形时必须考虑非线性效应。有些材料即使在小应变情况下，经过一段时间后也明显地表现出非线性特征。研究非线性黏弹性行为比研究线性黏弹性行为要复杂，对不同类型的材料研究的方法和途径不同，采用的本构关系也不同，难以统一表达。

针对具体的材料，根据试验结果提出有针对性的假设，构造特定的本构关系，用较简单但又较准确的方法来描述并分析其非线性黏弹性行为。软组织试件的变形用伸长比 λ 表示，应力用拉格朗日应力 $T(\lambda)$ 表示，与伸长比相应的弹性响应表示为 $T^{(e)}(\lambda)$。对非线性黏弹性材料，松弛函数除了是时间的函数外还与伸长比有关，松弛函数 $Y(\lambda, t)$ 可表示为

$$Y(\lambda, t) = G(t) T^{(e)}(\lambda) \tag{3.73}$$

式中　$G(t)$——归一化松弛函数，是松弛函数与弹性响应之比，在初始时刻比值为 1，即 $G(0) = 1$。

在试件的连续变形中伸长比也是时间的函数 $\lambda(t)$。根据玻尔兹曼叠加原理，参照式（3.70）可得到积分形式的松弛型本构方程为

$$T(t) = \int_{-\infty}^{t} Y(t - \zeta) \frac{\partial T^{(e)}(\lambda)}{\partial \lambda} \cdot \frac{\partial \lambda(\zeta)}{\partial \zeta} \mathrm{d}\zeta$$
$$= \int_{-\infty}^{t} Y(t - \zeta) \dot{T}^{(e)}(\zeta) \mathrm{d}\zeta \tag{3.74}$$

式中　$\dot{T}^{(e)}$——弹性响应对时间的导数。

3.5.5　非牛顿流体

不符合牛顿黏性定律的流体称为非牛顿流体。工程上常见的非牛顿流体有高分子溶液、原油、油漆、油墨、润滑油、纸浆、泥浆、化妆品、洗涤剂、奶油、牙膏等。生物体内的非牛顿流体有血液、呼吸道黏液、唾液、关节液、子宫颈黏液、淋巴液、消化道液等。

（1）流动曲线与表观黏度　分别将切应力 τ 和切变率 $\dot{\gamma}$ 作为坐标轴的横、纵坐标，将切应力和切变率的关系 $\tau(\dot{\gamma})$ 绘制在坐标平面 τ-$\dot{\gamma}$ 上，称为流动曲线，如图 3.15 所示。牛顿流体是一条过原点的斜直线（图 3.15 中的直线 3），非牛顿流体可以是任意曲线（图 3.15 中的曲线 1、2、4）。

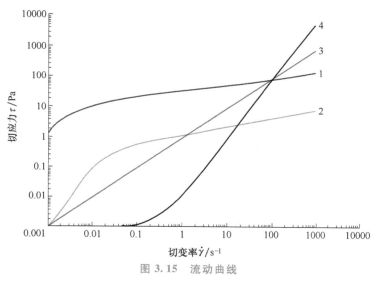

图 3.15　流动曲线

参照牛顿流体的黏度定义，将非牛顿流体流动曲线上任意一点的切应力和切变率之比

（即该点与原点连线的斜率）称为表观黏度，记为 η_a。这样非牛顿流体的本构方程在形式上与牛顿黏性定律相同，即

$$\tau = \eta_a \dot{\gamma} \qquad\qquad (3.75)$$

但要注意，非牛顿流体的表观黏度 η_a 不是物理常数，而与切变率和时间有关。表观黏度只有在指明的切变率下才有意义。非牛顿流体的表观黏度与切变率的关系可大体分为两种：一种是 η_a 随 $\dot{\gamma}$ 增加而减小，称为剪切变稀（图 3.15 中的曲线 1、2）；另一种是 η_a 随 $\dot{\gamma}$ 增加而增大，称为剪切变稠（图 3.15 中的曲线 4）。

非牛顿流体的表观黏度 η_a 与标准牛顿流体（如水）的黏度 η 之比称为相对黏度 η_r：

$$\eta_r = \frac{\eta_a}{\eta} \qquad\qquad (3.76)$$

（2）非牛顿流体分类　按照流体的黏性和固体的弹性性质，非牛顿流体可分为黏非弹性流体和黏弹性流体两类。前者可称为纯流体，后者为表现出固体性质的流体。按照物性与切变作用时间的关系，非牛顿流体也可分为与时间无关和有关的两类，前者称为非时变性流体，后者称为时变性流体。非时变性的纯流体称为广义牛顿流体。在一定温度和压强下其切应力与切变率成非线性单值函数关系。大多数悬浮液（如血液）、高分子溶液在定常流动时均表现出这种性质。黏弹性流体是非牛顿流体中的一大领域，几乎所有柔性颗粒悬浮液（如血液）、高分子溶液在做不定常流动时都表现出黏弹性。相对来说时变性流体是较为特殊的一类，最初是指胶体溶液。通过搅拌可使胶体变成溶液，停止后溶液又变回胶体，在胶体化学中称为搅溶性。后来习惯上称为触变性，在生物黏液（如血液）中普遍存在这种性质。

实际上，同一种非牛顿流体在不同流动情况下可表现出不同类型的性质。例如，同一种高分子溶液在定常剪切流中表现为广义牛顿流体，而在振荡流中表现为黏弹性流体。非牛顿流体性质的复杂性是由其内部结构变化决定的。

3.5.6　广义牛顿流体

这一类非牛顿流体不具备固体特征，但又不符合牛顿黏性定律。它的本构关系可用推广的牛顿黏性定律描述，一般表达式为

$$\tau = \eta(\dot{\gamma})\dot{\gamma} \qquad\qquad (3.77)$$

式（3.77）中黏度不是常数，而是随切变率 $\dot{\gamma}$ 的变化而变化的。虽然广义牛顿流体类型繁多、特性各异，但因其表达形式简单，在工程界应用很广泛。

广义牛顿流体的流变特性有塑性、拟塑性和涨流性。按黏度与切变率关系分，塑性和拟塑性属于剪切变稀，涨流性属于剪切变稠；按屈服性分，塑性存在屈服应力，拟塑性和涨流性无屈服应力。

（1）塑性　美国物理化学家宾汉发现印刷油墨在切应力小于某临界值时具有弹性固体行为，而超过临界值后才开始流动，这种特殊的非牛顿流体称为宾汉体，其流动曲线为不通过原点的直线，如图 3.16 所示。本构方程可写为

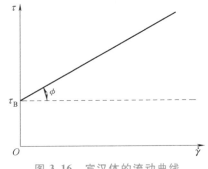

图 3.16　宾汉体的流动曲线

$$\begin{cases} \tau = \tau_B + \eta_B \dot{\gamma} & (\tau > \tau_B) \\ \tau = 0 & (\tau \leqslant \tau_B) \end{cases} \tag{3.78}$$

式中 τ_B——宾汉屈服应力；

η_B——塑性黏度，为流动曲线中斜直线的斜率。

宾汉体的表观黏度为

$$\eta_a = \frac{\tau_B}{\dot{\gamma}} + \eta_B \tag{3.79}$$

宾汉体的 η_a 随 $\dot{\gamma}$ 增加而减小，说明宾汉体属于剪切变稀的流体。除了油墨外，黏土泥浆、磨浆、细石粒悬浮液等都属于宾汉体。

卡桑测量了含离散颜料清漆的切应力和切变率的关系，提出卡桑体经验公式：

$$\sqrt{\tau} = \sqrt{\tau_C} + \sqrt{\eta_C}\sqrt{\dot{\gamma}} \tag{3.80}$$

式中 τ_C——具有应力量纲的常数，称为卡桑屈服应力；

η_C——具有黏度量纲的常数，称为卡桑黏度。

卡桑体流动曲线在屈服后为向下弯曲的曲线（在 $\tau\text{-}\dot{\gamma}$ 坐标系中为不通过原点的直线），如图 3.17 所示。卡桑体的表观黏度为

$$\eta_a = \frac{\tau_C}{\dot{\gamma}} + \frac{2\sqrt{\tau_C}\sqrt{\eta_C}}{\sqrt{\dot{\gamma}}} + \eta_C \tag{3.81}$$

卡桑体 η_a 随 $\dot{\gamma}$ 增加而减小，说明卡桑体属于剪切变稀的流体。当 $\dot{\gamma} \to \infty$ 或 $\tau_C \to 0$，卡桑体变成牛顿流体。

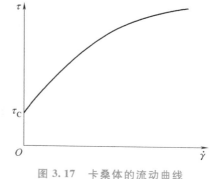

图 3.17 卡桑体的流动曲线

在切变率相当宽的范围内（$1 \sim 10^5 \text{s}^{-1}$），人血液的流变行为可用卡桑体描述。卡桑屈服应力值和卡桑黏度值取决于血细胞含量和血浆中的纤维蛋白原浓度等，正常血液的卡桑屈服应力值约等于 0.005Pa。只有在很低切变率（$\dot{\gamma} < 1\text{s}^{-1}$）时卡桑模型才不适用。实际上，卡桑体较适用于描述中小血管中的血液，在大动脉中的血液可按牛顿流体处理。

（2）拟塑性 拟塑性（Pseudoplastic）流体不具有屈服应力，表观黏度随切变率增加而减小，是广义牛顿流体中最重要的一类。有多种形式的本构方程，应用最广的是奥斯托瓦尔德提出的幂律公式

$$\tau = K\dot{\gamma}^n \tag{3.82}$$

式中 K——稠度系数，单位为 $\text{N} \cdot \text{s}^n/\text{m}^2$）；

n——流体特性指标（无量纲，$n < 1$），表示与牛顿流体的偏离程度，n 越小偏离越大。

拟塑性流体的流动曲线如图 3.15 中的曲线 2 所示，是过原点向下弯曲的曲线。拟塑性流体的表观黏度为

$$\eta_a = K\dot{\gamma}^{n-1} \tag{3.83}$$

由于 $n < 1$，拟塑性流体 η_a 随 $\dot{\gamma}$ 增加而减小，说明拟塑性流体属于剪切变稀的流体。但当 $\dot{\gamma}$ 极

117

高或极低时，η_a 保持不变，接近牛顿流体。油漆、橡胶液、纸浆液等属于拟塑性流体。有人认为血液并不真正存在屈服应力，也属于拟塑性流体。

（3）涨流性　涨流性（Dilatancy）流体正好与拟塑性流体相反，表观黏度随 $\dot{\gamma}$ 增加而增大，即剪切变稠。本构方程仍可用幂律公式，但 $n>1$。涨流性流体的流动曲线如图 3.15 中的曲线 4 所示，是过原点向上弯曲的曲线。混凝土液、淀粉糊、浓糖液等具有涨流性，但生物体内很少见。

广义牛顿流体的 3 种类型可用 Herschel-Bulkey 模型统一起来表示为

$$\tau = \tau_y + K\dot{\gamma}^n \tag{3.84}$$

式中　τ_y——屈服应力；

n——无量纲特性指标，它不是一个物理常数，其值依赖于切变率所处的范围；

K——稠度系数，其量纲随 n 的不同而不同。

当 $\tau_y = 0$ 时，式（3.84）变为幂律公式；当 $\tau_y > 0$，$n>0$ 时可描述塑性流体。

3.5.7　触变性流体

当流体的特性参数（黏度、屈服应力、弹性模量等）随切变率作用时间增加而减小，在切变率消除后又回复时，称该流体具有触变性（Thixotropy）。胶体悬浮液在未受力状态时具有固体的刚性，受到持续地搅拌时将逐渐液化，黏度随搅拌时间增加而减小；当停止搅拌后又逐渐固化，回复到原来的刚度。该过程中并不伴随温度效应。

胶体-溶液-胶体的转换过程的微观原因可解释为未受剪切时胶体中的粒子彼此结合成网状结构，具有某些固体特性。受剪后结构的连接点松弛，结构开始逐渐瓦解。其瓦解的程度与切应力作用时间有关。当切应力去除后，网状结构又重新连接，直至完全回复。血液中的血细胞相当于胶体粒子，当血液不流动时，血细胞可形成缗钱串并连接为网状结构。当受到剪切力作用时结构逐渐瓦解，直至血细胞分离为独立个体，随血液一起流动。因此血液也具有触变性。

触变性流体的本构方程一般式可表示为

$$\tau = f(\dot{\gamma}, t) \tag{3.85}$$

式中　t——内部结构破坏或恢复的特征时间。美国学者黄敬荣提出描述触变性流体的本构方程为

$$\tau = \tau_0 + \dot{\eta}\gamma + CA\dot{\gamma}^n \exp\left(-\int_0^t C\dot{\gamma}^n dt\right) \tag{3.86}$$

式中　τ_0——屈服应力；

C——解离速率常数，当结构解离时，$C<0$，当重新聚集时，$C>0$；

A——粒子排列参数，值越大表明越不易解离；

n 为动力学幂次，表示解聚速率受切变率的影响程度。

触变性流体的表观黏度为

$$\eta_a = \frac{\tau_0}{\dot{\gamma}} + \eta + CA\dot{\gamma}^{n-1} \exp\left(-\int_0^t C\dot{\gamma}^n dt\right) \tag{3.87}$$

式（3.87）反映了在恒定切变率作用下，触变性流体的表观黏度按幂次律随时间衰减。为研究触变性流体结构解离和回复的速率，通常用切变率加速和减速方法测定，流动曲线形成滞后环。

3.6 耦合应力理论

连续体模型描述了材料在外部刺激下的平均行为，以减少由不同成分组成的复杂系统的复杂性。在 19 世纪上半叶，法国科学家（包括纳维、柯西和泊松）发展了第一个基于分子模型的线弹性连续体理论，该理论假设物质是点粒子，其中心相互作用仅取决于体点的距离。然而，该理论表明，均质各向同性材料具有独特的弹性常数，这与试验结果不符，显示了不同材料的不同泊松比值。格林提出的模型忽略了弹性体的分子结构，并假设了一个连续的物质模型，其中内部作用来自二次势函数。其模型拟合了试验数据，但引发了关于弹性常数的实际数量和弹性的正确模型的长期争论。

20 世纪初，Voigt 通过提出基于布拉维斯晶体学研究的线弹性理论，解决了物质离散模型和连续模型之间的争议。Voigt 强调，分子描述不应考虑单个基本质量，而应根据晶体的对称性在空间中组装和取向的原子的聚集，这是当前材料设计语言中具有代表性的体积元素。这些物体通过一个可简化为通过粒子重心的力和一对称为定向力的动作系统成对相互作用，该力矩使粒子保持其晶体布局。Voigt 采用了前人关于内应力的定义，并引入了耦合应力。假设耦合应力和内应力取决于粒子重心与其相对取向之间的距离，并利用它们来形成势函数。然而，通过假设粒子在作用范围内均匀旋转，从公式中删除了旋转变化（曲率）。因此，相互耦合成为力矩，本构关系仅针对分子间力-应力而写。这种方法是分子的，但并没有抛弃抽象的能量技术，导致了线弹性的本构关系，证实了格林的理论。

在 Voigt 的离散方法中忽略相互作用粒子旋转的变化，相当于假设格林的纯连续体方法中的应变势函数的二次变化。这些假设导致对称应变和力-应力张量是经典连续统理论（CCT）中唯一的变形和应力度量。然而，这些假设导致了 CCT 的几个缺点。一个主要缺点是 CCT 中没有材料长度标度，因为它将固体视为无限可分割为与块状材料具有相同行为的无穷小元素。这忽略了一个事实，即所有材料都由构建块组成，并表现出不同长度尺度的微观结构。虽然晶体学将晶体材料分为 32 个对称类别，但由于应力和应变张量的中心性质，CCT 只能区分 9 个类别，并且它没有考虑到晶体的手性和极性。此外，如果不将高阶位移梯度作为变形度量，就不可能将 CCT 作为物理模型，从 3D 简化为 2D（板理论）和 1D（梁理论）。

迄今为止，已经提出了许多广义连续统理论来解决上述 CCT 的缺点。它们在两个方面改进了 CCT：一方面是考虑与每个物质点相关的额外自由度（微连续体理论）；另一方面是为应变能密度函数（应变梯度理论）提供补充变形度量。对于小变形状态下的弹性材料，微极理论（MT）和不确定耦合应力理论（ICST）分别在微连续体理论和应变梯度理论中备受关注。然而，没有一个理论被证明是适用的，主要是由于缺乏对新材料系数的了解，忽略了微旋转在 MT 中的不明确物理含义及 ICST 中的不确定性问题。

一项利用细长光束设计和能量等效方案的研究旨在确定有效的微极材料特性，但由于其依赖于欧拉-伯努利光束理论，其更广泛的应用受到限制。对椎骨小梁的耦合应力模量的探索结合了混合边界条件和等效应变能方法；然而，它的适应性仅限于中心对称和正交各向异性微观结构。尽管付出了许多努力，但科学界仍在寻求一种普遍适用的方法，以找到具有耦合变形模式结构材料的有效广义连续介质理论。

讨论与习题

1. 讨论

1）讨论超材料与结构仿生材料的异同点。

讨论参考点：超材料（Metamaterial）是指具有人工设计的结构并呈现出生物材料所不具备的超常物理性质的复合材料，其结构是规则的。结构仿生学是以工程力学原理为基础，研究生物体不同结构层次（微观、细观、宏观）的形态以获得灵感，进而对材料、结构、系统进行仿生模拟，提高工程结构效率的一门学科。其中几何结构仿生包括规则几何、非规则几何（如拓扑、分形几何等）、复合几何结构。

2）讨论具体结构仿生设计中涉及的力学理论。

讨论参考点：结构仿生是从自然界中生物的力学特性、结构关系、材料性能等获得灵感，并应用于结构设计中，以实现结构综合性能的最优化。这一领域涉及一些复杂的关键力学问题。例如，拱形结构利用轴向压力和弯矩的共同作用，使横截面上的正应力为压应力，充分利用材料的力学特性；薄壳结构具有类似拱形结构的力学特性，涉及静动力稳定性和闭锁问题；网架结构通过调整上下弦杆的高度，利用材料强度，同时由斜腹杆承担剪力。网壳结构也具有薄壳结构和压力拱的力学特性，但其动力稳定性仍然是一个待解决的难题。在可开展/可动空间结构的设计中，涉及复杂的多体动力学计算、接触力学和摩擦力学等问题。

2. 习题

1）从几何角度来看，结构可分为（　　）。

A. 复杂的杆件和板壳

B. 梁、刚架、桁架、拱

C. 杆件结构、板壳结构和实体结构

D. 平面结构、空间结构

2）用力法分析图 3.18 所示的刚架。

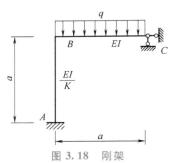

图 3.18　刚架

3）用位移法分析图 3.19 所示的超静定刚架，并作出弯矩图。

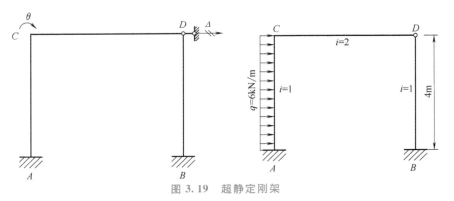

图 3.19　超静定刚架

第 4 章
结构仿生设计方法

从古至今，人类的生产生活始终伴随着仿生，仿生已经成为人类社会进步与经济发展不可或缺的重要力量。研究生物和大自然所孕育出的各种结构的发展规律，不仅可以使我们更清晰地认识生物体结构的过去与现在，还能更好地将生物体结构应用于未来仿生学的设计，推进仿生学可持续地发展。

4.1 结构仿生设计一般过程

结构仿生设计一般过程包括以下几个关键步骤：首先是从生物体中获取灵感，学习自然界中的智慧和设计原则；其次是分析生物体的结构与功能，找到适合仿生设计的特点；然后利用先进的技术手段，如计算机模拟和 3D 打印等，将生物结构转化为工程结构；最后不断测试和改进设计，确保仿生结构在实际应用中具有优越的性能和效果。通过这一过程，结构仿生设计可以实现生物体的智慧与技术的结合，为人类创造出更具创新性和效率的工程产品和解决方案。

在结构仿生设计的过程中，跨学科的理论和方法的综合运用也是非常重要的一环，以探索创新的解决方案。在这个过程中，需要确保仿生结构的设计能够综合考虑到各方面的因素，并达到预期的效果。

另外，价值观的影响也是值得考虑的一点。在进行结构仿生设计的过程中，需要考虑人类对自然的态度和对生物体的尊重，遵循可持续发展的原则，致力于打造更环保、更有效率的解决方案。通过综合考虑科技、生态和社会等各个方面的因素，可以实现更具前瞻性和可持续性的结构仿生设计。

此外，随着科技的不断进步，数字化设计和人工智能等技术也为结构仿生设计提供了全新的可能性。利用大数据分析、虚拟现实和机器学习等工具，设计师可以更深入地研究生物体的结构与功能，加快设计过程并探索出更多创新的解决方案。

在完成结构仿生设计后，需要进行严格的测试和验证，以确保设计方案的可行性和稳定性。通过模拟试验、原型测试等手段，可以验证仿生结构的实际效果并进行必要的改进。只有经过严谨的设计和验证过程，才能确保结构仿生设计在实际应用中能够发挥出预期的优势和效果。

4.2　构件表面结构仿生设计

表面功能结构制造是近30年来发展起来的新兴多学科交叉研究领域。进入21世纪，人类面临的能源危机、环境污染问题日益突显，表面功能结构的研究已经成为国内外许多学科领域的研究热点。表面功能结构制造是在物体表面加工制造出具有各种不同形貌、不同维数、不同尺度和不同功能的结构。

表面功能结构按功能可分为：①表面附着脱附功能结构，如图4.1和图4.2所示；②表面热功能结构，如图4.3和图4.4所示；③表面反应功能结构，如图4.5和图4.6所示；④表面减阻功能结构，包括表面疏水减阻功能结构，如图4.7和图4.8所示；⑤表面织构减阻功能结构，如图4.9所示；⑥表面脱附减阻功能结构，如图4.10所示；⑦表面减阻降噪功能结构，如图4.11所示。表面功能结构还包括：表面生物功能结构、表面超疏水自洁功能结构、表面视频隐身功能结构、表面结构色调整功能结构、表面仿生耦合功能结构等。国内外学者围绕表面功能结构开展了大量的研究工作，已从局部工艺性的加工技术逐步发展到多学科交叉的整体性设计、制造科学问题及其关键技术的研究。本节以仿生减阻功能结构设计过程为例进行介绍。

图4.1　壁虎脚结构

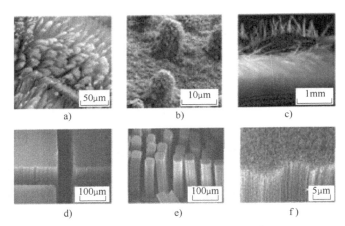

图4.2　仿壁虎脚碳纳米管阵列结构

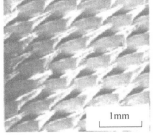

图4.3　整体式三维低翅片管

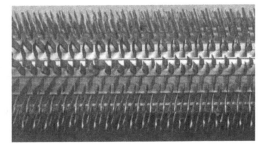

图4.4　整体式三维高翅片管

图 4.5 甲醇燃料电池中的不锈钢
纤维烧结毡 SEM 图

图 4.6 具有表面微结构的金属纤维烧结毡

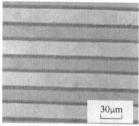

图 4.7 较好减阻效果的超疏水表面结构

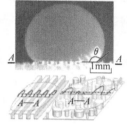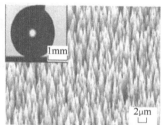

图 4.8 液滴滚落测试法及测试结构

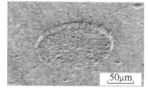

图 4.9 微孔阵列的织构减阻表面

图 4.10 仿生型壁

123

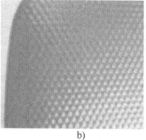

a) b) c)

图 4.11 微孔阵列的织构减阻表面

a) 表面条纹 b) 表面凸凹形 c) 边缘锯齿形

4.2.1　表面减阻功能结构

能源的过度开发与消耗是 21 世纪面临的巨大问题，节能减耗是国家倡导的应对能源危机的战略之一。海洋领域中，船舰及潜水器等的航行，由于船体与水流相互作用，形成湍流边界层，边界层内的流体具有黏附于船体表面的倾向，产生黏性阻力，造成能源损耗，运输成本增加。黏性阻力主要为摩擦阻力。因此，降低摩擦阻力，不仅可以提高船舰航行速度，降低运输成本，还能够提高燃料利用率，减少能源损耗，对资源的节约、海洋科技的发展具有重大意义。

在医学治疗的介入导管穿刺中，若表面摩擦力过大，易造成介入困难，影响疾病治疗。鼻饲管、输液管等用于营养物质及药物的输送，表面摩擦力过大易降低输送效率，对患者病情控制及身体康复产生不利影响。因此，降低导管表面摩擦力，对人体疾病治疗也具有重要意义。

自然界中的生物为了最大程度地适应生活环境，经过长期的进化，有些结构及功能已经堪称完美。目前，仿生学经历了快速发展，人们通过研究动植物的生物属性，模仿生物系统或者使用人工技术来设计优化模拟生物功能的材料，满足实际生活生产中的需求。自然界也存在降低流体阻力的生物特性，例如，鲨鱼、海豚可在海洋中快速游动、荷叶表面的水珠可迅速滑移，这些生物表面具有天然的减阻性能。仿生减阻法主要包括沟槽法，柔性壁法，超疏水表面减阻法。

目前减阻方式主要分为主动减阻（加式技术）及被动减阻（非加式技术），见表 4.1。主动减阻是指通过添加减阻剂，如聚合物、固体悬浮液（纤维或固体颗粒）、活性剂等达到减阻的目的，这种方式多应用于管道运输，通过减小湍流摩擦及流体的速度波动而减小阻力。添加减阻剂改变流体的物理及化学性能的同时，其毒性及环境污染也限制了其使用范围。近十年来，人们对湍流边界层概念有了更为全面的理解和认识。被动减阻主要通过能量传递控制边界层，抑制湍流的形成，从而减小阻力。被动减阻作为更经济、对环境更友好的方法在逐渐替代主动减阻方式。基于湍流边界层的控制位置，被动减阻包括外层操控和内层操控。外层操控不能有效地降低湍流边界层中的总阻力。内层操控是通过改变壁的几何形状重建表面，以形成较小的面向流条纹，如振动壁、柔性壁及仿生减阻结构。

表 4.1　减阻方式

减阻方式	分类	原理	优缺点
主动减阻	聚合物	在流体诱导作用下，聚合物添加剂可转化为纳米长链，使其自然延伸到流体的黏性亚层中，抑制湍流，形成有序、规整的流动状态	具有优良的减阻性能，减阻率最高可达 80%；减阻性能受温度、浓度、剪切力影响较大；高的剪切力及温度影响其力学性能，削弱减阻性能
	固体悬浮液	通过改变流体流动的速度分布来减小壁切应力，抑制湍流产生，降低流动阻力	最大减阻率可达 40%～50%；悬浮颗粒的不均匀性、尺寸及表面结构的不可复制性影响固体浓度、比重及管尺寸的系统效应；内部流动类型（水平或垂直）、流体类型（液体或气体）、颗粒类型或尺寸及浓度等均影响其减阻性能

（续）

减阻方式	分类	原理	优缺点
主动减阻	活性剂	通过改变流体的组合,影响其流动性能;剪切增厚转变是其减阻的主要因素;活性剂对涡流旋涡切应力的抑制大于其黏弹性切应力的增加,达到减阻效果	在高剪切力作用下具有快速再生能力;减阻性能受温度及雷诺数影响较;减阻与热传导相互抑制,限制其在传热领域的应用
被动减阻	微气泡	降低气液混合流动的平均黏度和密度,通过微气泡与流体间相互作用,削弱雷诺应力	成本低,环境友好,多应用于外部流动,如平板流动或船舶,最大减阻率可达80%;但在内部管流中,气泡聚集削弱其减阻性能;气泡尺寸、浓度、动态、注入位置及分布影响减阻性能
	振动壁	一个或两个壁面受电机驱动产生展向或流向被迫振动,改变边界层条件,压力梯度抑制其湍流的形成	模拟试验最大减阻可达46%,实际试验最大减阻可达45%;环境友好;安装和维护过程复杂
	柔性壁	柔性壁产生压力场,可抑制湍流产生	最大减阻可达60%;由于减阻机理不同,柔性壁的研究相对较少;对柔性壁的模拟过程非常复杂
	仿生减阻结构	通过模仿自然界物质或材料的形成、结构或功能、现象或机制,通过人工方式合成相似物质,将其应用于各个领域,以达到减阻目的	尺寸维度可从宏观到纳米尺度;具有多学科交叉特性;广泛应用于各领域

当流体在真实环境中流过一个物体时,根据不同的情况可能会产生许多类型的阻力,如摩擦阻力、形状阻力（压差阻力）、诱导阻力、波动阻力和干涉阻力等,其中摩擦阻力和形状阻力是最常见也是影响最大的两类阻力,目前的减阻技术主要研究如何降低这两类阻力的负面影响。对于形状阻力,自然界中的生物一般是尽可能地使自身形态成流线型,这样可以大大减小形状阻力。对于摩擦阻力,不同的生物采用了不同的策略。大自然为工程设计提供了新的灵感,解决了各领域中存在的多种阻力问题。仿生学的目的是研究和理解自然现象机制,以便按需应用。生物经过亿万年的自然选择,进化出适应其生活环境的特殊减阻结构,如超疏水表面、自适应表面、超滑表面及非光滑结构等。超疏水表面可促进微观特征上空气层的形成,从而在流动时产生局部的无剪切边界条件,如荷叶、大米叶、玫瑰花瓣表面微观结构等,已应用于表面自清洁、防雾、耐磨及减阻等领域。但目前超疏水表面研发仍存在一些问题,如接触角滞后限制其疏油性,在压力及物理损伤下易产生失效,不具备自愈合能力且成本较高等。自适应表面是指生物在外界刺激下,其表皮形成特殊的非光滑结构,以减少介质对其表面的黏附阻力,如海豚皮肤,多应用于减阻及降噪领域。超滑表面不同于超疏水表面的气-液层,通过将各类润滑液注入其多孔微纳结构中,使其变成光滑连续且化学组分均匀的液-液表面,该表面具有极小的后退角,可显著降低基体表面的粗糙度,减小摩擦力,如猪笼草等食肉植物,多应用于自清洁、抑菌、防冰及减阻等领域。但超滑表面存在润滑油储存方面等问题。非光滑结构可减少壁面附近湍流的表面摩擦,通过调节展向的基底流动来延迟湍流过渡。

一些典型仿生减阻方式及其优化结构提取和应用如图4.12所示。

传统摩擦理论认为,表面粗糙度影响膜厚均匀性,对润滑性能带来不利影响。但实际上,大量的工程实践和理论研究表明,摩擦副表面并非越光滑越好,具有一定的表面粗糙度

125

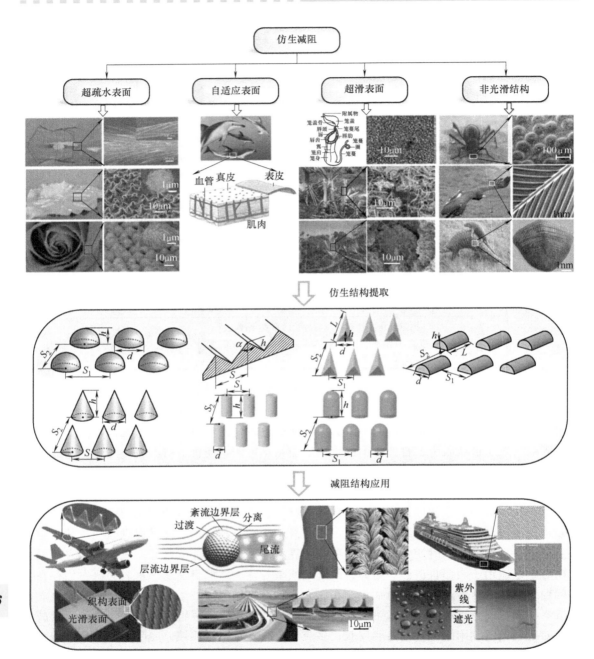

图 4.12　一些典型仿生减阻方式及其优化结构提取和应用

或纹理反而有利于润滑油膜的形成，从而降低摩擦磨损。20 世纪 60 年代，Hamilton 等人在旋转密封端面上人工制造出一系列微观凸起，试验证明这些规则的微观凸起可明显增强摩擦副的承载能力，降低摩擦系数。这种在相对光滑的摩擦副表面上精确地制造出各种表面几何形貌的技术称为表面织构技术。

当前仿生减阻功能结构发展有两种趋势，一是从宏观结构向微结构、纳米结构发展；二是表面功能结构复合化。因此，揭示复合表面功能结构、微结构及纳米结构条件下表现出有别于单一的、宏观表面功能结构的特殊作用机理，提出相应的制造方法、建立相关理论亦是未来的重要发展方向。减阻功能结构制造所需研究并解决的问题主要包括：表面功能结构特征的表征、加工和成形过程的数字建模和仿真、根据功能需求设计结构参数并在加工过程中控制其形成；揭示表面功能结构的新规律，提出新的设计、制造理论和方法。

（1）仿生非光滑表面减阻　船舶或水下航行器在水中运动时表面摩擦阻力主要来自于水的黏性，约占总阻力的70%～80%，即使是高速运行，摩擦阻力也约占40%。此外，海洋生物附于船底会增加船体的重量、加大航行阻力，降低航速，加快燃料消耗；附于金属表面会加速基材腐蚀，缩短船舶和海洋设施的使用寿命；附于海水冷却管内壁，会使管道内径变小，影响供水量，造成事故。科学家们发现，海洋中的速度之王鲨鱼、海豚，在潮湿土壤中能够运动自如而不黏土的蚯蚓、蝼蛄等生物体都具有非光滑的表面结构。这种非光滑表面具有神奇的微纳结构特性，使之表现出优异的减阻、抗黏附和抗磨损的能力。

鲨鱼皮上微小的鳞片为盾鳞，排列紧凑有序，呈齿状，齿尖趋向同一方向，前后相邻的鳞片在边缘部位有重叠现象，鲨鱼皮表面的肋条结构如图4.13所示。这些微小鳞片及其有序的排列使鲨鱼皮表面比较光滑，为纳米-微米级的双重结构。鲨鱼表皮分泌黏液，形成亲水低表面能表面，能够阻止海洋生物的附着。根据Dupre理论可知，固体表面自由能越低，黏附功越小。海洋生物的初期附着是通过分泌黏液润湿被附着表面来实现的，而黏液对低表面能的表面浸润性差，

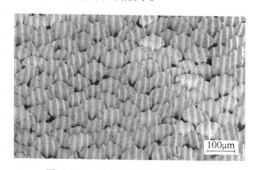

图4.13　鲨鱼皮表面的肋条结构

从而接触角大，难以附着或附着不牢，在水流或其他外力作用下很容易脱落。

"鲨鱼皮泳衣"并不是由真正的鲨鱼皮制作的，仿鲨鱼皮泳衣面料如图4.14所示。从严格意义上来说，它只能算是对鲨鱼皮外形和结构的简单模仿，与真鲨鱼皮的结构和功能还相差甚远，该泳衣仿照鲨鱼皮肤的结构，在游衣表面排列了几百万个细小的棘齿，当水分子沿着这些棘齿流过时，会产生无数微型的涡流，使得边界层的分离点推后，从而延迟和弱化尾涡的形成。

海豚的皮肤结构如图4.15所示，最外面的表皮上有薄而光滑的角质膜，中间的真皮层上长有许多乳突，像海绵一样的中空乳突间充满着血液或体液，这些乳突

图4.14　仿鲨鱼皮泳衣面料

在海豚运动时能承受很大的压力，皮肤的最里面是由交错的胶质和弹性纤维组成的，中间充满了脂肪细胞。1936年，Gray等人发现海豚的实际游泳速度要比其生理上所能达到的游泳速度更高，这一发现引起了众多科学家的兴趣。进一步的研究表明，海豚能高速游泳，不仅得益于它纺锤状的流线型体形，更重要的是它的弹性皮肤能产生自适应表面。当海豚快速游动时，随着水的阻力的增加，海豚的皮肤可由光滑逐渐变为具有一定几何形状的非光滑形态，以降低游动时的阻力。这种现象被称为自适应性或顺应性。这种皮肤就像一个减振器，在与外界流体发生相对运动的情况下，会改变层流附面层的边界条件，使边界柔顺化，减小

边界面的流速梯度和边界面的剪切力，防止湍流产生。

　　我国学者对生活在土壤中的蝼蛄的皮肤结构、防黏减阻特性和机理进行了研究。任露泉等人发现，蝼蛄体表不同部位具有不同的几何非光滑形态。蝼蛄的头和爪上分布着许多微凸包，蝼蛄头部推土板的非光滑结构如图 4.16 所示。而在蝼蛄的胸节背板表面则分布着近似椭圆形的微凹坑。进一步研究表明，几何非光滑体表是土壤动物具有防黏减阻特性的重要原因之一。微凸包的纵向剖面为波形，当动

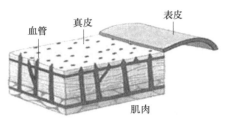

图 4.15　海豚的皮肤结构

物在土壤中运动时，这些微凸包可减少土壤与动物体表的接触面积，从而降低摩擦阻力，达到脱土减阻的效果。任露泉等人根据对蝼蛄体表的防黏减阻特性和机理的研究成果，研制出了可有效防止土壤黏附，提高工作效率的犁头和工程铲等工具。

a)　　　　　　　　　　　　　　b)

图 4.16　蝼蛄头部推土板的非光滑结构
a）凸包　b）单个凸包的局部放大

　　（2）仿生航空器减阻　随着民航飞机、运输机及无人机等航空器的规模越来越大，人们对飞行效能等要求越来越高，另一方面，随着能源短缺、环保等问题的日益突显，航空器减阻研究受到国内外学者和工业界人士的广泛关注。对于大多数处于亚音速巡航飞行的航空器，壁面摩擦力超过航空器总阻力的 50%，超过 1/6 的发动机能耗用于克服该阻力。减小亚音速航空器壁面摩擦力，对节约能源、提高航空器的最大航程等具有重要经济效益，壁面减阻研究已经成为大型航空器的基础科学问题之一。目前，航空器表面减阻技术主要有层流边界层控制、湍流边界层减阻等，其中湍流边界层减阻技术实用价值巨大，已经被美国国家航空航天局（NASA）列为 21 世纪的航空关键技术之一。20 世纪 70 年代，NASA 兰利研究中心发现，表面微沟槽结构可以改变航空器近壁区湍流结构，从而有效降低流体摩擦阻力，颠覆了传统光滑表面减阻思维。一些研究者通过实验和理论分析研究了贴有 V 形微沟槽薄膜的机翼减阻性能，试验发现减阻率为 6.6%，计算发现降低了 3.5 个阻力点。一些研究表明，与流向平行的微沟槽能够减小航空器 8% 的阻力，意味着可以节约 1.5% 的燃油。美国航空航天局、空中客车公司、国泰航空公司、西北工业大学等分别在 Learjet、A320、A340、F-104G 以及 1∶12 运七原型机等不同机型上贴微沟槽薄膜、仿鲨鱼皮薄膜等减阻蒙皮，显著降低了飞行阻力、节约了燃油、提高了航空器效能。除航空器外，Chamorro 等人将表面微

结构应用在 2.5MW 大型风机叶片减阻、Ng 等人将表面微结构应用在超音速发动机叶栅部位减阻、Koeltzsch 等人将表面微结构应用在管道运输减阻、孙志宏将表面微结构应用在纺织用高速转子减阻等方面，表面微结构具有优异的减阻性能，必将产生可观的经济效益和社会效益。西北工业大学通过模仿我国库木塔格沙漠特有的舌状分形沙垄结构，设计出仿沙垄舌形多层分形减阻微纳结构，库木塔格沙漠沙垄结构特征及仿沙垄舌形多层分形结构贴膜与结构显示图如图 4.17 所示。该结构减阻率较之前国际报道的最好水平提高了 52%，减阻风向摄动角度从 35°增加到了 60°，减阻性能已突破半个世纪以来小肋气动减阻技术性能极限。

图 4.17　库木塔格沙漠沙垄结构特征及仿沙垄舌形多层分形结构贴膜与结构显示图

（3）仿生农机触土部件减阻　生活在潮湿土壤中的土壤动物，如鼹鼠、穿山甲、蝼蛄、蚯蚓和蜣螂等，经过长期进化，逐渐形成了适应潮湿土壤环境且利于减少土壤黏附的身体结构。这些土壤动物体表呈现出介观/微观非光滑结构，如凸包、凹坑、棱纹、鳞状波纹或纤毛波纹等。而正是这些结构减少了其体表与土壤的接触面积，限制了接触界面处水膜的连续性，改善了接触界面的润滑状况，形成了减黏降阻效应。

近年来，仿生技术在农业机械触土部件设计中应用越来越多，如仿生犁、仿生开沟器、仿生深松铲和仿生旋耕刀等，其目的都是为了减阻降耗，科研人员根据上述动物体表结构对农机触土部件进行设计，以期解决农机作业过程中阻力大、能耗高等问题。

根据土壤动物体表的非光滑结构设计出仿生犁，在其犁壁表面添加仿生结构单元，使其具有减黏降阻功能。土槽试验室试验及田间运行结果表明，该仿生犁可比普通犁减少油耗 5.6%～12.6%，降低犁耕阻力 15%～18%，且具有较好的脱土性和耐磨性。根据相同原理设计的仿生推土板，其在切削土堡状黏性土壤时，可降低阻力 25% 以上，且其脱土性能优于传统光滑推土板。对小家鼠的爪趾剖面轮廓线进行提取所设计的仿生指数函数减阻深松铲和内外准线式仿生深松铲均取得了较好的减阻效果，与传统深松铲相比，这两种仿生深松铲的耕作阻力降低 5%～12%。此外，研究人员也对其他生物的形态特征进行了研究并且将其应用于深松铲的减阻设计当中。例如，对棕熊爪趾形态进行研究设计了一种适用于 30cm 耕深的仿生深松铲，通过离散元模拟仿真分析后发现该仿生深松铲具有较好的减阻效果，而通过对铲尖和铲柄的分别研究后发现，仿生铲尖与传统铲尖相比其减阻率提高了 3.43%～16.11%，而仿生铲柄与传统铲柄相比其减阻率提高了 7.82%～12.75%。而基于鲨鱼表皮的微状结构及其减阻机理，设计的具有沟槽结构的仿生深松铲，该仿生深松铲的最大减阻率达到 21.9%。

综上所述，自然界生物的结构、特性能够给科学设计研究工作带来灵感，提高设计产品的性能和效率。因此，研究土壤动物体表的结构特征，可以对具有减阻性能耕作部件的设计提供新思路。

4.2.2 表面减阻结构仿生设计原理

表面减阻结构仿生设计原理遵循以下三个理论：

1）附加流体动压效应理论：在富油润滑条件或混合润滑条件下，微坑或微沟槽可以充当微小流体动压润滑轴承，从而产生附加流体动压力。

2）"二次润滑"理论：微坑或微沟槽可以作为微储油池向摩擦副表面提供润滑油。

3）容纳磨损颗粒理论：干摩擦条件下，微坑或微沟槽可以容纳磨粒，从而降低由于磨粒产生的高磨损。就机理而言，研究最为深入的是附加流体动压效应理论。该理论是由 Hamilton 等人在 1966 年首次提出。他们利用光刻蚀的方法获得表面织构，通过电流的测量判断有效润滑膜的存在。通过激光对摩擦副进行织构化处理后发现，带微孔阵列的表面比光滑表面具有更好的润滑性能。部分表面的织构化能够十分有效地增加流体动压效应，成因包括两个方面：一是表面织构区会产生类似 Rayleigh 轴承的阶梯效应；二是表面织构会阻碍压力区内润滑油的流动。

在研究方法上，常见的表面织构化方法有机械加工、表面喷丸处理、等离子刻蚀、电子束刻蚀、电火花加工、激光加工和化学法等。其中，激光加工以其高效、织构尺寸精密可控、对环境无污染等优点而广泛应用于表面织构化。

在研究手段上主要是侧重于试验研究。由于对表面微结构润滑机理的认识还很有限，难以找到最优的结构形式和结构参数，一般是通过经验和反复试验来确定。例如，在试件表面分别加工圆形、正方形和椭圆形的微凹坑阵列，在试验的基础上考察了微凹坑形状、大小、分布、相对位置等对试件表面摩擦特性的影响。另外，数值方法也成为备受关注的新的研究手段。

4.2.3 仿生减阻深松铲设计范例

针对深松铲作业过程中深松工作阻力大、机具易产生磨损失效、深松作业质量不佳等问题，以深松铲为研究对象，从仿生减阻结构及自修复耐腐涂层两个方面展开研究，在分析鲨鱼盾鳞肋条结构的减阻机理基础上，提取仿生耦元并将其应用于仿生减阻结构深松铲设计，如图 4.18 所示。图中，O-S 为原型深松铲，S 为深松铲，T 为铲尖，SK 为铲柄。1 号、2 号、3 号为不同参数的仿生结构：1 号，$h=5mm$，$h/s=0.57$，$\alpha=30°$；2 号，$h=5mm$，$h/s=0.57$，$\alpha=45°$；3 号，$h=7mm$，$h/s=0.57$，$\alpha=45°$。研发自修复涂层的制备工艺，分析其耐磨防腐性能；利用仿生耦合原理，将自修复涂层涂覆于仿生结构深松铲上，提出深松铲减阻耐腐增效技术，为设计具有减阻降耗、耐腐延寿的节能深松装备奠定了基础。

1. 仿生深松铲设计及减阻机理

首先建立仿生深松铲与土壤相互作用的力学模型，并对其进行理论分析。通过仿鲨鱼盾鳞肋条结构的减阻机理分析，探索影响深松铲牵引阻力的因素，为设计仿生减阻深松铲提供理论基础。从鲨鱼表皮盾鳞肋条结构中提取仿生耦元，结构仿生设计了六种仿生结构深松铲，并通过离散元（DEM）软件分析肋条高度与间距比（h/s）、肋条角度（α）及肋条高度（h）对深松铲减阻性能的影响。当 h/s 为 0.4~0.6 时，减阻性能达到最优；随着 α 的减小，

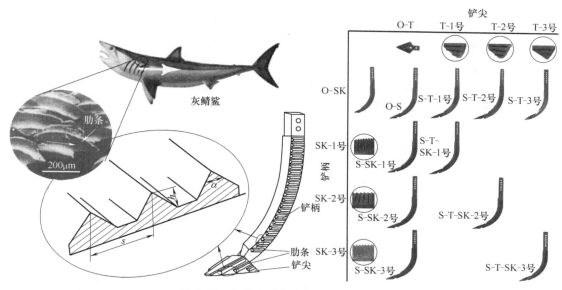

图 4.18 仿鲨鱼肋条结构低功耗深松铲

减阻性能增强。

2. 深松铲与土壤相互作用过程离散元仿真分析

通过离散元仿真模拟，对所设计的六种仿生结构深松铲与土壤相互作用过程进行分析，讨论不同结构及参数对深松铲的耕作阻力、能耗及所产生的不同土层扰动的影响。离散元仿真模拟分析表明，仿生结构在一定程度上打破深松铲与土壤之间的接触表面，产生不连续接触，降低松深铲与土壤的黏附力，同时，在仿生结构附近产生良好的土壤扰动效果。其中，S-T-H-T-T 深松铲减阻最优参数为 $h = 5$ cm，$h/s = 0.57$，考虑实际加工情况，α 被设置为 30° 或 45°。对影响铲柄及铲尖耕作阻力参数（如 h、h/s 及 α 等）进行回归方程显著性检验，结果表明 h 对铲柄及铲尖的耕作阻力影响较大，h/s 次之，α 较小。这对深松铲的设计具有重要的指导意义。

3. 自修复涂层制备及性能

考虑机具腐蚀失效严重、深松作业质量不佳等问题，将自修复涂层技术应用到深松铲设计中，使其实现防腐耐磨增效，进而达到延长其使用寿命的目的。采用原位聚合法合成海藻酸钙基包覆桐油的微纳级胶囊，并与聚酯树脂基粉末混合进行涂层制备。优化工艺参数，制备三种粒径（1μm、200nm 和 500nm）且性能稳定的微纳胶囊，并讨论不同粒径及不同含量的微纳胶囊对涂层表面粗糙度、摩擦磨损性能及腐蚀性能的影响。随着胶囊粒径的增大及含量的增加，涂层表面粗糙度值变大。N-500-15 涂层具有较好的耐蚀性及耐磨性，其保护评级及外观评级较高，这表明涂层保护金属基体的耐蚀性、耐磨性及涂层本身耐腐蚀能力较强。利用仿生耦合原理，将自修复涂层涂覆于仿生结构深松铲上，提出深松铲减阻防腐增效技术，为设计具有减阻降耗、防腐延寿的节能深松装备奠定基础。

4. 田间验证试验及机理分析

提出仿生自修复深松铲设计方案并进行田间试验，探索其在不同的土质工况及深松速度下的减阻防腐性能及深松作业质量，S-T-H-0.57-P-T 结构产生最大的犁底层土壤蓬松度，最小的土壤膨胀率，以及最小的土壤扰动系数，具有较优的深松效果，功耗低，约为22.98J（比传统非结构深松铲低26%）。田间试验对10种深松铲进行耕作阻力对比分析，研究仿生结构对深松铲减阻性能及土壤扰动的影响，并验证模拟仿真的可靠性。随着深松速度的增加，耕作阻力增大。在不同深松速度下，仿生深松铲的减阻率可达7.57%～16.96%。综合考虑土质工况、田间试验耕作阻力、材料磨损腐蚀及土壤扰动，C-S-T-SK-2号是一个较优的设计方案。深松后可增加土壤含水率，促进作物水养分吸收，利于作物根系发展，增加作物株高，促进果实生长，达到增产的目的。提出耦合仿生增效表面减阻机理，并讨论深松速度及土质对仿生深松铲深松阻力及耐磨损、耐蚀性的影响。

4.3 构件结构仿生设计

4.3.1 仿生步进执行器

由于科技和工程的不断进步，航空航天、集成电路、光学仪器、微机械制造及装配、现代医疗、生物工程和超精密加工及测量等诸多高精尖领域都获得了日新月异的发展。而伴随着各个领域的飞速发展，也对现有的各种技术手段，尤其是对支撑诸多领域发展的精密驱动技术，提出了更高、更新、更严的要求。

精密驱动技术是指利用各种精密执行器实现对目标对象的精密定位、测量、操控、转移、加工或修饰等过程的精密作业技术，其作业精度可以达到微/纳米级别，甚至更高。精密驱动技术是一种涉及机械工程、控制工程、微电子技术、计算机技术以及生物医学等多门学科的交叉技术，也是诸多高精尖科技领域的核心支撑技术。而精密执行器作为微/纳米级精密驱动技术的动力主体，具备输出直线、旋转等精密运动的能力，是完成各种精密作业的执行机构，其工作性能的优劣直接影响精密驱动技术水平的高低。

传统的执行机构，如以伺服电动机、内燃机等作为动力单元，以齿轮减速系统、滚珠丝杠螺母副和滑动导轨等作为运动转换单元的驱动装置；或液压、气压传动等宏观大尺寸驱动装置，虽然具有负载能力强、运动速度快和工作行程大等优点，但是由于必须引入许多中间传动环节，驱动过程中存在累计误差、运动丢失及回程间隙等缺陷，其输出精度、分辨率难以达到微/纳米级。并且其整体结构尺寸大，已经无法满足现代科技中诸多精密/微小系统对执行机构提出的分辨率高、速度带宽大、尺寸小、力矩大和无电磁干扰等要求。因此，为了克服传统执行机构的缺陷，基于仿生思想，研究与开发具备上述诸多优异功能特性的新型精密执行器成为国内外科研工作人员探索的重点。

1. 仿生步进执行器的应用

仿生步进执行器因其分辨率高、速度带宽大、尺寸小、力矩大等优点而在现代医疗、航空航天、光学仪器等诸多领域发挥着十分重要的作用。

（1）现代医疗领域 例如，在进行涉及细胞层次的研究中，需要深入细胞内部开展研究，但又不能损伤细胞结构，然而，细胞的尺寸一般只有几个微米大小，甚至更小，传统的执行机构无法完成操作，这就需要具有微纳米精度的执行机构作为驱动部件。仿生步进执行器利用新型智能材料（如压电材料）作为驱动源，可以实现微纳米级别的运动，既达到进入细胞内部的目的，又不会损伤细胞结构。另外，在进行微创手术时，可以通过利用仿生步进精密执行器，实现精准定位及主动控制，从而提高手术的成功率。仿生步进执行器因其独特的优势已被广泛应用到现代医疗领域中。

（2）航空航天领域 为了满足结构紧凑/小型化、高可靠性和高精度等要求，迫切需要大行程、高精度、高分辨率的执行机构。利用仿生步进精密执行器可以实现飞行器的精确定位和姿态控制。另外，在卫星天线姿态调整中，为了满足卫星天线的精确调整，调姿结构需要满足响应速度快，工作频带宽，以及误差在微纳米级别等特殊要求。利用压电材料制造的快速反射镜利用压电材料响应速度快、驱动精度高等特殊性能，可实现激光光束偏折方向的精确、快速调整。

（3）光学仪器领域 相机、显微镜、望远镜等光学仪器，需要进行对焦、调节光路等各项精密操作，这需要精密执行器作为技术支撑。仿生步进精密执行器因其高精度的运动控制和快速响应等特性，非常适合用于光学仪器中的各项精密操作中。

除此之外，仿生步进执行器还广泛应用于集成电路、微机械制造及装配、超精密加工及测量、机器人等诸多高精尖领域。仿生步进执行器能够根据具体需求，为其提供高精度、高可靠性、快速响应的解决方案。

2. 仿生步进执行器的发展现状

（1）仿生步进执行器驱动材料 近年来，各种新型功能材料的应运而生为精密仿生步进执行器提供了性能优异的动力元件，这使得设计开发高性能的新型精密仿生步进执行器成为可能。目前，精密仿生步进执行器常用的新型功能材料主要包括形状记忆合金材料、电致伸缩材料、磁致伸缩材料，以及压电材料等。

形状记忆合金材料是一种在加热升温后能够完全消除其在较低温度下产生的形变，并恢复到其发生形变前的原始形状的合金材料。它是通过热弹性与马氏体相变及其逆变而具有形状记忆效应的。形状记忆合金材料具有较高的应变率，较大的输出力和相对良好的可扩展性，但是其响应速度相对较低，输出对温度敏感，并且由于重复循环而产生的塑性应变大大限制了其使用寿命。

电致伸缩材料是一种在外加电场作用下，由于其内部电畴极化方向尽量转到与外加电场方向一致而使其尺寸发生显著改变的多晶材料。电致伸缩材料的优点是激励电压低、蠕变小、重复性良好等，但其能量密度一般、形变小且对温度敏感。

磁致伸缩材料是一种当外加磁场发生改变时，由于内部磁化状态变化而使其尺寸发生显著改变的铁磁性材料。磁致伸缩材料具有输出力大、响应速度快、能量密度高等优点，但其缺点是容易受到外界环境的电磁干扰，不适用于在某些电磁环境下使用。

压电材料是一种在电场作用下，利用其逆压电效应可以实现精密位移输出的功能材料。压电材料的优点是：①驱动精度高，其输出位移的分辨率可由其驱动电压决定，能够达到亚纳米级；②响应速度快，能够达到微秒级；③材料刚度高，输出力大；④无磁场干扰，其本身不产生磁场也不受磁场的影响；⑤对工作条件的要求低，可在真空和低温环境下应用；⑥无需中间传动环节，无运动副间隙，无须润滑，能耗低，发热少；⑦机电转换率高，能量密度大；⑧结构形状多样化，设计灵活，且易于微型化。

与形状记忆合金材料、电致伸缩材料、磁致伸缩材料等功能材料相比，压电材料无论在结构特点方面，还是在驱动性能方面，都展现出明显的综合优势，是仿生精密步进执行器理

133

想的驱动材料。下面将以基于压电材料驱动的仿生步进执行器为典型案例，详细介绍近年来仿生步进执行器的发展现状。

（2）仿生步进压电执行器 基于压电材料驱动的仿生步进执行器主要包括尺蠖式仿生步进压电执行器、海豹式仿生步进压电执行器和惯性式仿生步进压电执行器三大类。

1）尺蠖式仿生步进压电执行器。传统尺蠖式仿生步进压电执行器由于其工作原理的限制，至少需要3个压电叠堆才能完成钳位-进给-钳位一个周期的步进动作，这使其具有长行程、大负载等优点，但是也存在不易小型化、结构复杂、控制系统复杂等缺点。近年来，研究人员就在保持其优点的前提下对如何简化尺蠖式仿生步进压电执行器的结构与控制展开了大量的研究。图 4.19 所示为国内外一些尺蠖式仿生步进压电执行器。

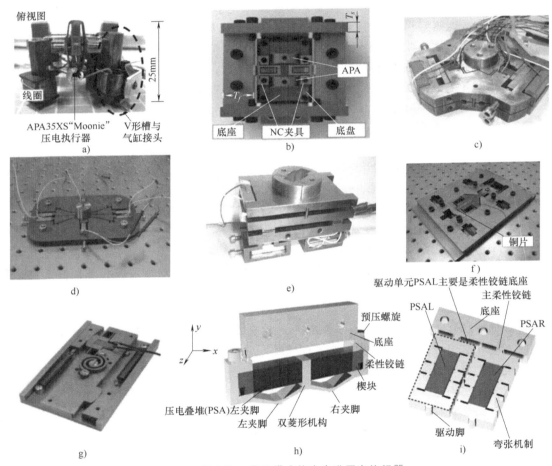

图 4.19 国内外一些尺蠖式仿生步进压电执行器

2）海豹式仿生步进压电执行器。日本丰田工业大学的 Katsushi Furutani 等人研制了一种爬行式海豹式仿生步进压电执行器，如图 4.20a 所示。该执行器实现了平面内三自由度的步进运动，并利用该执行器操作直径为 $60\sim70\mu m$ 的微球，其定位精度可以达到几个微米。高雄应用科技大学的 Shine Tzong Ho 等人研制了一种能够在交流模式和直流模式下工作的推进式海豹式仿生步进压电执行器，如图 4.20b 所示。直流模式下，运动速度可以控制在 $40\mu m/s$ 以下，分辨率可以达到 6nm；交流模式下，可以达到 88mm/s 的空载速度。为解决海豹式仿生步进压电执行器正反运动不对称，反向运动输出能力较低，且单向的间歇式钳位单元会造成导向机构的侧压力增大等问题，哈尔滨工业大学荣伟彬团队研制了一种双动力输入、复合驱动足的海豹式仿生步进压电执行器，如图4.20c所示，该执行器采用菱形双足机构，产生两条同步的矩形驱动轨迹。在两个同步轨迹的帮助下，试验结果表明，该执行器能够稳定地分步运行，各步重复性好，驱动分辨率为25.9nm。最大负载能力和最大推力分别为37.2N和3.2N。该执行器在保持稳定的长行程运动的同时，具有大的负载能力和高的驱动分辨率。

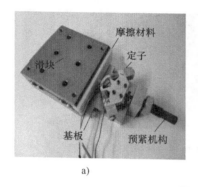
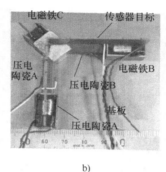
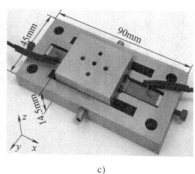

图4.20 典型海豹式仿生步进压电执行器

3）惯性式仿生步进压电执行器。惯性式仿生步进压电执行器根据其工作原理的细微差别主要可分为惯性冲击式仿生步进压电执行器和惯性黏滑式仿生步进压电执行器。

近年来，研究人员主要针对惯性冲击式仿生步进压电执行器的结构优化与性能提升开展了一系列研究。图4.21所示为国内外一些惯性式仿生步进压电执行器。

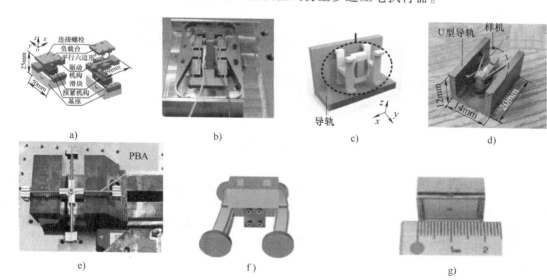

图4.21 国内外一些惯性式仿生步进压电执行器

a）仿青蛙运动惯性式压电步进执行器 b）非对称摩擦力的新型惯性冲击式压电步进执行器 c）辅助摩擦惯性冲击式压电步进执行器 d）具有空间叉指结构的惯性冲击式压电步进执行器 e）惯性冲击式压电机器人 f）对角惯性驱动压电微型机器人 g）多模式惯性驱动压电微型机器人

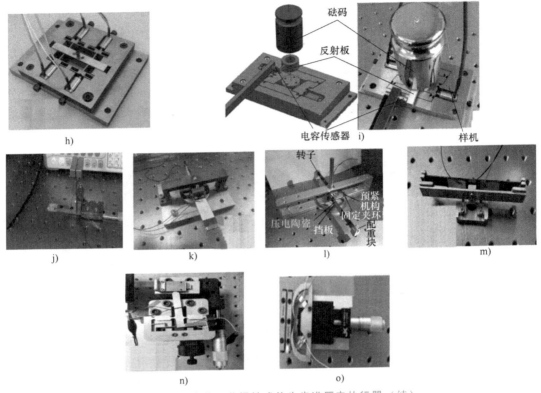

图 4.21 国内外一些惯性式仿生步进压电执行器（续）

h）基于柔顺足驱动的惯性式压电步进执行器　i）基于可变力偶驱动的惯性式压电步进执行器
j）采用自动夹紧机构的单相谐波驱动惯性冲击式压电步进执行器　k）尺蠖-惯性复合冲击式谐振式旋转压
电步进执行器　l）谐振式双向旋转自夹紧惯性冲击式压电步进执行器　m）可调磁力型谐振惯性冲击式压电步进执行器
n）时序控制抑制回退的惯性黏滑式压电步进执行器　o）通过特殊的弧形柔性铰链实现回退抑制的惯性黏滑式压电步进执行器

4.3.2　仿生步进压电执行器设计原理

1. 压电材料

压电效应由 Jacques Curie 和 Pierre Curie 两兄弟在 1880 年发现，但其广泛应用却是在压电陶瓷被发现后才得以实现。人们在 20 世纪 40 年代发现了钛酸钡（BaTiO_3），在 20 世纪 50 年代发现了锆钛酸铅（PZT）和以锆钛酸铅为基的三元系、四元系压电陶瓷。近年来，又出现了锆钛酸铅和高分子聚合物压电体的复合材料，以及压电薄膜等。压电陶瓷是一种具有特定多晶结构的功能材料，它以制作简便、成本低廉，以及换能效率高等优点得以迅速发展。压电陶瓷的种类不断推陈出新，也为其广泛应用开辟了新的前景。

被用作执行器的压电陶瓷是一种经过极化处理并装有正负电极的功能材料。如果给压电陶瓷加载力，使其在特定方向发生形变，在其电极上便会产生电效应（放电或充电）；相反，如果在压电陶瓷的电极上施加电压，则在其特定方向上便会发生形变效应（伸长或缩短），使其产生位移和力的输出。由于施加力而产生电效应被称为正压电效应；由于施加电压而产生形变效应被称为逆压电效应。正压电效应和逆压电效应可以利用下列方程进行描述：

$$\begin{cases} S = s^E T + dE \\ D = dT + \varepsilon^T E \end{cases} \tag{4.1}$$

式中　S——压电陶瓷产生的机械应变；

　　　s^E——压电陶瓷的弹性柔顺常数（E 为常量时）；

　　　T——压电陶瓷产生的机械应力；

　　　d——压电陶瓷的压电常数；

　　　E——电场强度；

　　　D——电位移；

　　　ε^T——压电陶瓷的介电常数。

压电效应反映了压电陶瓷"压"与"电"之间的线性耦合关系。在工程应用中，正压电效应下的压电陶瓷常被用作传感器，逆压电效应下的压电陶瓷常被用作执行器。本节将着重介绍压电陶瓷的逆压电效应及其在压电执行器方面的应用。

压电陶瓷材料的制备一般要经过配料→预制毛坯→烧结成瓷→外形加工→安装电极→高压极化→检验等工艺流程。根据其极化方向 P、电场方向 E 和形变方向 δ 不同，压电陶瓷一般具有三种驱动模式：轴向模式、横向模式和切向模式。图 4.22a 所示为一单片压电陶瓷在电场 P 的作用下被极化，所建立的坐标系的六个方向分别为：$x(1)$、$y(2)$、$z(3)$、$\theta_x(4)$、$\theta_y(5)$ 和 $\theta_z(6)$。当电场的方向 E 与极化方向 P 平行时（方向相同或相反），压电陶瓷会同时产生轴向形变 δ_h 和横向形变 δ_1，分别被称为压电陶瓷的轴向模式和横向模式，如图 4.22b 所示。当电场方向 E 与极化方向 P 垂直时，压电陶瓷会产生切向形变 δ_s，这被称为压电陶瓷的切向模式，如图 4.22c 所示。

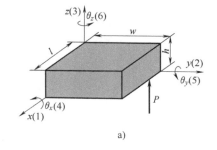 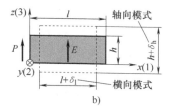 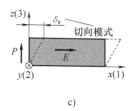

a)　　　　　　　　　　　　　　b)　　　　　　　　　　　　c)

图 4.22　压电材料的三种驱动模式

a）极化方向　b）轴向模式和横向模式　c）切向模式

压电陶瓷在三种驱动模式下的压电常数、自由应变、阻滞力和电容见表 4.2。一般来说，三种模式下的压电陶瓷都可以被用作执行器，分别称为轴向模式压电执行器、横向模式压电执行器和切向模式压电执行器。

表 4.2　压电陶瓷在三种驱动模式下的压电常数、自由应变、阻滞力和电容

驱动模式	P、E、δ 方向	压电常数	自由应变	阻滞力	电容
轴向模式	3、3、3	d_{33}	$\delta_h = d_{33}U$	$F_h = \dfrac{d_{33}}{s_{33}^E} \cdot \dfrac{w_p l_p}{h_p} U$	$C_h^T = \varepsilon_{33}^T \dfrac{w_p l_p}{h_p}$
横向模式	3、3、1	d_{31}	$\delta_t = d_{31}\dfrac{Ul}{h}$	$F_t = \dfrac{d_{31}}{s_{11}^E} w_p U$	$C_t^T = \varepsilon_{33}^T \dfrac{w_p l_p}{h_p}$
切向模式	3、1、5	d_{15}	$\delta_s = d_{15}U$	$F_s = \dfrac{d_{15}}{s_{55}^E} \cdot \dfrac{w_p l_p}{h_p} U$	$C_s^T = \varepsilon_{11}^T \dfrac{w_p l_p}{h_p}$

在本节描述的仿生步进压电执行器中，压电陶瓷是利用其逆压电效应将电压量转化为位移量的动力元件。该过程涉及的各种物理量之间的转换关系如图 4.23 所示。因此，建立一个完整的机电模型来描述该过程中各个物理量之间的转化关系十分必要。

图 4.23　各种物理量之间的转换关系

在电学方面，由于本节所介绍的仿生步进压电执行器一般工作于低频信号下，所以压电陶瓷可以等效为一个电阻器和一个电容器的并联系统，如图 4.24a 所示。根据基尔霍夫电压定律可得：

$$R_0 \dot{q}(t) + U_p(t) = U_0 \tag{4.2}$$

式中　U_0——恒压电源的供给电压；

　　　R_0——恒压电源的内阻；

　　　$\dot{q}(t)$——某时刻通过电阻 R_0 的电荷量；

　　　$U_p(t)$——某时刻压电陶瓷两端的电压。

根据电路关系可得：

$$q(t) = q_c(t) + q_p(t) \tag{4.3}$$

$$U_p(t) = \frac{q_c(t)}{C_p} \tag{4.4}$$

式中　C_p——压电陶瓷的等效电容；

　　　$q_c(t)$——某时刻电容器 C_p 储存的电荷量；

　　　$q_p(t)$——某时刻压电陶瓷由于机械变形引起压电效应生成的电荷量。

根据压电陶瓷的压电效应可得：

$$q_p(t) = T_{em} x(t) \tag{4.5}$$

式中　T_{em}——压电陶瓷的机电转换比率；

　　　$x(t)$——某时刻压电陶瓷的输出位移。

将式（4.3）~式（4.5）代入式（4.2）中整理可得该系统的电学方程为

$$R_0 C_p \dot{q}(t) + q(t) - T_{em} x(t) = C_p U_0 \tag{4.6}$$

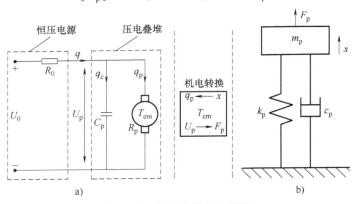

图 4.24　压电陶瓷机电模型

a）电路模型　b）机械模型

在机械方面，以压电陶瓷的轴向模式为例，压电陶瓷可以等效为一个质量-弹簧-阻尼系统，如图 4.24b 所示。根据牛顿第二定律可得该系统的动力学方程为

$$m_p \ddot{x}(t) + c_p \dot{x}(t) + k_p x(t) = F_p \tag{4.7}$$

式中 m_p——压电陶瓷的等效质量；

c_p——压电陶瓷的等效阻尼；

k_p——压电陶瓷的等效刚度；

F_p——压电陶瓷的输出力。

则在机电转换方面，根据压电陶瓷的逆压电效应可得：

$$F_p = T_{em} U_p(t) \tag{4.8}$$

根据式（4.7）和式（4.8）可得：

$$U_p(t) = \frac{q(t) - T_{em}x(t)}{C_p} \tag{4.9}$$

联立式（4.7）和式（4.9）并整理，可得压电陶瓷的机电转换方程为

$$m_p \ddot{x}(t) + c_p \dot{x}(t) + \left(k_p + \frac{T_{em}^2}{C_p} \right) x(t) = \frac{T_{em}}{C_p} q(t) \tag{4.10}$$

2. 柔性铰链

柔性铰链是利用弹性材料的微小变形及其自恢复特性使相互连接的刚体部件产生微小位移或偏转的一种柔性导向及传动机构。与传统机构相比，柔性铰链具有结构紧凑、无须装配，运行平稳、无须润滑，零迟滞、无间隙、分辨率高，无机械摩擦、无噪声等优点，常与压电陶瓷等元件配合使用，被广泛应用于精密驱动和定位领域。柔性铰链有很多种类型，其中最为常用的是具有分布柔度的直板型柔性铰链和具有集中柔度的正圆型柔性铰链，其结构模型与尺寸参数如图 4.25 所示。

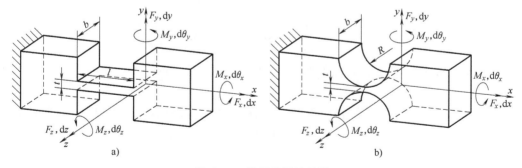

图 4.25 常用的柔性铰链

a）直板型柔性铰链 b）正圆型柔性铰链

为了便于分析，首先假设柔性铰链的材料为均匀的线弹性材料，力学性能呈现各向同性，且柔性铰链只发生线弹性变形。将柔性铰链的一端固定，另一端自由，建立的空间坐标系、柔性铰链的外部载荷施加情况如图 4.25 所示，外部载荷的作用点为坐标原点。假设柔性铰链能够进行六个自由度的微小形变，在该分析中，考虑了柔性铰链的弯曲、扭转、轴向伸缩和剪切变形等。柔性铰链的形变与外部载荷之间的关系可以用式（4.11）表示：

$$[u] = [c][f] \tag{4.11}$$

式中　[u]——柔性铰链的位移向量；

　　　[f]——施加的外部载荷向量；

　　　[c]——柔性铰链的柔度矩阵。

位移向量 [u] 的分量形式为

$$[u] = [x \quad y \quad z \quad \theta_x \quad \theta_y \quad \theta_z]^T \qquad (4.12)$$

式中　x、y、z——柔性铰链在 x、y、z 轴三个方向的直线位移；

　　θ_x、θ_y、θ_z——柔性铰链绕 x、y、z 轴三个方向的转动角度。

载荷向量 [f] 的分量形式为

$$[f] = [F_x \quad F_y \quad F_z \quad M_x \quad M_y \quad M_z]^T \qquad (4.13)$$

式中　F_x、F_y、F_z——沿 x、y、z 轴三个方向的外部作用力；

　　M_x、M_y、M_z——绕 x、y、z 轴三个方向的作用力矩。

根据相关参考文献可知，一般柔性铰链在其局部坐标系中的柔度矩阵 [c] 可以定义为

$$[c] = \begin{bmatrix} \dfrac{\mathrm{d}x}{\mathrm{d}F_x} & 0 & 0 & 0 & 0 & 0 \\ 0 & \dfrac{\mathrm{d}y}{\mathrm{d}F_y} & 0 & 0 & 0 & \dfrac{\mathrm{d}y}{\mathrm{d}M_z} \\ 0 & 0 & \dfrac{\mathrm{d}z}{\mathrm{d}F_z} & 0 & \dfrac{\mathrm{d}z}{\mathrm{d}M_y} & 0 \\ 0 & 0 & 0 & \dfrac{\mathrm{d}\theta_x}{\mathrm{d}M_x} & 0 & 0 \\ 0 & 0 & \dfrac{\mathrm{d}\theta_y}{\mathrm{d}F_z} & 0 & \dfrac{\mathrm{d}\theta_y}{\mathrm{d}M_y} & 0 \\ 0 & \dfrac{\mathrm{d}\theta_z}{\mathrm{d}F_y} & 0 & 0 & 0 & \dfrac{\mathrm{d}\theta_z}{\mathrm{d}M_z} \end{bmatrix} \qquad (4.14)$$

另外，柔性铰链在局部坐标系中的刚度矩阵 [k] 可通过柔度矩阵的逆获得：

$$[k] = [c]^{-1} \qquad (4.15)$$

对于直板型柔性铰链，其结构模型与尺寸参数如图 4.25a 所示，l、b、t 分别表示直板型柔性铰链的长度、宽度和厚度。直板型柔性铰链在其局部坐标系中的柔度矩阵 [c] 可以通过下面公式确定。

$$\Delta x = \int_x \frac{F_x}{EA}\mathrm{d}x = \frac{l}{Etb}F_x = \frac{\mathrm{d}x}{\mathrm{d}F_x}F_x \qquad (4.16)$$

$$\Delta y = \int_x \frac{\mathrm{d}y}{\mathrm{d}x}\mathrm{d}x + \frac{k_1}{G}\int_x \frac{F_y}{A}\mathrm{d}x$$

$$= \left(\frac{l^3}{3EI_z} + \frac{k_1 l}{Gbt} \right)F_y + \frac{l^2}{2EI_z}M_z$$

$$= \frac{\mathrm{d}y}{\mathrm{d}F_y}F_y + \frac{\mathrm{d}y}{\mathrm{d}M_z}M_z \qquad (4.17)$$

$$\Delta z = \int_x \frac{\mathrm{d}z}{\mathrm{d}x}\mathrm{d}x + \frac{k_1}{G}\int_x \frac{F_z}{A}\mathrm{d}x$$

$$= \left(\frac{l^3}{3EI_y} + \frac{k_1 l}{Gbt}\right)F_z - \frac{l^2}{2EI_y}M_y$$

$$= \frac{\mathrm{d}z}{\mathrm{d}F_z}F_z + \frac{\mathrm{d}z}{\mathrm{d}M_y}M_y \tag{4.18}$$

$$\Delta\theta_x = \int_x \frac{M_x}{GJ_x}\mathrm{d}x = \frac{l}{GJ_x}M_x = \frac{l}{Gk_2 bt^3}M_x = \frac{\mathrm{d}\theta_x}{\mathrm{d}M_x}M_x \tag{4.19}$$

$$\Delta\theta_y = \frac{\mathrm{d}z}{\mathrm{d}x} = \int_x \frac{M_y(x)}{EI_y}\mathrm{d}x = -\frac{l^2}{2EI_y}F_z + \frac{l}{EI_y}M_y = \frac{\mathrm{d}\theta_y}{\mathrm{d}F_z}F_z + \frac{\mathrm{d}\theta_y}{\mathrm{d}M_y}M_y \tag{4.20}$$

$$\Delta\theta_z = \frac{\mathrm{d}y}{\mathrm{d}x} = \int_x \frac{M_z(x)}{EI_z}\mathrm{d}x = \frac{l^2}{2EI_z}F_y + \frac{l}{EI_z}M_z = \frac{\mathrm{d}\theta_z}{\mathrm{d}F_y}F_y + \frac{\mathrm{d}\theta_z}{\mathrm{d}M_z}M_z \tag{4.21}$$

式中　E——柔性铰链材料弹性模量；

$\quad\quad G$——柔性铰链材料剪切模量；

$\quad\quad A$——柔性铰链横截面积；

$\quad\quad I$——柔性铰链截面惯性矩；

$\quad\quad J$——柔性铰链截面极惯性矩；

$\quad\quad \theta$——柔性铰链力作用点的转动角度；

$\quad\quad k_1$——剪切变形的形状因子；

$\quad\quad k_2$——扭转变形的形状因子。

在外力 F_x 作用下由于拉伸或压缩导致直板型柔性铰链沿 x 轴方向产生线性变形，其柔度公式如下：

$$\frac{\mathrm{d}x}{\mathrm{d}F_x} = \frac{l}{Ebt} \tag{4.22}$$

在外力 F_y 作用下由于弯曲或剪切导致直板型柔性铰链沿 y 轴方向产生线性变形，其柔度公式如下：

$$\frac{\mathrm{d}y}{\mathrm{d}F_y} = \frac{4l^3}{Ebt^3} + \frac{k_1 l}{Gbt} \tag{4.23}$$

在力矩 M_z 作用下导致直板型柔性铰链沿 y 轴方向产生线性变形，其柔度公式如下：

$$\frac{\mathrm{d}y}{\mathrm{d}M_z} = \frac{6l^2}{Ebt^3} \tag{4.24}$$

在外力 F_z 作用下由于弯曲或剪切导致直板型柔性铰链沿 z 轴方向产生线性变形，其柔度公式如下：

$$\frac{\mathrm{d}z}{\mathrm{d}F_z} = \frac{4l^3}{Eb^3 t} + \frac{k_1 l}{Gbt} \tag{4.25}$$

在力矩 M_y 作用下导致直板型柔性铰链沿 z 轴方向产生线性变形，其柔度公式如下：

$$\frac{\mathrm{d}z}{\mathrm{d}M_y} = -\frac{6l^2}{Eb^3 t} \tag{4.26}$$

在力矩 M_x 作用下导致直板型柔性铰链沿 x 轴方向产生角变形，其柔度公式如下：

$$\frac{\mathrm{d}\theta_x}{\mathrm{d}M_x} = \frac{l}{k_2 Gbt^3} \tag{4.27}$$

在外力 F_z 作用下导致直板型柔性铰链沿 y 轴方向产生角变形，其柔度公式如下：

$$\frac{\mathrm{d}\theta_y}{\mathrm{d}F_z} = -\frac{6l^2}{Eb^3 t} \tag{4.28}$$

在力矩 M_y 作用下导致直板型柔性铰链沿 y 轴方向产生角变形，其柔度公式如下：

$$\frac{\mathrm{d}\theta_y}{\mathrm{d}M_y} = \frac{12l}{Eb^3 t} \tag{4.29}$$

在外力 F_y 作用下导致直板型柔性铰链沿 z 轴方向产生角变形，其柔度公式如下：

$$\frac{\mathrm{d}\theta_z}{\mathrm{d}F_y} = \frac{6l^2}{Ebt^3} \tag{4.30}$$

在力矩 M_z 作用下导致直板型柔性铰链沿 z 轴方向产生角变形，其柔度公式如下：

$$\frac{\mathrm{d}\theta_z}{\mathrm{d}M_z} = \frac{12l}{Ebt^3} \tag{4.31}$$

将式（4.22）~式（4.31）代入式（4.14）中，便可得到直板型柔性铰链的柔度矩阵。

对于正圆型柔性铰链，其结构模型与尺寸参数如图 4.25b 所示，R、b、t 分别表示正圆型柔性铰链的半径、宽度和最小厚度。若令 $s = t/R$，则正圆型柔性铰链在其局部坐标系中的柔度矩阵 $[c]$ 可以通过下面公式确定。

在外力 F_x 作用下由于拉伸或压缩导致正圆型柔性铰链沿 x 轴方向产生线性变形，其柔度公式如下：

$$\frac{\mathrm{d}x}{\mathrm{d}F_x} = \frac{1}{Eb}\left[\frac{2(2s+1)}{\sqrt{4s+1}}\arctan\sqrt{4s+1} - \frac{\pi}{2}\right] \tag{4.32}$$

在外力 F_y 作用下由于弯曲或剪切导致正圆型柔性铰链沿 y 轴方向产生线性变形，其柔度公式如下：

$$\frac{\mathrm{d}y}{\mathrm{d}F_y} = \left(\frac{\mathrm{d}y}{\mathrm{d}F_y}\right)_\sigma + \left(\frac{\mathrm{d}y}{\mathrm{d}F_y}\right)_\tau \tag{4.33}$$

其中，在外力 F_y 作用下由于弯曲导致正圆型柔性铰链沿 y 轴方向产生线性变形，其柔度公式如下：

$$\left(\frac{\mathrm{d}y}{\mathrm{d}F_y}\right)_\sigma = \frac{12}{Eb}\left[\frac{s(24s^4 + 24s^3 + 22s^2 + 8s + 1)}{2(2s+1)(4s+1)^2} + \right.$$
$$\left. \frac{(2s+1)(24s^4 + 8s^3 - 14s^2 - 8s - 1)}{2(4s+1)^{\frac{5}{2}}}\arctan\sqrt{4s+1} + \frac{\pi}{8}\right] \tag{4.34}$$

在外力 F_y 作用下由于剪切导致正圆型柔性铰链沿 y 轴方向产生线性变形，其柔度公式如下：

$$\left(\frac{\mathrm{d}y}{\mathrm{d}F_y}\right)_\tau = \frac{1}{Gb}\left[\frac{2(2s+1)}{\sqrt{4s+1}}\arctan\sqrt{4s+1} - \frac{\pi}{2}\right] \tag{4.35}$$

在力矩 M_z 作用下导致正圆型柔性铰链沿 y 轴方向产生线性变形，其柔度公式如下：

$$\frac{\mathrm{d}y}{\mathrm{d}M_z} = -\frac{12}{EbR}\left[\frac{2s^3(6s^2+4s+1)}{(2s+1)(4s+1)^2} + \frac{12s^4(2s+1)}{(4s+1)^{\frac{5}{2}}}\arctan\sqrt{4s+1}\right] \tag{4.36}$$

在外力 F_z 作用下由于弯曲或剪切导致正圆型柔性铰链沿 z 轴方向产生线性变形，其柔度公式如下：

$$\frac{\mathrm{d}z}{\mathrm{d}F_z} = \left(\frac{\mathrm{d}z}{\mathrm{d}F_z}\right)_\sigma + \left(\frac{\mathrm{d}z}{\mathrm{d}F_z}\right)_\tau \tag{4.37}$$

其中，在外力 F_z 作用下由于弯曲导致正圆型柔性铰链沿 z 轴方向产生线性变形，其柔度公式如下：

$$\left(\frac{\mathrm{d}z}{\mathrm{d}F_z}\right)_\sigma = \frac{12R^2}{Eb^3}\left[\frac{2s+1}{2s} + \frac{(2s+1)(4s^2-4s-1)}{2s^2\sqrt{4s+1}}\arctan\sqrt{4s+1} - \frac{2s^2-4s-1}{8s^2}\pi\right]$$

$$\tag{4.38}$$

在外力 F_z 作用下由于剪切导致正圆型柔性铰链沿 z 轴方向产生线性变形，其柔度公式如下：

$$\left(\frac{\mathrm{d}z}{\mathrm{d}F_z}\right)_\tau = \frac{1}{Gb}\left[\frac{2(2s+1)}{\sqrt{4s+1}}\arctan\sqrt{4s+1} - \frac{\pi}{2}\right] \tag{4.39}$$

在力矩 M_y 作用下导致正圆型柔性铰链沿 z 轴方向产生线性变形，其柔度公式如下：

$$\frac{\mathrm{d}z}{\mathrm{d}M_y} = \frac{12R}{Eb^3}\left[\frac{2(2s+1)}{\sqrt{4s+1}}\arctan\sqrt{4s+1} - \frac{\pi}{2}\right] \tag{4.40}$$

在力矩 M_x 作用下导致正圆型柔性铰链沿 x 轴方向产生的线性变形可以忽略不计，所以其柔度近似为 0，即

$$\frac{\mathrm{d}\theta_x}{\mathrm{d}M_x} = 0 \tag{4.41}$$

在外力 F_z 作用下导致正圆型柔性铰链沿 y 轴方向产生角变形，其柔度公式如下：

$$\frac{\mathrm{d}\theta_y}{\mathrm{d}F_z} = R\frac{\mathrm{d}\theta_y}{\mathrm{d}M_y} = \frac{12R}{Eb^3}\left[\frac{2(2s+1)}{\sqrt{4s+1}}\arctan\sqrt{4s+1} - \frac{\pi}{2}\right] \tag{4.42}$$

在力矩 M_y 作用下导致正圆型柔性铰链沿 y 轴方向产生角变形，其柔度公式如下：

$$\frac{\mathrm{d}\theta_y}{\mathrm{d}M_y} = \frac{12}{Eb^3}\left[\frac{2(2s+1)}{\sqrt{4s+1}}\arctan\sqrt{4s+1} - \frac{\pi}{2}\right] \tag{4.43}$$

在外力 F_y 作用下导致正圆型柔性铰链沿 z 轴方向产生角变形，其柔度公式如下：

$$\frac{\mathrm{d}\theta_z}{\mathrm{d}F_y} = -R\frac{\mathrm{d}\theta_z}{\mathrm{d}M_z} = -\frac{12}{EbR}\left[\frac{2s^3(6s^2+4s+1)}{(2s+1)(4s+1)^2} + \frac{12s^4(2s+1)}{(4s+1)^{\frac{5}{2}}}\arctan\sqrt{4s+1}\right] \tag{4.44}$$

在力矩 M_z 作用下导致正圆型柔性铰链沿 z 轴方向产生角变形，其柔度公式如下：

$$\frac{\mathrm{d}\theta_z}{\mathrm{d}M_z} = \frac{12}{EbR^2}\left[\frac{2s^3(6s^2+4s+1)}{(2s+1)(4s+1)^2} + \frac{12s^4(2s+1)}{(4s+1)^{\frac{5}{2}}}\arctan\sqrt{4s+1}\right] \tag{4.45}$$

将式（4.32）~式（4.45）代入式（4.14）中，便可得到正圆型柔性铰链的柔度矩阵。

4.3.3　仿生步进压电执行器设计范例

基于上节的介绍，根据结构组成和驱动原理的不同，仿生步进压电执行器主要可以分为尺蠖式仿生步进压电执行器、海豹式仿生步进压电执行器和惯性式仿生步进压电执行器。本节介绍这三类仿生步进压电执行器的基本结构组成、驱动原理以及三者之间的联系。

1. 尺蠖式仿生步进压电执行器

尺蠖式仿生步进压电执行器是模仿自然界中的昆虫尺蠖的爬行方式而产生的一种步进压电执行器。图 4.26 所示为尺蠖式仿生步进压电执行器仿生原型，尺蠖拥有一个细长且易弯曲的身体和若干靠近身体头部的前足及若干靠近身体尾部的后足。当尺蠖向前爬行时，它首先用后足抓住树枝，然后将弯曲的身体向前伸直并使其前足向前运动，接着用前足抓住树枝，再将后足从树枝上松开，继而将其身体向前弯曲并使其后足向前运动，最后它再次用后足抓住树枝。经过这一系列动作，尺蠖便向前爬行了一步，通过不断重复该过程，尺蠖便可以持续向前爬行。尺蠖式仿生步进压电执行器便是模仿尺蠖这样的前进方式，它装有一个进给单元和两个钳位单元，分别对应尺蠖细长且易弯曲的身体和前、后足。

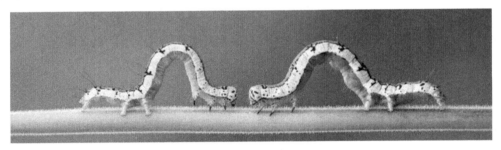

图 4.26　尺蠖式仿生步进压电执行器仿生原型

根据进给单元和两个钳位单元的位置关系，尺蠖式仿生步进压电执行器可以分为三种类型：爬行式仿生步进压电执行器、推进式仿生步进压电执行器和混合式仿生步进压电执行器，其结构组成和工作原理如图 4.27 所示。对于爬行式仿生步进压电执行器，其进给单元和两个钳位单元都装配在动子上，并在工作过程中随动子一起运动，如图 4.27a 所示。对于推进式仿生步进压电执行器，其进给单元和两个钳位单元则都装配在定子上，并在工作过程中与定子保持静止，如图 4.27b 所示。混合式仿生步进压电执行器则是爬行式仿生步进压电执行器和推进式仿生步进压电执行器的混合产物，其动子和定子上都装配有进给单元或钳位单元，如图 4.27c 所示。三种尺蠖式仿生步进压电执行器的工作原理类似，下面详细介绍爬行式仿生步进压电执行器运行过程。

1）执行器处于初始状态。

2）左侧钳位单元通电伸长并使动子钳位位于定子上。

3）进给单元通电向右伸展并推动右侧钳位单元向右运动。

4）右侧钳位单元通电伸长并使动子钳位位于定子上。

5）左侧钳位单元断电收缩并与定子分离。

6）进给单元断电向右收缩并拉动左侧钳位单元向右运动。

7）左侧钳位单元再次通电伸长并使动子钳位于定子上。

8）右侧钳位单元断电收缩并与定子分离，执行器状态返回到步骤1）。

经过以上过程，爬行式仿生步进压电执行器向前运动了一个步长，通过不断重复该过程，爬行式仿生步进压电执行器便可以一步一步向前累积，最终到达合适的位置。通过调节进给单元和两个钳位单元的运行时序，爬行式仿生步进压电执行器的反向步进运动同样可以实现。通常，用于驱动尺蠖式仿生步进压电执行器的信号波是矩形波或梯形波。根据图4.27b 和图4.27c，同样可以获得推进式仿生步进压电执行器和混合式仿生步进压电执行器的工作原理。

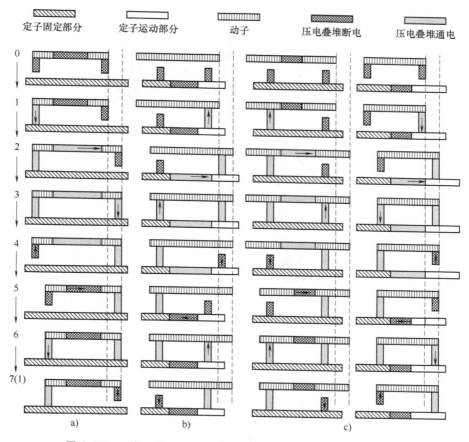

图 4.27 三种尺蠖式仿生步进压电执行器的结构组成和工作原理
a）爬行式仿生步进压电执行器 b）推进式仿生步进压电执行器 c）混合式仿生步进压电执行器

2. 海豹式仿生步进压电执行器

尺蠖式仿生步进压电执行器由一个进给单元和两个钳位单元组成，并且这两个钳位单元都为间歇式钳位机构。若将其中一个间歇式钳位机构更换为持续式钳位机构，则尺蠖式仿生步进压电执行器被转换为海豹式仿生步进压电执行器。也就是说，海豹式仿生步进压电执行器由一个进给单元、一个间歇式钳位单元和一个持续式钳位单元组成。

海豹式仿生步进压电执行器是模仿海洋中的哺乳动物海豹的爬行方式而开发出的一种步进压电执行器。图4.28 所示为海豹式仿生步进压电执行器的仿生原型，海豹拥有一个可以

145

伸缩的身体和一对发达的前足，其后足已经退化。当海豹向前爬行时，它首先用前足抓住沙滩，然后收缩其身体并拖动其后足及尾部向前运动，接着它将前足从沙滩上松开，继而伸展身体并推动其前足及头部向前运动，最后它再次用前足抓住沙滩。经过这一系列动作，海豹便向前爬行了一步，通过不断重复该过程，海豹便可以持续向前爬行。海豹式仿生步进压电执行器便是模仿海豹这样的前进方式，它装有一个进给单元、一个间歇式钳位单元和一个持续式钳位单元，分别对应海豹可以伸缩的身体、一对发达的前足和已经退化的后足。

图 4.28　海豹式仿生步进压电执行器的仿生原型

　　同样地，根据进给单元、间歇式钳位单元和持续式钳位单元的位置关系，海豹式仿生步进压电执行器可以分为三种类型：爬行式仿生步进压电执行器、推进式仿生步进压电执行器和混合式仿生步进压电执行器，其结构组成和工作原理如图 4.29 所示。对于爬行式仿生步进压电执行器，其进给单元、间歇式钳位单元和持续式钳位单元都装配于动子上，并在工作过程中随动子一起运动，如图 4.29a 所示。对于推进式仿生步进压电执行器，其进给单元、间歇式钳位单元和持续式钳位单元则都装配在定子上，并在工作过程中与定子保持静止，如图 4.29b 所示。混合式仿生步进压电执行器则是爬行式仿生步进压电执行器和推进式仿生步进压电执行器的混合产物，其动子和定子上都装配有进给单元、间歇式钳位单元或持续式钳位单元，如图 4.29c 所示。三种海豹式仿生步进压电执行器的工作原理类似，下面详细介绍爬行式仿生步进压电执行器运行过程。

　　1）执行器处于初始状态。

　　2）进给单元通电向右伸展并推动右侧间歇式钳位单元向右运动。

　　3）右侧间歇式钳位单元通电伸长并使动子钳位位于定子上。

　　4）进给单元断电向右收缩并拉动左侧持续式钳位单元向右运动。

　　5）右侧间歇式钳位单元断电收缩并与定子分离，执行器状态返回到步骤 1）。

　　经过以上过程，爬行式仿生步进压电执行器向前运动了一个步长，通过不断重复该过程，爬行式仿生步进压电执行器便可以一步一步向前累积，最终到达合适的位置。通过调节进给单元和间歇式钳位单元的运行时序，爬行式仿生步进压电执行器的反向步进运动同样可以实现。通常，用于驱动海豹式仿生步进压电执行器的信号波是矩形波、梯形波或三角波。根据图 4.29b 和图 4.29c，同样可以获得推进式仿生步进压电执行器和混合式仿生步进压电执行器的工作原理。

　　3. 惯性式仿生步进压电执行器

　　海豹式仿生步进压电执行器由一个进给单元、一个间歇式钳位单元和一个持续式钳位单元组成，若将其中的间歇式钳位单元更换为一个惯性块，则海豹式仿生步进压电执行器被转

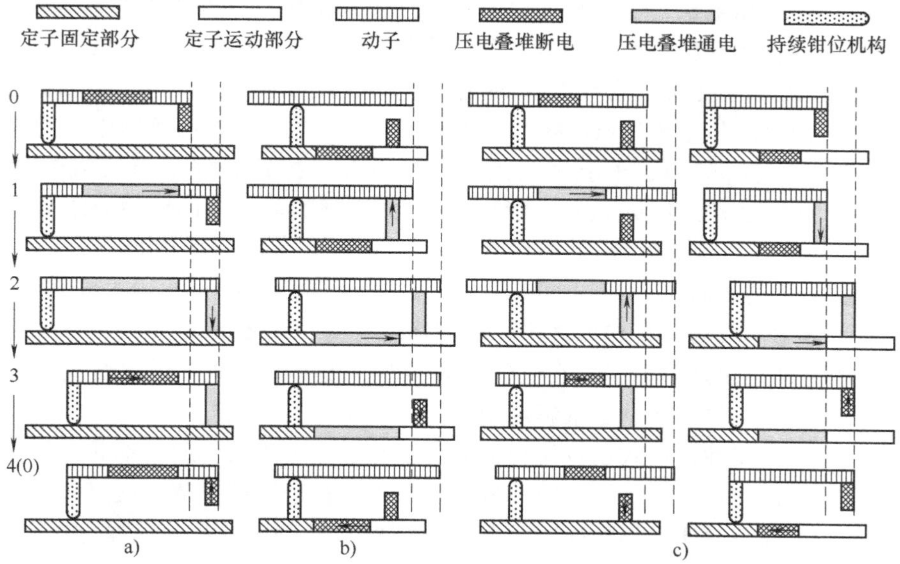

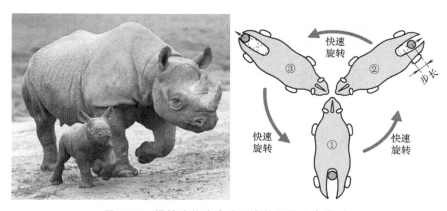

图4.29　三种海豹式仿生步进压电执行器的结构组成和工作原理

a）爬行式仿生步进压电执行器　b）推进式仿生步进压电执行器　c）混合式仿生步进压电执行器

换为惯性式仿生步进压电执行器。也就是说，惯性式仿生步进压电执行器由一个进给单元、一个持续式钳位单元和一个惯性块组成。

在自然界中，有许多动物利用惯性来实现某些目的的例子，例如，狗利用惯性来摆脱毛发上的水滴；更为典型的例子是犀牛利用惯性来帮助分娩。由于缺乏外部拉力，犀牛很难快速分娩。犀牛会通过多次旋转身体，甩臀以加速分娩过程。在自身惯性的作用下，幼仔会被一步一步地甩出产道。模仿犀牛的分娩方式，研制了惯性式仿生步进压电执行器。图4.30所示为惯性式仿生步进压电执行器仿生原型。

图4.30　惯性式仿生步进压电执行器仿生原型

同样地，根据进给单元、持续式钳位单元和惯性块的位置关系，惯性式仿生步进压电执行器可以分为三种类型：爬行式仿生步进压电执行器、推进式仿生步进压电执行器和混合式仿生步进压电执行器，其结构组成和工作原理如图4.31所示。人们习惯性地把爬行式惯性压电执行器称为惯性冲击式压电执行器，把推进式惯性压电执行器称为惯性黏滑式压电执行器。对于惯性冲击式压电执行器，其进给单元、持续式钳位单元和惯性块都装配在动子上，并在工作过程中随动子一起运动，如图 4.31a 所示。对于惯性黏滑式压电执行器，其进给单元、持续式钳位单元和惯性块则都装配在定子上，并在工作过程中与定子保持静止，如图 4.31b 所示。混合式仿生步进压电执行器则是惯性冲击式压电执行器和惯性黏滑式压电执行器的混合产物，其动子和定子上都装配有进给单元、持续式钳位单元或惯性块，如图 4.31c 所示。三种惯性式仿生步进压电执行器的工作原理类似，下面详细介绍惯性冲击式压电执行器运行过程。

1) 执行器处于初始状态。

2) 进给单元通电向右缓慢伸展并推动右侧惯性块向右缓慢运动。

3) 进给单元断电迅速收缩，并在惯性块的惯性作用下，拉动左侧持续式钳位单元向右运动，该动作完成后，执行器状态重新返回到步骤 1)。

经过以上过程，惯性冲击式压电执行器向前运动了一个步长，通过不断重复该过程，惯性冲击式压电执行器便可以一步一步向前累积，最终到达合适的位置。通过调节进给单元和持续式钳位单元的运行时序，惯性冲击式压电执行器的反向步进运动同样可以实现。通常，用于驱动惯性式仿生步进压电执行器的信号波是锯齿波（包括升锯齿波和降锯齿波）。根据图 4.31b 和图 4.31c，同样可以获得惯性黏滑式压电执行器和混合式仿生步进压电执行器的工作原理。

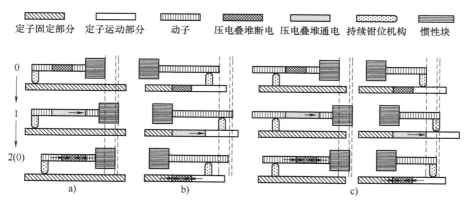

图 4.31　三种惯性式仿生步进压电执行器的结构组成和工作原理

a) 爬行式仿生步进压电执行器　b) 推进式仿生步进压电执行器　c) 混合式仿生步进压电执行器

4.4　构材结构仿生设计

生物构材包括单材、多材、复合材等。不同的成分按照一定的结构特点复合出的生物材料，往往能表现出超乎想象的卓越性能。对生物材料进行观察、测试、分析、计算、归纳和抽象，从中找出各种优秀结构形式和生化过程，发现更多的新概念，发掘更多的新规律，就是构材结构仿生设计的主要研究内容。本节以梯度结构仿生材料设计过程为例进行介绍。

功能梯度材料发展至今已有几十年的历史，20 世纪 70 年代美国麻省理工学院的研究学者最早提出复合材料在组成和结构特性上可能实现梯度复合，并分析了一些梯度复合材料的性质及潜在应用。到 20 世纪 80 年代，日本科学家提出了关于功能梯度材料的研究计划，并在日本科技厅"关于开发缓和热应力的功能梯度材料的基础技术研究"计划中开始实施。项目主要用于研究航天飞机的耐高温功能梯度材料，由于陶瓷和金属在热膨胀系数、韧性及强度等方面均有很大差异，将两者直接连接极易由于过大的热应力导致开裂或剥落失效，因此在两种材料间设置一个膨胀系数缓和区以降低热应力，提高两种材料的连接强度。此后功能梯度材料的热度逐年提高，自20世纪90年代开始，功能梯度材料逐渐受到越来越多的学者关注。目前功能梯度材料以金属/陶瓷、金属/金属、陶瓷/陶瓷等材料体系为主。已经可以根据服役要求设计制造出满足耐高温、高强度、抗腐蚀、轻量化等多功能、多性能耦合的梯度构件，在航空航天、医疗、汽车制造，以及光电子等领域表现出了极大的应用潜力。

4.4.1　梯度的一般性质

功能梯度的主要特征是创建分布在材料中的特定位置属性，这些属性源于成分、微观结构和几何形状等因素的变化。功能梯度材料（FGM）是选用两种或两种以上性能不同的均质材料，通过逐步改变这两种（或多种）材料的成分或/和结构，使得材料性能随着材料的组成或/和结构的变化而改变，形成具有性能变化特征的功能梯度材料。功能梯度材料的性能由材料的一端到另一端的变化形式既可以为非连续式，也可以为连续式，如图4.32a和b所示，通过不同的梯度设计可以使材料性能呈现出阶梯式或渐变式。梯度过渡的形式主要分为成分梯度、分布梯度、尺寸/结构梯度，以及取向梯度，如图4.32c~f所示，其中图4.32c所示为成分梯度，通过逐级改变材料成分，实现一种材料向另一种材料的过渡。图4.32d所示为阵列梯度。图4.32e所示为孔洞分布梯度，材料内一般通过添加增强相来改变材料性能，通过调整增强相的分布实现梯度材料的性能变化，例如在金属中添加陶瓷颗粒，增强金属的耐高温耐磨损性能。图4.32f所示为尺寸/结构梯度，从一端向另一端改变晶粒的尺寸/形态，或改变材料的孔隙率等结构满足不同位置的性能需求。图4.32g所示为取向梯度，改变材料内的微观组织取向或纤维等增强相的方向实现材料不同位置在方向上的力学性能变化。图4.32h所示为界面梯度。

功能梯度材料在维度上可以分为一维、二维和三维。在梯度材料中，一维梯度材料可以用直线坐标完全描述其成分变化方向，而二维和三维梯度材料分别用面（二维坐标）和体（三维坐标）完全描述其梯度过渡方向。将梯度材料的类型及梯度材料的扩展维度相结合，这将极大地提高功能梯度材料的设计灵活性，使得功能梯度材料能够在材料内部的特定区域提供该位置所需的力学性能，能够充分满足极端环境下服役的构件在不同部位需要不同性能的苛刻要求。

4.4.2　仿生梯度材料设计原理

功能梯度材料的概念在工程设计中较为新颖。自然界为生物体提供了一个丰富的资源库，使其能在材料中创造梯度，这些梯度涵盖了众多可变的化学、结构和几何因素。尽管存在这些变化，但自然界中的梯度基本设计在广泛的生物材料中表现出惊人的一致性，这反映了趋同进化的现象。在材料设计和发展过程中，梯度本质上与两个主要因素的变化有关，即化学成分和结构特性，后者涉及结构单元的排列、分布、尺寸和方向（图4.32c~g）。此

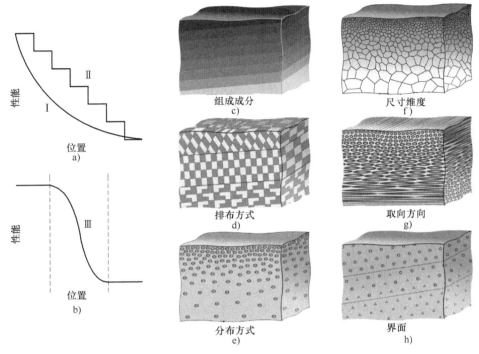

图 4.32　功能梯度材料的局部性质特征和梯度过渡形式

外，界面在维持结构完整性和支持生物材料的特定功能方面起着关键作用。实际上，在这些界面上加入渐进过渡是一个常见的设计方法，如图 4.32h 所示。此外，生物材料的非凡特性通常是不同形式的多个梯度整合的产物，这些梯度巧妙地组合在一系列长度尺度上。

1. 化学成分

生物材料中的大多数梯度都与局部化学成分的变化有关。这些变化包括生物矿物质、无机离子、生物分子的类型和浓度，以及水合水平等一系列化学因素，通过调节这些因素可以实现局部特性的精确控制。在多种化学梯度中，通过将较硬的生物矿物质定位于承受较大机械应力和磨损的区域，可以调控生物材料的矿化程度。这对于需要高硬度和高耐磨性的表面尤为重要。这种方法基于生物矿化过程，广泛应用于高度矿化的组织中。

除了矿化程度外，还可通过对局部成分的精细调节，产生更复杂的化学梯度，特别是对于中等或低矿化水平的生物材料。鉴于生物矿化过程可能受矿物质稀缺的限制，生物体通常通过在分子水平上调整生物聚合物的键合状态来控制局部材料特性。具体来说，无机离子在相邻蛋白质侧链间形成配位交联起到关键作用。

离子含量的梯度被应用于各种基于生物聚合物的材料中，以优化其功能。典型例子包括蜘蛛牙和蠕虫颚。参与分子间配位络合物形成的无机离子，如 Zn、Cu 和 Cl，在这些组织中靠近尖端和外围区域更为集中，而底部和内部则较少，从而形成交联密度梯度。富含离子的区域通常对应于捕食和咀嚼过程中承受较高应力的部位，由于离子与生物聚合物间的强键合，这些部位会变得更硬，有利于增强抗冲击性和耐磨性。与此同时，参与这些离子相互作用的生物分子，如组氨酸残基，表现出类似的不均匀空间分布，导致类似于海蚕颚骨的趋势。这种化学变化的共存产生了协同效应，形成特定位点的键合状态和所得特性的梯度。在非矿化生物材料中，生物分子的种类和含量对其性质起主导作用。

　　水化程度是另一个重要的变量，可以调节以诱导梯度特性，特别是考虑到生物聚合物的性能对含水量的高度依赖性。以鱿鱼喙为例，这种材料是已知最坚硬的全有机材料之一。鱿鱼喙由几丁质、水和具有化学交联的蛋白质组成，其结构已经进化到在捕食中对猎物造成伤害的同时减轻喙基部和颊部之间的自我损伤。其中，富含组氨酸的蛋白质具有疏水性，负责形成浸渍几丁质网络的化学交联和凝聚物，其含量从喙尖到基部逐渐降低，而水合程度则呈现相反的变化趋势，如图4.33所示（图中DgCBPs为巨型鱿鱼 Dosidicus Gigas 的几丁质结合蛋白质，DgHBPs为巨型鱿鱼 Dosidicus Gigas 的富含组氨酸的蛋白质），同时鱿鱼喙的颜色也表现出明显的变化，从翼缘的半透明变为尖端的黑色。因此，从水合的几丁质基部到脱水的远端喙部，刚度增加了200倍，实现了从坚硬的植入物到软组织的平滑过渡。

　　许多生物材料在不同方向上表现出不同的化学梯度。例如，贻贝的足丝就是这种情况，如图4.33b所示。足丝的功能是通过介导坚硬插入物（如岩石）和柔软活组织之间的接触，为贻贝提供牢固附着。沿足丝的长度方向含有坚硬丝素蛋白结构域的蛋白质在远端部分富集，而含有弹性蛋白结构域的蛋白质在近端部分占主导地位。这种倒置分布导致足丝的远端刚度比近端刚度降低了10倍，有助于补偿岩石与牵引肌肉之间的不匹配。相反，在横截面方向上，科学家发现贻贝足丝是一种蛋白质-金属配位复合物，含有高浓度的3，4-二羟基苯丙氨酸（DOPA），其原料——液态原蛋白是由贝足内的可流动的微米级分泌囊泡产生，短短几分钟即可通过纵向微导管（LDs）内的纤毛运输分泌出来。足丝蛋白之所以黏附牢固是因为贻黏黏贝利用了铁、钒离子形成具有强大黏合力的 DOPA-金属配位键。此处，颗粒内的交联密度相对高于基质。因此，足丝的角质层具有颗粒赋予的高硬度和交联较少的基质提供的卓越延展性。

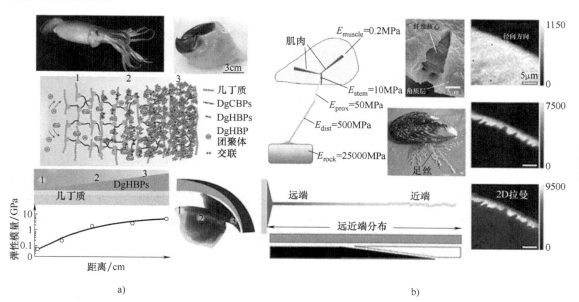

图 4.33　生物分子在生物材料中的同时适应和水合作用以及沿不同方向的化学梯度

2. 结构特点

给定化学成分，材料的性质主要由其纳米/微米级结构决定。物理冶金学中 Hall-Petch

关系表明了结构的关键作用，即屈服强度与晶体材料中晶粒尺寸的平方根成反比。从表面到内部的晶粒尺寸梯度使材料兼顾强度和延展性，这是传统均质材料无法实现的。生物材料表现出相当复杂的结构多样性和分级结构，因此，可以灵活选择来调整其微观结构。尽管如此，结构梯度的产生基本上与基本特征的四个方面（即结构单元的排列、分布、尺寸和方向）有关。

1）通过调整成分的局部排列，生物材料能够产生特定部位的特性，即使不改变化学成分，也能提高其性能。就长度尺度而言，在生物材料的原子或分子水平上也可以发生梯度排列。此外，生物材料成分的排列使其对各种环境刺激的功能适应成为可能。一个典型的例子是基于生物聚合物的小麦芒，它在种子传播中起着关键作用，因为它在种子落下时平衡了传播单元，并将种子推向地面。在芒的下部，纤维素原纤维沿着帽状物的长轴排列得很好，但在脊部随机排列。这种不对称的排列导致不同区域在暴露于日常湿度循环时产生不均匀的膨胀，从而诱导芒的周期性运动，例如，随着湿度的增加而长度膨胀，将芒推到一起，随着干燥而收缩，将芒拉开，从而提供流动性，将种子驱入土壤进行传播。

2）生物材料在生态条件下以细胞、纤维、管状等形式进化出多个结构单元，以满足其特定功能。这些单元的空间分布与局部属性密切相关，并已广泛调整以产生梯度。其特点是：在广泛的生物材料中，存在特定部位的孔隙率，通过这种孔隙率，刚度通常与开孔泡沫的相对密度的平方成比例，通过这种孔隙度可以得到精细的调整。与孔相反，纤维或纤维束通常具有强化作用，但它们的分布在生物材料中也受到广泛调节。

3）生物材料的许多特性和功能很大程度上取决于其成分的尺寸。这为通过改变其特征结构尺寸来开发这些材料的梯度提供了一种可行的方法。具体来说，对于具有层状结构的生物材料来说，调控层厚是一种常见的策略。除此之外，尺寸梯度还被用于具有更广泛结构的生物材料中，其中相关尺寸延伸到多个长度尺度，直至纳米级。

4）大多数生物材料由各向异性结构单元组成，如纤维、薄片、血小板和小管，其特性在很大程度上取决于取向。调整这些单元的方向为控制其局部属性提供了进一步的途径，从而提供了新的梯度源来赋予特定功能。梯度取向也被广泛用于各种抗冲击生物材料中，如穿山甲和鱼鳞等天然防御盔甲，以及作为螳螂虾附肢。这里的一般原则是最大限度地增加对对手的伤害，同时尽量减少对组织本身的伤害，同样可以通过调整局部结构方向。另一类包含取向梯度的典型结构是具有不同成分取向的层的连续排列，形成扭曲的胶合板或 Bouligand 型结构。胶合板结构的理想化形式是，每一层相对于前一层以恒定的角度扭曲，旋转完成一个或多个完整的 180° 循环，这才是真正的 Bouligand 型结构。成分取向的这种变化导致面内力学性能（如局部弹性模量）具有功能梯度，这些梯度与取向直接相关。在对称的交叉层复合材料中，优先在相邻薄片之间的界面处产生的微裂纹的发展也可以通过消除尖锐的界面来抑制梯度取向。这种 Bouligand 型结构在节肢动物外骨骼中尤为常见。

3. 梯度界面

除了整个材料体积的属性变化外，生物体还擅长设计不同组件之间界面的连续过渡。这种局部梯度的作用是使成分/结构或性质的任何突然变化变得平滑，广泛用于多种生物材料。导致梯度界面的因素可能涉及逐渐变化的化学成分和微观结构特征，以及组织的宏观纹理。这种梯度的引入对材料的整体性能非常有益，例如，通过减轻应力集中避免性能的明显不匹配，以及防止界面处的裂纹扩展。梯度界面已经发展到连接各种器官中的不同材料，牙齿就是一个典型的例子。

类似的结构和性质的连续转变已被广泛纳入连接软组织与骨的插入部位或附着点的特殊界面中，如分别将肌肉与骨骼和骨骼与骨骼连接的肌腱和韧带组织。一些化学和结构特征，如矿物含量和胶原纤维取向，在这些界面上和界面附近不断变化，导致其力学性能分级。

4. 多梯度积分

生物体通常采用极为复杂的结构，通过在与其多层次结构相匹配的多种长度尺度上组合不同类型的梯度，来生成特定部位的特性。多梯度集成能更灵活地调整局部特性，以满足特定的机械需求、功能需求及应对环境挑战。生物材料的卓越性能，尤其是与其组分相比，归因于它们精妙设计的跨多个长度尺度的分层结构。特别值得注意的是，每个结构层次中都融入了功能梯度，以系统性地调节其属性。

4.4.3　仿生梯度材料设计范例

功能梯度材料因其出色的力学性能可用于提升人工腰椎间盘置换术（Lumbar Total Disc-replacement，L-TDR）中假体的功能和力学性能。自然界中生物在长期自然选择与进化过程中巧妙地进化出梯度特征，创造了高性能材料，如自适应、坚韧、轻质高强等性能。生物组织的梯度分布特征是非常复杂的，梯度方向是空间变化的，变化模式是多元的，变化规律也呈现出非线性的特点，且与局部结构特征和组分变化密切相关。值得注意的是，生物通常通过不同形式梯度特征或多梯度组合获得了优异性能以满足生物多样的生存需求或复杂的力学与功能要求。人体骨骼也是一个典型多梯度组合的例子，其组分和结构特征从纳米尺度到宏观尺度进行跨尺度调整，在各个层面上优化局部性能，以改善其力学性能。此外，生物也利用梯度分布控制自身变形行为。受生物梯度材料的启发，功能梯度材料（Functional Gradient Materials，FGMs）已经被开发出来并在植入物领域得到应用，如骨骼和牙齿。类似地，梯度在生物椎间盘（Biological Intervertebral Disc，BIVD）中也发挥着重要作用。人体的腰椎间盘主要包括三部分：髓核，纤维环层和软骨终板。其中，髓核呈凝胶状、可产生大变形，纤维环层则由 $15 \sim 25$ 个同心层组成，这些层分别由基质和胶原纤维组成。在每一层中，纤维的角度呈梯度变化，而在相邻层中，纤维取向交替变化，整体呈现了纤维交织的精细结构特征。由于这一独特而精巧的纤维结构和材料梯度，使得人体的腰椎间盘能够承受复杂的三维生理运动载荷，如压缩、弯曲、扭转和剪切，并表现出显著的各向异性刚度特性。

针对现有人工椎间盘多采用机械关节或单一材料导致当前人工椎间盘植入后三维生理运动不匹配的问题，吉林大学任露泉院士团队基于生物 IVD（Intervertebral Disc）的纤维交织结构和基质层次梯度特征，提出了具有变刚度功能和抗疲劳性能的仿生设计策略用于再现生物 IVD 变刚度和抗疲劳的生物力学性能，利用增材制造技术分别制备了基于人体腰部设计的仿生变刚度椎间盘（BIVD-L），为匹配人体脊柱三维生理运动的新一代人工椎间盘的设计制造提供了新思路。

1. 仿生变刚度椎间盘设计

基于 CT 医学图像的采集，利用逆向工程技术实现了人体腰椎 L4-L5 节段椎骨模型和生物 IVD 模型的重建，为有限元模型的建立提供了精准的椎骨模型和为 BIVD-L 构形设计和尺

153

寸参数的确定提供依据，结合生物 IVD 结构-材料-功能的特点进而实现仿生变刚度椎间盘的结构创新设计，如图 4.34 所示。

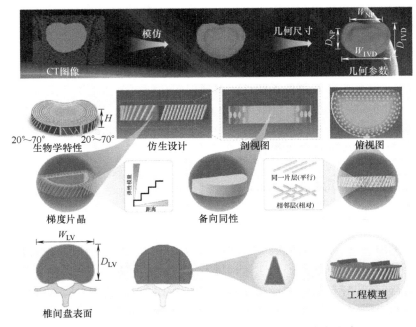

图 4.34　基于生物 IVD 结构特征的 BIVD-L 仿生设计

2. 仿生变刚度椎间盘有限元分析

利用有限元分析软件建立 L4-L5 腰椎节段的仿真模型，根据人体解剖学韧带的位置，利用 HyperMesh 软件中的 Truss 单元模拟腰椎的 7 条主要韧带，在 ABAQUS 软件中建立有限元模型的约束、载荷等。将 L4、L5 椎骨和 BIVD-L 模型之间的约束设置为 Tie 约束，同时将小关节之间的约束设置为表面-表面接触且无摩擦，通过施加 7.5N·m 的力矩模拟人体的运动载荷，并输出不同运动下的载荷-变形的关系。通过与生物 IVD 比较，展现出类似生物 IVD 的变刚度非线性特征，这为变刚度的试验测试提供了参考和依据。

3. 仿生变刚度椎间盘样件制备

对选取的材料进行了生物相容性和压缩性能测试，压缩性能测试表明，通过添加 VeroBlackPlusTM RGD 875 增加了 Agilus 30 的刚度，并能够制备刚度梯度结构，这提供了一种近似生物 IVD 软硬分布的方法。利用 Stratasys J850 多材料 3D 打印机制备 BIVD-L 物理样件，所制备的 BIVD-L 具有角层结构和多材料组分模拟了生物 IVD 变刚度的性能。基于 KUKA 机械臂系统搭建了模拟人体脊柱的三维运动的测试平台，实现了 BIVD-L 变刚度性能的测试。

4. 试验验证及机理分析

搭建变刚度性能测试试验台并进行性能测试，分析结构参数（如纤维取向角、椎间高度）和材料参数（如环层硬度）对生物 IVD 生理刚度的影响机理。研究结果表明，纤维取向角、环层硬度和椎间高度变化能够有效调控仿生椎间盘的多向刚度，这一关键发现加深了对生物 IVD 各向异性性能原理的认识，同时为未来个性化仿生 IVD 的设计制造提供了重要理论和技术支持。将测试结果与生物 IVD 比较表明，生物 IVD 可能呈现出纤维取向角内侧较小，外侧边缘较大，基质层从内向外变硬，椎间高度中间高于边缘，前部高于后部的空间分布特点。通过生物 IVD 变刚度机理的解析，加深了对人类腰椎间盘生物力学行为的认识，并可能为工程和功能应用的 L -TDR 假体刚度调控提供全新的思路。

4.5 联结结构仿生设计

生物结构包括三种联结方式，包括构件与构件、构件与构材、构件与基体。结构仿生中的结构是指产品或仿生对象各组成部分之间及部分与整体的构成关系。结构仿生通过模仿生物各部分之间的组织与构造来安排产品各部分与整体之间的关系，达到相应目的的创新设计。本节以点阵结构仿生材料设计过程为例进行介绍。

4.5.1 点阵结构材料

点阵结构材料具有出色的物理、力学、热学、光学和声学性能，其性能远超普通固体材料。其突出特点包括超轻重量、优异能量吸收、高比强度和比刚度，以及优良的功能，如散热、电磁屏蔽、隔声和隐身等。因此，点阵结构材料在汽车工程、光电子、生物科学和航空航天等领域备受关注。

以往的研究大多基于自然启发的晶格结构，如立方体、蜂窝、菱形、三周期极小曲面（Triply Periodic Minimal Surface，TPMS）等。然而，近期的研究提出了新的理论方法，如 Liu 等人提出了基于体心立方结构（BCC）结构预测多层结构强度的方法。Ibrahim 等人研究了双蜂窝点阵结构的声学特性，证明了重新排列正六边形蜂窝点阵的合理性。然而，现有研究大多局限于现有或复合结构的性能定制。

功能导向的结构设计相比被动设计更经济、高效，具有更大潜力。拓扑优化（Topology Optimization，TO）方法成功实现了新型点阵结构的设计。TO 方法通过调整细胞内密度重新分配实现点阵结构的功能。例如，Du 等人提出了寻找最大剪切刚度点阵结构拓扑布局的方法，Ahmadi 等人研究了激光加工参数对金刚石点阵结构的影响。

点阵结构在建筑材料领域广泛应用于减轻重量和能量吸收。然而，这些结构需要一定刚度来抵抗变形或防止失效。因此，如何兼具刚度和轻质性是点阵结构研究的关键问题之一。作为一种先进的制造方法，激光选区熔化（Selective Laser Melting，SLM）技术为实现拓扑优化设计的点阵结构提供了有效的制造手段。SLM 技术可以在短时间内制造复杂精密的结构，从而有效地应对点阵结构设计中的挑战，如结构复杂性和工程性能的优化。通过拓扑优化和 SLM 技术的结合，可以开发出更具创新性和实用性的点阵结构，以满足不同领域对材料性能的需求。结合功能导向设计和先进制造技术，可以推动点阵结构材料在多个领域的应用和发展，为未来的材料科学和工程技术带来新的突破和进步。

点阵结构的能量吸收能力对于应力消除至关重要，其能量吸收能力与力学变形行为密切相关。拓扑优化结构的能量吸收能力是其力学性能的重要指标之一。为了平衡能量吸收能力和点阵体积，根据应力-应变曲线与 30% 的工程应变积分计算能量吸收值。在压缩过程中，点阵结构的能量吸收值（W_i）可以用式（4.46）描述：

$$W_i = \int_0^{\varepsilon_i} \sigma_i \mathrm{d}\varepsilon \tag{4.46}$$

式中　σ_i——应力-应变曲线中 ε_i 应变处的应力值。

　　理想能量吸收效率是在拓扑优化结构压缩过程中 W_i 与某一时刻的最大应力 σ_m 和应变 ε_i 的乘积之间的比值，即

$$\Phi = \frac{W_i}{\sigma_m \varepsilon_i} \tag{4.47}$$

　　值得一提的是，用最大应力代替当前应力计算理想能量吸收效率更为合理。可用峰值应力与对应应变的乘积来评估点阵结构的能量吸收能力。典型弹塑性应力-应变曲线的应力随着应变的增大逐渐增大，因此用当前应力与应变的乘积来计算理想能量吸收效率是合适的，相反，对弹脆点阵结构的能量吸收能力进行评价是不可行的。

4.5.2　拓扑优化方法

　　本节用定义在 $N×N×N$（N 为单胞结构个数）有限元上的隐式水平集函数来描述单位单元，采用数值均匀化方法计算有效弹性张量，采用基于参数水平集的 TO 方法结合数值均匀化方法在三个方向上同时设计高刚度单元格。采用的优化配方如下：

$$\text{目标函数}: \max J(\Phi) = \sum_{i,j,k,l}^{d} \eta_{ijkl} E_{ijkl}^H(\Phi)$$

$$\text{约束条件}: \begin{cases} a(u,v,\Phi) = l(v,\Phi) & v \in U \\ V(\Phi) = \int_D H(\Phi)\mathrm{d}V - fV_{\max} \leqslant 0 \end{cases} \tag{4.48}$$

式中　Φ——水平集函数；

　　　　J——目标函数，由均匀化有效弹性张量 E 和权重因子 η_{ijkl} 组合定义；

　　　　V——微结构的体积；

　　　　f——设计区域的体积分数；

　　　　u——位移场；

　　　　v——虚位移场；

　　　　U——运动容许位移空间；

　　$V_{\max}$——单位单元格的体积。

　　H 是用于将水平集函数映射为元素密度的近似 Heaviside 函数。

$$H(\Phi) = \begin{cases} \xi & \Phi < -\Delta \\ \dfrac{3(1-\xi)}{4}\left(\dfrac{\Phi}{\Delta} - \dfrac{\Phi^3}{3\Delta^3}\right) + \dfrac{1+\xi}{2} & -\Delta \leqslant \Phi \leqslant \Delta \\ 1 & \Phi > \Delta \end{cases} \tag{4.49}$$

式中　$\xi = 0.001$，为很小的正数，以避免数值过程的奇异性；

　　　　Δ——数值近似带宽 $H(\Phi)$ 的一半。

　　状态方程用弱形式表示，其中双线性能量项 $a(u,v,\Phi)$ 和线性载荷形式 $l(v,\Phi)$ 分别表示为

$$a(u,v,\pmb{\Phi}) = \int_D \pmb{\varepsilon}_{ij}^T(u) E_{ijkl}\pmb{\varepsilon}_{kl}(v) H(\pmb{\Phi}) \mathrm{d}\Omega \tag{4.50}$$

$$l(v,\pmb{\Phi}) = \int_D \pmb{\varepsilon}_{ij}^T(u^0) E_{ijkl}\pmb{\varepsilon}_{kl}(v) H(\pmb{\Phi}) \mathrm{d}\Omega \tag{4.51}$$

式中　u——位移场；

$\quad\quad v$——虚位移场。

在高刚度三维单元格设计中，权重因子矩阵 $\pmb{\eta}$ 为

$$\pmb{\eta} = \begin{bmatrix} 1 & 1 & 1 & 0 & 0 & 0 \\ 1 & 1 & 1 & 0 & 0 & 0 \\ 1 & 1 & 1 & 0 & 0 & 0 \\ 0 & 0 & 0 & 0 & 0 & 0 \\ 0 & 0 & 0 & 0 & 0 & 0 \\ 0 & 0 & 0 & 0 & 0 & 0 \end{bmatrix} \tag{4.52}$$

4.5.3　仿竹吸能结构材料设计范例

经过漫长的进化和发展，自然材料形成了精致的宏/微观结构，并赋予了其特定的功能和性能。例如，具有梯度螺旋结构的罗马万神殿圆顶状建筑超材料能够在低密度下承受高载荷；鲸须中有序的微观结构，表现出出色的力学强度和韧性；竹子则因其独特的中空结构而具有轻质、高强度的特点，其强度甚至超过了其他生物材料。受竹子启发的空心结构具有轻量化、高比强度和较好的能量吸收性能。然而，传统的生物建筑材料在复杂性、可设计性和力学性能方面缺乏可控性。此外，受自然影响的结构只在一个方向上具有性能优势，且各向异性显著，这一问题可以通过不同点阵超材料的组合来解决，但在相同的拓扑结构中，不同特征尺寸会增加结构设计的难度。同时获得轻质、高强和各向同性的性能是一项有挑战性的工作，这需要合适的材料和精细的结构设计。研究表明，利用结构特征组合的思想可以实现具有可控几何拓扑和物理性能的力学超材料。

受原子填充和竹子的微结构启发，本节提出了一种组合仿生策略，以实现基于点阵的力学超材料，其具有轻质、高强和各向同性的性能。采用模拟引导设计方法获得了性能优良的仿竹子微结构力学超材料（Bio-inspired Lattice-based Mechanical Matamaterial，BLMM），并采用 SLM 技术制备了该材料。通过显微 CT、压缩实验和有限元方法研究了优化后的力学超材料的可制造性、力学响应和应力分布，并进一步研究了仿竹子轻质高强效应对力学性能和应力分布的影响机理。

1. 压缩力学建模方法

（1）代表性体素模型　针对周期性排布的 BLMM，采用由单位单元组成的理想代表性体元模型，研究仿竹水平和外径尺寸对 BLMM 材料弹性性能的影响。通过在不同的相对表面上设置相等的应变来实现周期性边界条件，利用 CAD 软件建立具有代表性的体元模型，其孔隙率为单胞所占空间与单胞结构的比值，利用均匀化理论推导弹性矩阵。自由四面体网格单元尺寸设为 0.15mm，如图 4.35 所示。因此，FCC、八面体和八重桁架竹状点阵模型的总网格数量在 64000 到 86000 之间，而每个单胞约 50000 个网格便足以取得收敛的模拟结

果。由于 BLMM 结构设计的立方对称性，弹性张量只包含三个独立的分量（即 C_{11}、C_{12} 和 C_{44}）。立方晶体在 [100] 方向上的等效弹性模量和齐纳各向异性指数可用式（4.53）和式（4.54）计算：

$$E^* = \frac{C_{11}^2 + C_{11}C_{12} - 2C_{12}^2}{C_{11} + C_{12}} \tag{4.53}$$

$$\xi = \frac{2C_{44}}{C_{11} - C_{12}} \tag{4.54}$$

为了比较 BLMM 的归一化弹性模量与 Hashin-Shtrikman（HS）模型结果的差异，首先对 HS 模型的弹性模量（E_{HS}）进行归一化处理，并对 BLMM 结构的归一化弹性模量进行差值处理，其归一化 E_{HS} 结果和差值分别为

$$\frac{E_{HS}}{E_S} = \frac{2\bar{\rho}(5\nu - 7)}{13\bar{\rho} + 12\nu - 2\bar{\rho}\nu - 15\bar{\rho}\nu^2 + 15\nu^2 - 27} \tag{4.55}$$

$$\Delta E^* = E_{HS} - E^* \tag{4.56}$$

式中　$\bar{\rho}$——Ti-6Al-4V 的相对密度；

　　　ν——泊松比；

　　　E_S——弹性模量。

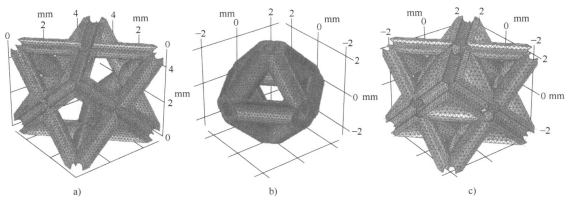

图 4.35　FCC、八面体和八重桁架仿竹 BLMM 的网格生成

158

（2）准静态压缩模拟　为了捕捉应力分布和可视化变形，利用 COMSOL Multiphysics 软件进行非线性有限元准静态压缩模拟。将 BLMM 夹在两块刚性平板之间，模拟试验压缩条件。上面的平板只允许沿着轴移动，下板保持固定，板与试样之间的静摩擦系数设为 0.15。采用自由四面体单元对模型进行网格划分。

2. 设计原理

力学超材料通常是受晶体原子排列的启发，通过周期性或非周期性的点阵布置获得的。这些点阵可以通过支柱、板和壳连接原子，刚度和形态取决于其组织方式。与板格基和壳基微点阵相比，杆基微点阵具有更大的几何变换能力，以适应不同的设计需求。然而，由于杆基微点阵的刚度较低，其应用范围受到一定限制。竹子因其高比强度而备受关注。通过对竹子宏观和微观结构的观察，发现其多层次的中空结构是轻质且高强的关键。受到这些结构的启发，本书提出了一种组合仿生策略，旨在制备出轻质、高强和各向同性的点阵力学超材料。

图 4.36 所示为受原子空间分布和竹子中空结构启发的各向同性点阵力学超材料。图 4.36a 所示为点阵原子的微观形态，其紧密排列的结构在空间分布上可以导致不同的性能。FCC 和八重桁架点阵具有相似的原子空间分布。图 4.36b 所示为竹子的宏观形态特征。图 4.36c 所示为竹子的微观形态特征，其中的中空结构赋予其出色的力学强度。此外，竹子的结构包含明显的空心孔和微观孔隙，使其在力学刚度和能量吸收方面优于其他植物。将点阵原子与竹子的中空结构相结合，可以制备出外径为 d_o、内径为 d_i 的仿生八重桁架力学超材料，如图 4.36d 所示。基于支撑的实体部分和孔隙空间形成了一个完整的单元，其中的孔隙空间类似于竹子的表观孔隙。然后，引入空心程度 d_i/d_o，将第二个微观结构嵌入传统的点阵结构中，这与竹子的微观孔隙特征相对应。因此，点阵结构设计和竹状支撑共同构成了这种新型力学超材料，这将进一步影响其密度、力学性能和各向同性。

在数值模拟的指导下，利用 SLM 技术打印了外径为 $d_o = 1.10\text{mm}$、内径为 $d_i = 0.59\text{mm}$ 的 FCC、八面体和八重桁架 BLMM，如图 4.36e 所示，其密度分别为 0.74g/cm^3、0.70g/cm^3 和 1.25g/cm^3，等效密度较低。BLMM 的单元长度为 5mm，总体尺寸为 20mm×20mm×20mm。这种 BLMM 结合了竹子的独特结构优势（强韧性和延展性）和钛合金的高强度，实现了超高的比强度，高达 $87.19\text{kN} \cdot \text{m/kg}$，超过了当前文献中的大多数材料和结构，如图 4.36f 所示。目前的结构设计和材料构造有助于开发一种仿生策略，以制备出空心拓扑结构的轻质、高强力学超材料。

3. 数值优化

为了制备出同时具有轻质、高强和各向同性的力学超材料，利用代表性体元方法进行数值模拟以指导结构设计。研究不同的原子结构设计（FCC、八面体和八重桁架 BLMM）和仿竹参数（不同的空心程度 d_i/d_o 和外径 d_o）对性能的影响，结果显示：FCC、八面体和八重桁架 BLMM 的相对密度均随外径增加和仿竹水平降低而增加。同样地，FCC、八面体和八重桁架 BLMM 的弹性模量也随外径增加和空心程度降低而增大。由于相对密度和弹性模量之间存在 Gibson-Ashby 关系，因此相对密度和弹性模量随仿竹水平和外径变化的趋势相似。这三种 BLMM 的齐纳各向异性与仿竹水平和外径有明显关系，这归因于不同的点阵拓扑。FCC 排布的 BLMM 的齐纳各向异性随仿竹水平和外径的变化而单调变化，而八面体和八重桁架 BLMM 的变化则不太规律。结果表明，利用数值分析可以很好地研究不同结构和仿竹层次的仿生结构的性能，从而方便地在不同的结构设计空间中选择合适的性能组合。在各向同性和相对密度小于 30% 的前提下，BLMM 的强度越高越好。确定了相对密度为 28.9%、齐纳各向异性水平为 1 的八重桁架结构为最优解。优化后的八重桁架 BLMM 也具有高强度，在相同仿竹水平下，不同外径引起的力学响应也不同。归一化弹性模量的不同分布与相对密度呈抛物线关系，与 60% 相对密度线的不完全轴对称性有关。结果表明，相对密度低于 30% 的 BLMM 的归一化弹性模量非常接近 HS 模型边界，这进一步证明了上述各向同性最优解也具有高强度的力学性能。BLMM 的相对密度由外径和内径共同控制。如前所述，外径决定了点阵的宏观孔隙度和相应的强度，而内径，即竹子状特征，决定了微观孔隙度，便于进一步调节轻量化水平。不同于传统的点阵结构，不同外径/内径的空心仿生点阵结构具有更大的设计空间，可以获得不同的力学性能。

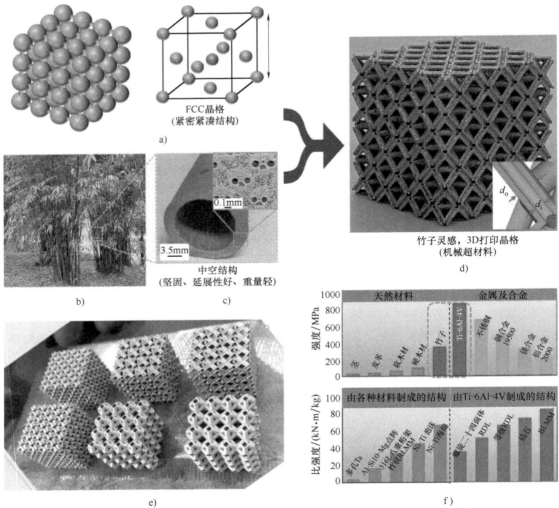

图 4.36 受原子空间分布和竹子中空结构启发的各向同性点阵力学超材料

a）点阵原子的微观形态　b）竹子的宏观形态特征　c）竹子的微观形态特征　d）外径为 d_o、内径为 d_i 的
仿生八重桁架力学超材料　e）SLM 打印的 FCC、八面体和八重桁架 BLMM
f）典型生物材料的强度以及金属和各种拓扑结构的比强度

4. 试验验证及机理分析

为验证本节设计的超材料的力学性能，使用 SLM 3D 打印技术制造了 FCC、八面体和八重桁架 BLMM 样品，其单元边长为 5mm。在制备八重桁架竹状 BLMM 时，通过叠加 0.59mm 和 1.10mm 的 FCC 和八面体直径参数，获得了 28.9% 的相对密度。在研究力学性能之前，通过 X 射线 CT 方法定量评估了 FCC、八面体和八重桁架 BLMM 试样的成形质量。整个外形轮廓显示出表面偏差，但整体表现出较高的成形精度（大多低于 0.25mm）。

在 3D 表面偏差比较中，FCC 和八重桁架 BLMM 试样的成形质量分别为最差的和最好的。水平杆下表面的偏差最大，这是由于其缺乏支撑且黏附了较多半熔化状态的粉末颗粒。八重桁架 BLMM 试样的 D_{10}、D_{90} 和 D_p 值分别为 -0.048mm、0.067mm、0.007mm（D_{10} 和 D_{90} 分别表示 10%、90% 累积百分比的截距，D_p 为 X 射线 CT 数据分析的三维表面的峰值表面偏差），优于 FCC （－0.096mm、0.127mm、－0.116mm）和八面体（－0.070mm、0.068mm、－0.004mm）试样。这是由于点阵的相对密度降低会导致熔池变大，粉末颗粒吸附在熔融固体部分的表面上。与具有近似相对密度的八面体 BLMM 试样相比，SLM 成形的 FCC 点阵由于有较多的悬垂部分而具有较大的成形误差。这些样本中明显存在亚峰负偏差。这是因为复杂的仿竹特征容易产生打印缺陷，悬垂的杆增大了黏附和变形的风险。BLMM 的外表面和支柱的上表面与黏附缺陷的位置相反，会导致成形困难，甚至打印层塌陷，从而形成负偏差。总的来说，SLM 成形的 BLMM 具有与原始设计的 BLMM 良好的结构一致性和良好的制造精度。制造偏差与金属增材制造（AM）的制造过程密切相关，并且由于零件的复杂性，零件会出现不一致现象。通过利用 SLM 工艺链和各个成形阶段获得的数据集，可以实现制造精度的进一步提高。

力学试验结果表明所有点阵都经历了三个典型的变形阶段：弹塑性阶段、应力振荡阶段和致密化阶段。相对密度相近的 FCC 和八面体 BLMM 试样显示出相似的应力-应变曲线，但变形特征不同。前者表现为近地层破坏，而后者表现为 45°倾斜断裂，这归因于二者拓扑结构不同。八重桁架 BLMM 试样也表现出倾斜断裂，但它具有高应力波动平台，可以抵抗外部载荷。

利用有限元模拟预测空间应变能密度分布发现，连接节点的位置出现了应变能密度集中现象，这与实验观察到的连续变形一致，即在所有的三种结构中，节点处比斜支撑杆更早断裂。在不同的载荷情况下，由于有更多的支柱可以分散应力，八重桁架 BLMM 具有最高的应变能密度。从轻量化、强度和各向同性的角度来看，八重桁架 BLMM 试样具有良好的综合力学性能。

考虑到金属成分材料的弹塑性特性，塑性屈服响应不能由线性弹性模拟模型量化，采用速率无关模型对 BLMM 的屈服强度进行另一系列的压缩力学模拟。实质上，点阵结构的高应力分布量越高，支撑杆弯曲或拉伸变形所需的应变能就越高，因此，应力集中的位置与应变能密度集中分布的位置一致。结果表明，在 BLMM 中部观察到的最大 Von Mises 应力均匀分布在节点附近，但沿整个 BLMM 的对角线形成局部的高应力带。随着压应变的增加，斜支柱发生塑性屈曲，导致周围 BLMM 细胞连接处早期形成塑性铰。此外，从 BLMM 细胞内的 Von Mise 应力分布图来看，应力集中区和低应力区在点阵细胞内分布不均匀。对于 FCC 点阵，纵向支板的高应力分布量高于水平支板。同样，对于八面体点阵，纵向支板的应力比水平支板的应力更集中。相反，对于八重桁架，应力均匀分布在节点和支柱上，在节点上没有明显的低应力区域，但出现了高应力集中现象。这是由于八重桁架具有较高的杆节比、节点的运动不可避免地受到支板的限制，变形对支板构件弯曲/扭转的依赖性比 FCC 和八面体结构更强。

分析 BLMM 力学响应机制，如图 4.37 所示。8°、4°、12°与 45°倾角的纯接触力作用斜杆分别由 FCC、八面体和八重桁架 BLMM 组成。FCC 和八面体点阵的杆-节点连通性分别为 $Z=2$ 和 $Z=8$，麦克斯韦数分别为 $M=-12$ 和 $M=0$，因此它们分别为弯曲主导和拉伸主导的点阵拓扑。八格结构具有较高的节点连通性 $Z=12$，麦克斯韦数 $M=0$，为高强度的拉伸主导拓扑提供了一种解决方案，并且具有竹状结构的良好能量吸收能力。八重桁架 BLMM 具有优异的强度和适度的刚度，超过了大多数点阵或多孔金属泡沫结构。SLM 制造的 BLMM 的刚度和强度均优于 SLM 制造的菱形十二面体、极小曲面壳格结构等，其强度与滑扣结构相当，这是由于滑扣结构材料无缺陷和节点加固，但滑扣结构制造过程漫长，限制了其批量化生成应用。壳状结构与中空结构的刚度和强度与本研究结果相当。本研究中 SLM 制造的八重桁架 BLMM 的强度也明显优于氧化铝等均质固体材料。该研究为通过多种仿生策略来构造高性能工程建筑提供了一条思路。

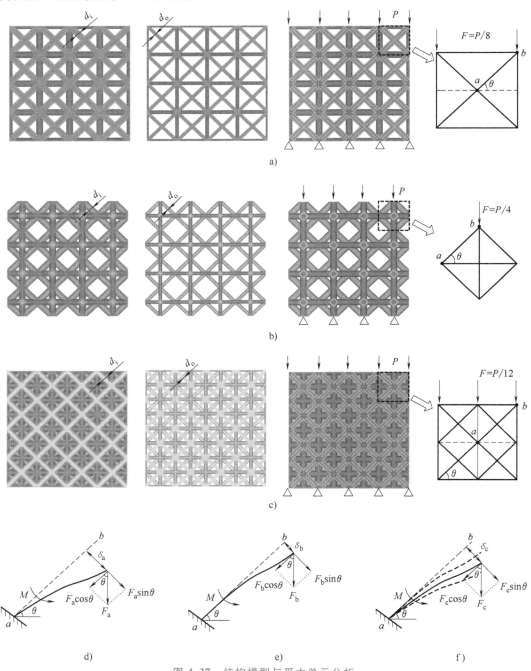

图 4.37　结构模型与受力单元分析

a）FCC　b）八面体　c）八重桁架竹状 BLMM　d）外径实心支柱的受力分析

e）内径实心支柱的受力分析　f）空心支柱的受力分析

讨论与习题

1. 讨论

1）就你接触或了解的一种仿生结构构件，分析其设计考虑因素及设计思路。

讨论参考点：参考结构仿生设计一般过程。

2）讨论超材料与结构仿生材料的区别。讨论参考点如下：

① 设计理念与目标：

超材料：着眼于材料基本功能基元的人工设计与构筑，旨在实现自然界中不存在的独特物理性质。通过复杂的人工手段改变材料的力学性质，使光波、雷达波等弯曲，实现特殊功能，如隐身、增强天线性能等。

结构仿生材料：模仿生物体结构或功能来设计新产品或改进现有产品，借鉴自然界的智慧，创造高效、环保的产品。如模仿鲨鱼皮减少水流阻力的游泳衣，模仿壁虎脚掌细毛结构的黏合剂等。

② 实现方式与效果：超材料主要通过精心设计的微观结构和特定几何单元实现特定功能；结构仿生材料则通过模仿生物体的结构或功能来优化产品性能。

2. 习题

1）试述仿生减阻功能结构设计应考虑的因素。

2）试述构材结构仿生设计应考虑的因素。

3）试述联结结构仿生设计应考虑的因素。

第5章
结构仿生学典型应用案例

结构仿生学是一门跨学科的研究领域，其已经应用到航空、建筑、材料科学等多个领域，展现了巨大的潜力和广阔的发展前景。

5.1　结构仿生学与材料工程

结构仿生材料指受生物启发或者模拟生物的各种结构特征而开发的材料，包括模仿生物材料的成分和结构特征的结构仿生、模仿生物体中形成材料的过程的加工制备仿生，以及模仿生物体系统功能的功能仿生。

5.1.1　陶瓷基复合材料

1. 仿生陶瓷强韧化

陶瓷材料与金属材料、高分子材料相比，具有优良的耐高温性能、耐腐蚀性能、抗氧化性能和很高的机械强度等，特别在高温下使用更显示出特有的潜力和优势。然而由于陶瓷材料本身脆性大、韧性差，导致它的使用可靠性差和抗破坏能力差，使其在工程方面的应用受到了很大程度的限制。因此增加陶瓷材料的韧性、提高陶瓷材料的使用可靠性一直是国际材料界的研究重点。

自然界的生物材料几乎毫无例外地都是简单组分、复杂结构的材料，经过亿万年的物竞天择，已经形成了很多天然合理的结构，仅仅通过简单组分的精密组合，就可以获得复合互补、功能适应和损伤愈合等优异特性。

2. 仿生陶瓷基结构设计的基本原理

仿生陶瓷基结构设计之所以发展迅速，与其具有的制备工艺简单、成本低廉而且所制得的材料断裂韧性高、断裂功大等优点是分不开的。而所有这些又是建立在对某些生物材料结构的深入了解和对其强韧化机制的透彻掌握的基础上。因此，生物材料的结构分析及其强韧化机制研究是仿生设计的前提与关键。前人对一些生物材料的结构已有较全面的叙述，下面仅对这些生物材料的强韧化机制作详细的介绍。

自然界生物材料之所以具有良好的力学性能，是因为它们在不同尺度上形成不同的结构，而不像普通的陶瓷材料在结构上是整体一致的块体。例如，硬木蜂窝结构的壁板是由纤维素的纤维增强的；人骨的薄板状骨板是由骨黏蛋白胶原纤维和钙盐黏合在一起，而柱状或针状的羟基磷灰石晶体则沉积在胶原纤维的空隙中；贝壳珍珠层的整个结构是层状结构（如砖墙结构）。在每个层面内则是多个增强元石薄片由有机基质连接在一起，形成了二维薄片增强的二级细观结构。与人造材料相比，生物复合材料中有机基质是使材料韧化的关键。有机基质的特点是柔韧、变形能力好且难以发生突发性破坏。在生物材料中，有机基质一般形成连续的三维网络，将无机化合物牢固地结合在一起，在受到外力时，这些有机基质可首先发生一定程度的塑性变形，吸收一大部分外力的冲击，钝化了应力集中，从而使增强元避免出现变形超过其极限而破坏，再者，纵横交错的有机基质网络也阻碍了裂纹扩展。由于偏转、强化相的拔出等，使得裂纹扩展阻力变大，也增大了断裂功。贝壳珍珠层裂纹扩展显微照片如图 5.1 所示。最典型的贝壳珍珠层，其层状结构由霰石薄片层和有机层交互叠层，而霰石薄片层内也是由有机基质将霰石薄片黏接在一起的。珍珠层的主要变形方式是层片间的滑移，而这种滑移是借助于连接各片层的有机基质的塑性变形来实现的。

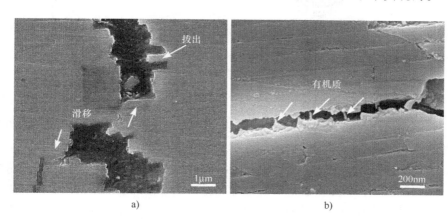

图 5.1 贝壳珍珠层裂纹扩展显微照片

仿生陶瓷基结构设计主要是仿照生物材料的结构特征，利用不同结构单元之间的相互作用和相互耦合，达到优势互补、提高材料的断裂韧性和抗破坏能力，从而提高材料的使用可靠性。

3. 仿生陶瓷基结构设计的研究现状与进展

仿生陶瓷基结构设计为高性能陶瓷材料的设计与制备提供理论指导，特别是为克服陶瓷脆性提供了新思路。同时也为高性能陶瓷材料的微观结构设计提供了重要的理论依据。下面重点介绍仿木、竹结构，仿骨结构和仿贝壳珍珠层结构的陶瓷复合材料的研究现状与进展。

由于木材具有跨越不同尺度的多级细观结构，所以它们的耦合会产生许多特殊的力学现象。一些研究者对木材的形态与断裂韧性相互关系的研究表明，对断裂韧性起重要作用的是一级细观蜂窝结构和二级细观 S 层螺旋状纤维铺设结构相互耦合而产生的欧拉弯曲，这一机理研究后经过改进，通过模仿纤维素纤维在木细胞中的螺旋状缠绕，做成玻璃纤维/环氧树脂仿木复合竹料，使其断裂韧性有大幅度提高。此外，一些研究者将 SiC 纤维模仿木的结构制备出了具有类木结构的复合材料，其拉伸强度高达 600MPa，断裂功为 1200J/m^2。竹材的

165

结构符合以最少的材料和结构发挥最大效能的原理。仿竹复合材料设计的关键是模仿竹子的长纤维的复合结构，竹材纤维的分布与层状结构如图 5.2 所示。经实验表明，仿竹结构的复合材料与常规制备的材料相比，其抗弯强度提高 80% 以上。在仿竹木纤维结构陶瓷复合材料的制备方法主要有纺丝法、有机聚合物先驱体转化法、溶胶-凝胶法、纤维化学改性法等。制备纤维独石结构陶瓷复合材料，目前采用的坯体纤维的制备方法主要有挤出成形、干纺、熔纺法等。在纤维独石结构陶瓷复合材料中，通常使用涂层的方法在基体纤维胞体表面涂上一层界面分隔层。涂层工艺使用较广泛的是浸涂和喷涂，它们都是先将涂料分散于水或有机溶剂中，制成溶液、悬浊液或溶胶，然后将坯体浸泡在液体中，或将液体均匀地喷洒在坯体上，再经过干燥或凝胶处理，在纤维的表面上就可以得到均匀的涂层。将具有涂层的纤维坯体，按一定的方式进行排布，叠层预压成形体。烧结是陶瓷材料制备工艺中最终的也是极为关键的一步。通常采用的绕结方法是常规的无压、热压及热等静压烧结。

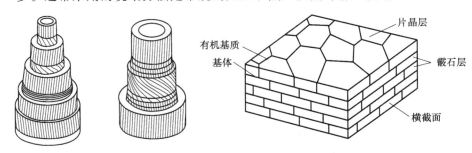

图 5.2　竹材纤维的分布与层状结构

　　骨是一种流固耦合材料，它与木材有类似的结构。骨的骨单位胶原与骨盐体积含量大体相当。骨盐的主要成分为不定形的磷酸二氢钙和柱状或针状的羟基磷灰石晶体。它们见缝插针地沉积在胶原纤维的间隙之间。由骨黏蛋白将胶原和钙盐粘在一起，并在骨细胞的参与下形成薄板状结构的骨板，骨板中胶原纤维束定向排列。骨板的层合结构间骨胶纤维在骨板与骨板之间贯穿，呈螺旋状缠绕。其缠绕状况与木的纤维素纤维在细胞壁上的缠绕类似。在骨单位中，胶原纤维是基体，钙盐是增强相。其中陶瓷相与有机相的复合，陶瓷相与流态物质的耦合可望为陶瓷复合材料的增强、增韧提供新思路。一些研究者在制备树脂基多层复合材料时，先加入晶须，再用磁场将晶须定向，晶须在层间形成桥联，使复合材料层面的 I 型断裂韧性大幅度提高。动物长骨的外形为中间细长状，并圆滑过渡到中部，避免了应力集中，有利于应力的传递，减缓压应力的冲击，与肌肉相互配合使肢体持重比提高。受此启发将短纤维设计为哑铃型，经理论计算可得到短纤维端部球与纤维半径的最佳比值，该模型得到了一些实验的证实。

　　在几种仿生结构材料中，类似贝壳珍珠层的层状结构研究得最为深入，这主要是由于该材料结构、性能设计的可操作性和简单性。自然界贝壳是由 99% 的钙盐和 1% 的有机物组成的复合材料，其中由钙盐组成的多种细观结构的珍珠层是贝壳中的最韧部分。在仿生结构设计中用高强度、高硬度的陶瓷（如 Si_3N_4、Al_2O_3、SiC 等）来模拟珍珠层中的钙盐（称硬层），而用硬度较低、弹性模量较小的陶瓷（如 BN、石墨等）或金属模拟珍珠层中的有机基质（称软层），采用轧膜成型或流延成型等制备出基体片层，用浸涂或刷涂的方法将软质料涂覆在基片上，然后将含有涂层的基片叠成块体，经热压或气压烧结制成具有仿贝壳珍珠层结构特征的层状复合材料。如果进行组成、结构、工艺的优化设计，可以获得不同体系的最佳层状复合材料性能。其中对 Si_3N_4 体系层状复合材料的研究较为广泛。

Si_3N_4/BN 纤维独石结构陶瓷复合材料具有特殊的结构，表现出非常明显的各向异性。图 5.3 所示为 Si_3N_4/BN 纤维独石结构陶瓷复合材料在不同方向上的微观结构照片。从图 5.3 中可以看出，在垂直于热压方向的两个面上，在面 A 上纤维呈规则的轴向排列，整齐而均匀，界面分隔层厚度均一。在面 B 即纤维的横截面上，纤维断面与界面层分隔得非常清晰，每一根纤维的截面都近似为扁六边形。对比微观结构照片与 Si_3N_4/BN 纤维独石结构设计图，如图 5.4 所示，可以看出实际制备材料具有与设计几乎完全相同的结构。

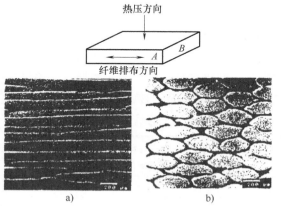

图 5.3　Si_3N_4/BN 纤维独石结构陶瓷复合
材料在不同方向上的微观结构照片
a）面 A　b）面 B

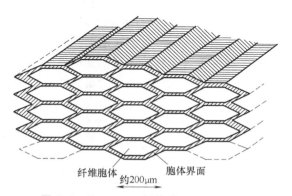

图 5.4　Si_3N_4/BN 纤维独石结构设计图

特殊的纤维独石结构会产生一些特殊的性能，下面对材料的载荷-形变曲线、断裂功和抗冲击性进行简要的介绍。

（1）载荷-形变曲线　图 5.5 所示为纤维独石复合材料与一般脆性材料的载荷-形变曲线。图 5.5 中曲线 a 是纤维独石复合材料在进行三点弯曲试验时的载荷-形变曲线。这是一条典型的纤维独石结构陶瓷复合材料的断裂曲线，它不同于一般的脆性陶瓷载荷-形变曲线，如图 5.5 中曲线 b 所示，当载荷增大至一定程度导致材料发生脆断时，它并没有给材料带来灾难性的整体的破坏，只发生了载荷的一次下降，材料就可以继续形变并随之承受上升的载荷。其承载能力甚至有可能高于断裂前的承载能力。这大大提高了材料使用

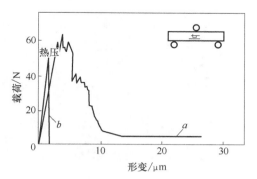

图 5.5　纤维独石复合材料与一般脆性
陶瓷材料的载荷-形变曲线

的安全性与可靠性。在多次断裂以后，材料仍然保持一定的强度，产生了很大的应变。

（2）断裂功　从载荷-形变曲线可以计算出材料的断裂功，它反映了材料在断裂过程中吸收能量的大小。陶瓷材料的断裂功通常都很小，致使裂纹在材料内部的扩展非常容易。Si_3N_4/BN 纤维独石结构陶瓷复合材料与一般脆性陶瓷材料的断裂功对比见表 5.1，可以看出

Si_3N_4/BN 纤维独石结构陶瓷复合材料的断裂功要远远大于常规的脆性材料，比热压氮化硅块体陶瓷提高了几十倍以上。这说明纤维独石结构可以从量级上提高陶瓷材料的断裂功，增大裂纹扩展的阻力，从而提高材料的韧性。

表 5.1 Si_3N_4/BN 纤维独石结构陶瓷复合材料与一般脆性陶瓷材料的断裂功对比

材料	SiO_2	Al_2O_3	热压 Si_3N_4	Si_3N_4/BN 纤维独石结构陶瓷复合材料
断裂功/$J \cdot m^{-2}$	3	40	100	>4000

（3）抗冲击性　抗冲击性差是陶瓷材料一个致命的缺点。常规陶瓷材料在受冲击载荷时，裂纹在材料体内迅速扩展，并不需要很大能量就足以造成材料的脆断破坏。Si_3N_4/BN 纤维独石结构陶瓷复合材料与常见陶瓷块体材料的抗冲击韧性对比见表 5.2，可以看出 Si_3N_4/BN 纤维独石结构陶瓷复合材料的抗冲击韧性比其他陶瓷材料都高几倍到十几倍以上，表明纤维独石结构可以大大地提高材料的抗冲击性能。这是因为在纤维独石结构陶瓷复合材料中具有大量的弱结合界面，在突然受到外力冲击时，裂纹在结构单元之间的弱界面内迅速地产生和扩展，从而吸收掉大量的冲击能量，使得该材料具有优异的抗冲击性能。

表 5.2 Si_3N_4/BN 纤维独石结构陶瓷复合材料与常见陶瓷块体材料的抗冲击韧性对比

材料	Al_2O_3	热压 Si_3N_4	$SiCw$（SiC 晶须）/Si_3N_4	Si_3N_4/BN 纤维独石结构陶瓷复合材料
抗冲击韧性/$J \cdot cm^{-2}$	4.8	19.3	26.1	63.2

4. 仿生陶瓷基结构复合材料的高韧性原因

一般来说，层状结构陶瓷复合材料都具有显著的增韧效果，其断裂韧性值一般比陶瓷块体材料高几倍，断裂功则高几十乃至数百倍。这是由于其存在三种主要的增韧机制：裂纹偏转、裂纹分叉和桥接，如图 5.6 所示。层状结构陶瓷复合材料的力学性能主要与陶瓷基片、界面层本身的特性、二者的界面结合状态和层厚比等因素有关。

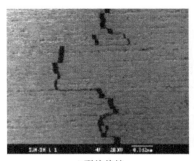
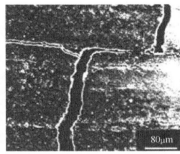

a) 裂纹偏转　　　　　　　　b) 裂纹分叉　　　　　　　　c) 桥接

图 5.6　三种主要的增韧机制

（1）界面结合状态的影响　层状结构陶瓷复合材料可以通过调节弱界面层的结构和性能来改善其整体的力学性能。Phillipps 等人指出为了使贯穿裂纹发生偏折，需要一个"弱"的界面，但"弱"到什么程度，应该由一个定量的值来给出。在包含了 I 型和 II 型复合加载情况下，偏折贯穿裂纹需要满足界面层能量释放率 G_i 与基体能量释放率 G_m 之比小于 0.15。He 等人研究了平面应变状态下异质界面处裂纹偏折的条件，并推导出裂纹在异质界面偏折需要满足界面层能量释放率 G_i 与基体能量释放率 G_m 之比小于 0.25。对于层状结构陶瓷复合材料来说，弱界面层对主裂纹的偏折是大幅度提高其表观断裂韧性所必需的。界面层性质的变化将直接导致材料整体性能（断裂行为、强韧性等）的变化。SiC/C 层状结构陶瓷复合材料石墨界面层结构和性能变化会对整体性能产生影响。通过控制气相硅氧化物和界面层中石墨生成 SiC 的化学反应，可以改变层状材料的强韧性。Si_3N_4/BN 层状结构陶瓷复合材料的界面层的结合强度会对复合材料的力学性能产生影响。通过在 BN 层中添加了一定量的 Al_2O_3 或 Si_3N_4，来调节界面层的结合状态，以进一步优化 Si_3N_4/BN 层状结构陶瓷复合材料的力学性能。

（2）陶瓷基片的强化　在层状结构陶瓷复合材料体系中，弱界面层主要决定了材料的断裂韧性，而材料的强度水平主要是由陶瓷基片决定的。黄勇等人的研究表明，在基体 Si_3N_4 片层中加入一定数量晶须，在保持原有较高的断裂韧性的基础上，可以明显地提高复合材料的强度。加入 β-Si_3N_4 晶种或 SiC 晶须后的增韧效果见表 5.3，从表 5.3 中可以看出，在陶瓷基体中加入 β-Si_3N_4 晶种或 SiC 晶须，可以明显地提高复合材料的抗弯强度和断裂韧性，当二者搭配时，强韧化效果更好。在陶瓷基体中添加了 β-Si_3N_4 晶种以后，尽管添加量很少，只有 3%（质量分数），但在氮化硅的液相烧结过程中，它作为成核生长的核心，使材料中新生成的 β-Si_3N_4 晶粒具有很大的长径比，并由于成形工艺和热压烧结的特点，SiC 晶须和新生长的 β-Si_3N_4 相晶粒呈二维定向排布，从而明显地强化和增韧了陶瓷基体，在提高复合材料强度的同时也提高了其断裂韧性。而 SiC 晶须的长径比高于 β-Si_3N_4 晶粒，因而在陶瓷基体中加入晶须后，其强韧化效果比 β-Si_3N_4 晶种更好。当二者结合使用时，由于这两种增韧相在尺寸上相互搭配，所以强化和增韧的效果更加明显。

表 5.3　加入 β-Si_3N_4 晶种或 SiC 晶须后的增韧效果

试样编号	添加物（质量分数）（%）		抗弯强度 σ_{bb}/MPa	断裂韧性 K_{IC}/MPa·m$^{1/2}$
	β-Si_3N_4 晶种	SiC 晶须		
0	0	0	498.37±22.72	15.12±1.14
1	3	0	850.40±72.20	11.37±0.75
2	0	20	651.47±74.94	23.36±2.01
3	3	20	709.51±89.61	28.90±4.14

由于层状结构陶瓷复合材料的基体片层成型过程中，如轧膜成型，基体中的长柱状晶须或 β-Si_3N_4 晶粒会产生一定的定向排布，在后续的热压烧结过程中，这种定向排布效果更加明显。因此，这种长柱状晶须或 β-Si_3N_4 晶粒的定向排布进一步提高了材料的断裂韧性和强度。

（3）基体片层厚度的影响　不同基体片层厚度的 Si_3N_4/BN 层状复合材料的力学性能。随着基体片层厚度的减小，复合材料单位厚度上的弱界面层数增加，提高了横向裂纹扩展的机会，而且贯穿裂纹扩展被局限在更小的范围内，导致了材料的断裂过程具有更加丰富的细节，材料的断裂韧性、断裂功都逐步得到提高，而强度会略有下降。从表 5.4 可以看出，断裂韧性随基体片层厚度减小而迅速增大，其增韧数值的变化水平和数量级都是通常采用颗粒、晶须增韧方法所无法达到的，这也说明了层状结构是增韧的关键。

表 5.4　不同基体片层厚度的 Si_3N_4 / BN 层状复合材料的力学性能

素坯片层厚度/mm	瓷体片层厚度/mm	弱界面数目/层·mm^{-1}	断裂韧性 K_{1C}/ $MPa \cdot m^{1/2}$	抗弯强度 σ_b/ MPa
0.2	0.087	8.5	28.90±4.14	709.51±89.61
0.4	0.13	6.0	28.40±4.49	740.64±78.94
0.8	0.36	3.0	18.75±4.42	518.93±112.94
1.6	0.61	1.5	9.55±1.49	704.09±127.19
3.2	1.31	0.75	11.67±3.53	572.50±73.02

5. 仿生陶瓷基结构复合材料未来的发展方向

新型结构陶瓷材料具有强度和硬度高、重量轻、耐磨损、耐腐蚀、耐高温、抗氧化等一系列优异的性能，是金属、有机材料所无法比拟的，因而具有非常广阔的应用前景。陶瓷材料在机械、石油化工、航空航天、电力等领域都有着越来越大的应用。

陶瓷材料耐高温（可达 1400℃以上）、耐磨损、能够自润滑、变形小，可以用来作为在高温、易磨损的条件下使用的部件材料，如 SiC 陶瓷可用来作为枪、炮、火箭、导弹等发射筒的内衬材料，高性能的复合材料可作为飞机、航天飞行器等的表面材料。目前在军事上已有应用。陶瓷材料具有良好的抗氧化、耐酸碱的腐蚀、抗冲刷等特性，可用来作为各种腐蚀性环境下使用的部件的表面材料，例如，可用来作为军舰、潜艇等的表面层，可耐海水的侵蚀、防泥沙的冲刷等，还可作为深水下鱼雷的发射罩等。陶瓷材料还可以防辐射，可用来作为核武器的防护层、防辐射的视窗材料等。总之，由于陶瓷材料独特的性能，使得它们具有非常广泛的应用前景。世界各国均投入了大量的人力物力，积极开展陶瓷材料在军事上的应用研究。目前，陶瓷材料在军事上的应用研究正方兴未艾。

虽然层状结构陶瓷复合材料在高断裂韧性、高断裂功等性能方面具有非常明显的优点，但是，从目前的研究水平来看，它仍然存在着一些需要解决的问题。

下面是层状结构陶瓷复合材料未来可能的发展方向。

1）结构设计方面更趋于仿生化、复杂化，以达到更高的综合使用性能。为了能够达到实际应用的程度，层状结构陶瓷复合材料的力学性能还需要进一步改善。对于由弱界面层分隔的层状结构陶瓷复合材料，其断裂韧性虽得以提高，但是会削弱强度、抗疲劳、高温力学性能等指标。因此，需要采取一些弥补措施。其中包括基体片层的结构设计和弱界面层的显微结构设计。例如，可以将目前的材料设计根据服役条件，按照设计器件的方法，把材料的各组成部分当成具有一定功能的部件，将部件组装起来就构成了具有现代意义的复合材料。因此，要综合考虑复合材料面临的使用条件，使其宏观结构从均一结构发展到非均一结构。弱界面层也可以采用非均一结构，即由起强度作用的相和起偏折裂纹作用的相交替排布，既保留材料整体上的高韧性又能够使界面层具有足够的疲劳和蠕变抗力。

2）制备工艺更趋于实用化、简单化，以满足工业上的大规模使用。到目前为止，层状结构陶瓷复合材料的研究都局限于实验室研究，其制备工艺都相当复杂，成本高，不利于大规模生产。为了将来大规模使用该复合材料，必须开发实用化、低成本、适合规模化生产的制备技术，如发展多层流延技术、特殊的涂层与叠层技术等，以期尽早将该复合材料推广到工业应用中去。

3）开展疲劳、蠕变、耐久性等使用性能的研究，探讨其失效机理及寿命预测。尽管层状结构陶瓷复合材料具有很高的断裂韧性和断裂功，但是由于弱界面层的引入，使得材料的强度、抗疲劳等特性受到影响，而且带来了很强的各向异性，这些因素可能会降低该复合材料的使用性能。因而，必须研究该复合材料在实际使用时的失效破坏机理、抗疲劳特性，并根据其失效机理进行寿命预测，优化材料的结构设计，使其具有更好的使用性能。

4）开展层状结构陶瓷复合材料的强韧化机制及设计理论的研究。层状结构陶瓷复合材料的强韧化机制还有待于进一步研究。特别是从力学模型出发，研究多种强韧化机制的协同和耦合增韧作用，定量分析各种机制的影响因素对复合材料强韧化效果的影响，建立一套层状结构陶瓷复合材料的设计理论，以达到根据实际使用要求从理论上设计和制造材料的目的。

陶瓷基复合材料是在陶瓷基体中引入使其增强、增韧的第二相材料而形成的多相材料，又称为多相复合陶瓷或复相陶瓷。陶瓷基复合材料是 20 世纪 80 年代逐渐发展起来的新型陶瓷材料，包括纤维（或晶须）增韧（或增强）陶瓷基复合材料、异相颗粒弥散强化复相陶瓷、原位生长陶瓷复合材料、梯度功能复合陶瓷及纳米陶瓷复合材料。它具有耐高温、耐磨、抗高温蠕变、热导率低、热膨胀系数低、耐化学腐蚀、强度高、硬度大，以及介电、透波等特点，因其在有机材料基和金属材料基不能满足性能要求的工况下得到广泛应用，而成为理想的高温结构材料，越来越受到人们的重视。由于陶瓷材料本身的脆性，作为结构材料使用时缺乏足够的可靠性，因此改善其脆性已成为陶瓷材料领域亟待解决的重要问题之一。据报道，陶瓷基复合材料有望成为在 21 世纪可替代金属及其合金的发动机热端结构的首选材料。基于这一前景，许多国家积极开展陶瓷基复合材料的研究，拓宽了其应用领域，并开发了多种新制备技术。

（1）陶瓷基复合材料的基体和纤维的选择

1）基体材料的选择。对于基体材料，要求它具有较高的耐高温性能，与纤维（或晶须）之间有良好的界面相容性，同时还应考虑到复合材料制造的工艺性能。可供选择的基体材料有玻璃、玻璃-陶瓷、氧化物陶瓷和非氧化物陶瓷材料。

玻璃基复合材料的优点是易于制作（因烧成过程中可通过基体的黏性流动来进行致密化），且增韧效果好；其缺点是由于玻璃相的存在容易产生高温蠕变，同时玻璃相还容易向晶态转化而发生析晶，使其性能受损，使用温度也受到限制。

氧化物陶瓷是 20 世纪 60 年代以前主要使用的陶瓷材料，主要有 MgO、Al_2O_3、SiO_2、ZrO_2 和莫来石等，但均不宜用在高应力和高温环境中。

非氧化物陶瓷，如 Si_3N_4、SiC 等由于具有较高的强度、模量和抗热震性及优异的高温力学性能而受到人们的关注，与金属材料相比，这类陶瓷材料具有密度较低等特点。

2）增强增韧纤维的选择。陶瓷基复合材料中最早使用的纤维是金属纤维，如 W、Mo、Ta 等，用来增韧 Si_3N_4、Al_2O_3、Ta_2O_5、莫来石等，此类陶瓷基复合材料虽然可以得到较高的室温强度，但其缺点是在高温下容易发生氧化，所以又发展了 SiC 涂层 W 芯纤维。使用此种纤维增韧的 Si_3N_4 复合材料，断裂功可提高到 $3900J/m^2$，但强度却仅有 $55MPa$，然而纤维的抗氧化性问题仍未得到解决，而且当温度为 $800℃$ 时，强度会严重下降。C 纤维由于具有较高的强度、弹性模量和低成本而被广泛应用于复合材料领域，但在实际使用中发现，在高温下 C 纤维与许多陶瓷基体会发生化学反应。

（2）陶瓷基复合材料增韧技术

1）纤维增韧。为了提高复合材料的韧性，必须尽可能提高材料断裂时消耗的能量。任何固体材料在载荷作用下（静态或冲击），吸收能量的方式无非是材料变形和形成新的表面。对于脆性基体和纤维来说，允许的变形范围很小，因此变形吸收的断裂能也很少。为了提高这类材料的吸收能量，只能是增加断裂表面，即增加裂纹的扩展路径。纤维的引入不仅提高了陶瓷材料的韧性，更重要的是使陶瓷材料的断裂行为发生了根本性变化，由原来的脆性断裂变成了非脆性断裂。纤维增韧陶瓷基复合材料的增韧机制包括基体预压缩应力、裂纹扩展受阻、纤维拔出、纤维桥联、裂纹偏转、相变增韧等。

目前能用于增强陶瓷基复合材料的纤维种类较多，包括氧化铝系列（如莫来石）、碳化硅系列、氮化硅系列、碳纤维等，除了上述系列纤维外，现在正在研发的还有 BN、TiC、B_4C 等复相纤维。纤维拔出是纤维复合材料的主要增韧机制，通过纤维拔出过程的摩擦耗能，使复合材料的断裂功增大。纤维拔出过程的耗能取决于纤维拔出长度和脱黏面的滑移阻力。滑移阻力过大，纤维拔出长度较短，增韧效果不好；滑移阻力过小，尽管纤维拔出长度较长，但摩擦做功较小，增韧效果不好，且强度较低。纤维拔出长度取决于纤维强度分布、界面滑移阻力。因此，在构筑纤维增韧陶瓷基复合材料时，应考虑纤维的强度和模量要高于基体，同时要求纤维强度具有一定的 Weibull 分布；纤维与基体之间具有良好的化学相容性和物理性能匹配；界面结合强度适中，既保证载荷传递，在裂纹扩展中适当解离，又能有较长的纤维拔出，以达到理想的增韧效果。

2）晶须增韧。陶瓷晶须是具有一定长径比且缺陷很少的陶瓷小单晶，它有很高的强度，是一种非常理想的陶瓷基复合材料的增韧增强体。目前常用的陶瓷晶须有 SiC 晶须，Si_3N_4 晶须和 Al_2O_3 晶须；基体常用的有 ZrO_2、Si_3N_4、SiO_2、Al_2O_3 和莫来石等。晶须增韧陶瓷基复合材料的主要增韧机制包括晶须拔出、裂纹偏转、晶须桥联，其增韧机理与纤维增韧陶瓷基复合材料类似。晶须增韧效果不随着温度的变化而变化，因此晶须增韧被认为是高温结构陶瓷复合材料的主要增韧方式。晶须增韧陶瓷复合材料主要有两种方法：

一是外加晶须法。即通过晶须分散，晶须与基体混合、成形，再经煅烧制得增韧陶瓷。可加入到氧化物、碳化物、氮化物等基体中得到增韧陶瓷复合材料，目前此方法应用较为普遍。

二是原位生长晶须法。将陶瓷基体粉末和晶须生长助剂等直接混合成形，在一定的条件下原位合成晶须，同时制备出含有该晶须的陶瓷复合材料，这种方法尚未成熟，有待进一步探索。

晶须增韧陶瓷基复合材料与很多因素有关，首先，晶须与基体应选择得当，两者的物理、化学相容性要匹配，才能使陶瓷复合材料在韧性上得到提高；其次，晶须的含量存在临界含量和最佳含量，复合材料的断裂韧性随晶须体积含量 V_f 的增加而增大。但是随着晶须含量的增加，因晶须的桥联作用，使复合材料的烧结致密化变得困难。

3）相变增韧。相变增韧 ZrO_2 陶瓷是一种极有发展前途的新型结构陶瓷，其主要是利用 ZrO_2 相变特性来提高陶瓷材料的断裂韧性和抗弯强度，使其具有优良的力学性能，低的导热系数和良好的抗热震性。它还可以用来显著提高脆性材料的韧性和强度，是复合材料和复合陶瓷中重要的增韧剂。近年来，具有各种性能的 ZrO_2 陶瓷和以 ZrO_2 为相变增韧物质的复合陶瓷迅速发展，在工业和科学技术的许多领域得到了日益广泛的应用。ZrO_2 的增韧机制一般认为有应力诱导相变增韧、微裂纹增韧、压缩表面韧化。在实际材料中究竟何种增韧机制起主导作用，在很大程度上取决于四方相向单斜相马氏体相变的程度高低及相变在材料中发生的部位。

4）颗粒增韧。利用颗粒作为增韧剂，制备颗粒增韧陶瓷基复合材料，其原料的均匀分散及烧结致密化都比短纤维及晶须复合材料简便易行。因此，尽管颗粒的增韧效果不如晶须与纤维的增韧效果好，但如果颗粒种类、粒径、含量及基体材料选择得当，仍有一定的韧化效果，同时会带来高温强度、高温蠕变性能的改善。所以，颗粒增韧陶瓷基复合材料同样受到关注，并开展了大量的研究工作。颗粒增韧按增韧机理可分为非相变第二相颗粒增韧、延性颗粒增韧、纳米颗粒增韧。非相变第二相颗粒增韧主要是通过添加颗粒使基体和颗粒间产生弹性模量和热膨胀失配来达到强化和增韧的目的，此外，基体和第二相颗粒的界面在很大程度上决定了增韧机制和强化效果，目前使用较多的是氮化物和碳化物等颗粒。延性颗粒增韧是在脆性陶瓷基体中加入第二相延性颗粒（一般加入金属粒子）来提高陶瓷的韧性。金属粒子作为延性第二相引入陶瓷基体内，不仅改善了陶瓷的烧结性能，而且还能以多种方式防止陶瓷中裂纹的扩展，如裂纹的钝化、偏转、钉扎及金属粒子的拔出等，可使复合材料的抗弯强度和断裂韧性得以提高。金属粒子增韧陶瓷的增韧效果归因于金属的塑性变形或裂纹偏转，且其韧化的程度取决于金属粒子的形状。当金属粒子形状呈颗粒状时，增韧机制主要是裂纹偏转；而金属的塑性变形则主要发生于金属呈纤维、薄片等形状存在的复合材料中。

5）纳米复合陶瓷增韧。纳米技术的出现，在改善传统材料性能方面显示出极大的优势，基于纳米的研究使陶瓷增韧技术获得革命性突破。纳米陶瓷由于晶粒的细化，晶界数量会极大增加（纳米陶瓷的气孔和缺陷尺寸减小到一定尺寸就不会影响材料的宏观强度），可使材料的强度、韧性显著增加。在微米级 Al_2O_3 基体中加入体积分数为5%的 SiC 纳米颗粒并得到较高强度。围绕纳米颗粒复合陶瓷的研究越来越多，其中 Al_2O_3/SiC 纳米复合材料研究最为成熟。

纳米相在复合陶瓷中以两种形式存在，一种是分布在微米级陶瓷晶粒之间的晶间纳米相；另一种则嵌入基质晶粒内部，被称为晶内纳米相或内晶型结构。两种结构共同作用产生了两个显著的效应——穿晶断裂和多重界面，从而对材料的力学性能起到重要的影响。有关纳米陶瓷复合材料的增韧强化机理目前还不明确，看法不一，将其归纳起来有以下几种理论：

一是细化理论。该理论认为纳米相的引入能抑制基体晶粒的异常长大，使基体结构均匀细化，是纳米陶瓷复合材料强度、韧性提高的一个原因。

二是穿晶理论。该理论认为基体颗粒以纳米颗粒为核发生致密化而将纳米颗粒包裹在基体晶粒内部，因此在纳米复合材料中，存在晶内型结构，而纳米复合材料性能的提高与晶内型结构的形成及由此产生的次界面效应有关。晶内型结构能减弱主晶界的作用，诱发穿晶断裂，使材料断裂时产生穿晶断裂而不是沿晶断裂。

三是钉扎理论。该理论认为存在于基体晶界的纳米颗粒因产生钉扎效应，从而限制晶界滑移和孔穴、蠕变的发生。氧化物陶瓷高温强度衰减主要是由于晶界的滑移、孔穴的形成和扩散蠕变造成的，因此钉扎效应是纳米颗粒改善氧化物高温强度的主要原因。

（3）陶瓷基复合材料的生产工艺

1）传统的浆料浸渗工艺。目前浆料浸渗工艺在制造长纤维补强玻璃和玻璃-陶瓷及低熔点陶瓷基复合材料上应用最多，且最为有效，热压烧结时的温度应接近或略高于玻璃的软化点，这样利于黏性流动，以促进致密化过程的进行。

2）Sol-gel 法和聚合物热解法。Sol-gel 法和聚合物热解法是近年来发展起来的，Sol-gel 法是将金属醇盐在室温或略高于室温下水解、缩聚，得到溶胶和凝胶，再将其进行热处理，得到玻璃和陶瓷。

3）熔体浸渗法。熔体浸渗法在制备金属基复合材料中得到了广泛应用，并且卓有成效。但迄今为止，熔体浸渗法在制备陶瓷基复合材料中却很少应用。这种方法只需通过浸渗处理即可得到完全致密和没有裂纹的基体，从预制件到成品的处理过程中，其尺寸基本不发生变化，适合用于制作任何形状复杂的结构件。

4）化学气相渗透（CVI）工艺。CVI 工艺是在 CVD 工艺基础上发展起来的一种制备复合材料的新方法，CVI 工艺能将反应物气体渗入到多孔体内部，发生化学反应并进行沉积，特别适用于制备由连续纤维增强的陶瓷基复合材料。与固相粉末烧结法和液相浸渍法相比，CVI 工艺在制备陶瓷基复合材料方面具有以下显著优点：①可以在较低温度下制备材料，如在 800～1200℃下制备 SiC 陶瓷，而传统的粉末烧结法的烧结温度在 2000℃以上；②可以制备硅化物、碳化物、氮化物、硼化物和氧化物等多种陶瓷材料，并实现在微观尺度上的成分设计；③可以制备形状复杂、近尺寸和纤维体积分数高的部件，由于制备过程是在较低温度下进行的，并且不需要外加压力，因此材料内部的残余应力小，纤维几乎不受损伤。

陶瓷是一种脆性材料，在材料制备、机械加工及使用过程中，容易产生一些内在和外在缺陷，严重限制了其应用，因此提高陶瓷材料的韧性成为影响陶瓷材料在高技术领域中应用的关键。近年来，材料学科因受自然界高性能生物材料的启发，而提出了模仿生物材料结构制备高韧性陶瓷材料的思路。SiC 薄片与石墨片层交替叠层结构复合材料与常规 SiC 陶瓷材料相比，其断裂韧性和断裂功提高了几倍甚至几十倍，成功地实现了仿贝壳珍珠层的宏观结构增韧。

陶瓷基层状复合材料的制备工艺具有简便易行、易于推广、制备周期短且成本低廉等优点，不仅可应用于制备大的或形状复杂的陶瓷部件，这种层状结构还能与其他增韧机制相结合，产生不同尺度多级增韧机制协同作用，实现了简单成分多重结构复合，从本质上突破了复杂成分简单复合的旧思路。这种新的工艺思路是对传统陶瓷基复合材料制备工艺的重大突破，将为陶瓷基复合材料的应用开辟广阔前景。

5.1.2　组织工程材料

组织工程材料原指生物医用材料（Biomedical Materials），其定义随医用材料的发展而不断发展，现指用于取代、修复活组织的生物或人造材料。人体移植器官和组织的严重短缺以及高昂的移植费用，限制了其在医学临床上的应用，人们运用组织工程学的概念和原理，试图在体外重建人体的器官和组织。组织工程的核心是将具有生命力的人体器官组织细胞在生物材料所形成的构架中进行培养、分化、增殖，最终形成一个完整的具有与人体对应器官和组织相同生理功能的实质性替代物。

1. 组织工程材料特性

（1）生物相容性和组织相容性　组织工程材料与器官组织细胞具有良好的生物相容性，

细胞在支架材料上可黏附、生长、繁殖，保持细胞原有的形态特征和功能，不发生变异，和体内环境相融合，不产生免疫排斥反应。作为组织工程生物材料支架的主要有生物蛋白质和聚糖两大类，明胶蛋白、胶原蛋白和纤维蛋白属于生物蛋白支架材料，而海藻酸盐、壳聚糖、琼脂、透明质酸、硫酸软骨素属于生物聚糖支架材料。生物材料来源于动物和植物，它们的结构和成分与人体组织器官细胞间质中的蛋白质和聚糖相似，因此，与细胞具有良好的生物亲和性和相容性，在这些生物材料支架中引起免疫排斥反应的抗原性结构成分可通过相应的生物化学技术和方法去除。从动物中提取的胶原主要抗原点位于蛋白质分子碳末端和氨末端区域，这两个区域由短的非螺旋结构氨基酸组成，具有种属的差异性，用于人体会引起免疫排斥反应，因此，在动物胶原提取的过程中将这两个区域的氨基酸链段选择性的水解除掉，可消除由此而引起的免疫排斥反应。

（2）生物降解性和可吸收性 作为组织工程细胞的支架材料，要具有可控的生物降解性和吸收性，降解速度与组织器官细胞生长速度相匹配，根据不同组织器官细胞的生长特性和不同程度损伤修复再生的时间，设计生物材料支架的降解和吸收速度，降解后的产物可被机体代谢吸收，不产生有害的小分子副产物。生物材料在体内受到各种酶和体液成分的影响，降解速度过快不能与细胞生长修复的速度相匹配。如果使用单纯的动物胶原，在体内存留的时间一般为3~7天，极易被人体内的胶原酶降解为小分子链段的蛋白质而被吸收，而对于壳聚糖，在体内则可以维持较长的时间，因为体内的壳聚糖酶含量较低。对于使用生物材料作为组织工程材料支架，一般情况下均要将它们进行物理与生化方面的处理，通过它们自身结构的修饰改性与交联，减慢它们在机体内的降解速度以达到可控的目的。

（3）细胞生长因子 不同组织器官细胞所需的生长因子不同，生长因子对细胞的黏附、生长、繁殖、迁移和基因表达起调控作用。表皮细胞生长因子可促进角膜和皮肤表层细胞的生长。成纤维细胞生长因子可调控基质成纤维的细胞繁殖，骨形成蛋白可诱导和刺激骨细胞形成新骨，根据不同组织与器官细胞的生长特性，加入相应的细胞生长因子于支架中，能促进组织与器官的再生，引导组织细胞沿支架构建的方向和形态生长。将细胞生长因子用于组织工程生物材料支架中，目前要解决的问题是如何保持细胞生长因子的活性和有效的活性剂量在生物体内的控释。

（4）力学与加工性能 组织工程支架材料要具有良好的力学与加工性能，在细胞生长繁殖的过程中，要承受一定的应力，作为组织器官细胞支架，在机体内要有足够的强度和韧性承受周围环境产生的压力和拉力。

2. 组织工程材料加工方法

（1）支架的三维立体空间结构 组织工程支架材料具有可供细胞生长繁殖的三维立体空间，细胞可在支架内外立体生长，因此，支架必须是多孔结构。不同细胞要对应不同的孔径大小、孔体积、孔密度、孔分布和孔形态，在支架中形成的多孔应为开放互通，可为细胞生长繁殖提供新陈代谢空间。制备组织工程生物材料支架的方法和技术主要有以下几种：

1）程序降温冷冻干燥法。生物材料中胶原、明胶、琼脂、海藻酸钠、壳聚糖可溶于水或酸溶液中呈均匀的黏液状态，利用程序降温冷冻干燥法，可制得多孔海绵状的支架材料，孔的尺寸、密度和孔形态可通过降温的速度和温度、溶液浓度，降温程序间隔的温度梯度来调控。冷冻温度高，水形成冰晶成核小，冰晶尺寸大，则支架材料可产生大的孔径，反之，则产生小孔径的支架材料，利用此法制备的支架材料，可产生大量的开放相通孔，有利于细胞的立体生长和繁殖。

2）致孔剂制孔法。在生物材料中加入致孔剂，通过调节致孔剂的尺寸和用量来控制在支架中的孔大小和孔密度，聚乙二醇是一种生物相容性优良的大分子聚合物，有广泛的水溶性，分子量在几千到几万，不同级分子量的聚乙二醇作为致孔剂，在支架中可以产生不同的孔径大小，调节其用量可产生不同的孔密度。利用毛细管将水制成具有一定尺寸大小的冰晶颗粒加入到预冷的生物材料溶液中作为致孔剂，然后进行冷冻干燥，冰晶挥发后在支架材料中留下大量孔结构，不残留任何有害的成分。

3）气体致孔法。生物大分子胶原、壳聚糖、明胶、琼脂和海藻酸钠，可配制成均匀高黏性的黏液，调节黏溶液的 pH 值或加入一些多价离子可形成凝胶，在黏液中通入氮气，气体发泡在材料中可形成大量孔结构，控制黏液浓度、黏度及通气压力可制得不同的孔结构形态。

4）静电纺丝法。当电压超过某一临界值时，高黏度的液体不会被分割，可直接到达收集板而形成纳米纤维支架。利用色谱法原理，可以将材料先配成高黏度的液体，然后流射向收集板，溶剂挥发后形成多孔的纤维支架。这一过程涉及色谱法的基本原理，即利用混合物中各组分在某一物质中的吸附或溶解性能的不同，或和其他亲和作用性能的差异，使混合物的溶液流经该种物质时，进行反复的吸附或分配等作用，从而将各组分分开。在这个过程中，通过调整材料的黏度和流射条件，可以控制最终形成的纤维支架的结构和性质。溶剂的挥发使得材料逐渐固化，形成具有特定孔隙结构的多孔纤维支架，这种支架在材料科学、生物医学工程等领域有广泛的应用，例如，作为组织工程中的支架材料，用于细胞培养和药物释放等。

5）快速成型法。生物大分子物质具有可形成凝胶的特点，利用水凝胶三维快速成型法可制得完全互通、高度规则和孔形态统一的组织工程支架材料，改变细丝在各层中的方向和角度，可得到适于各种细胞培养和生长繁殖的支架，胶原、海藻酸钠、壳聚糖、明胶、琼脂等形成的凝胶，均可应用这个方法获得理想的支架结构。

（2）支架的表面结构　支架的表面结构直接影响细胞的黏附贴壁，具有对细胞亲和性的统一拓扑形貌结构，可使细胞具有良好的延伸程度和维持细胞的正常形态，表面结构对细胞的生长和功能表达起重要作用。当支架材料进入人体时，支架的表面最先与体内的各种细胞相接触，细胞通过识别后接纳认可支架材料作为其黏附、生长、迁移的细胞外基质，这一过程是一个仿生过程，通过模仿细胞在体内的天然生长环境来构建支架材料的表面特性和内部结构，这些表面特性包括：表面荷电性能、亲水-疏水平衡、拓扑结构和表面能，为了实现这一仿生过程，支架表面修饰常采用以下几种方法：

1）生物活性大分子。表面生物活性大分子包括纤维连接蛋白、层黏蛋白、各类细胞生长因子，这些生物活性大分子通过物理、化学与生物化学的方法固定或结合在支架材料的表面，通过活性大分子在支架表面的富集，使支架表面被细胞认可和接受，增强细胞对支架表面特异性的黏附，抑制非特异性的蛋白吸附。

2）抗非特异性吸附表面修饰。支架材料进入人体，体液和血液中的各种成分在支架表面迅速发生吸附和沉淀，其中有许多蛋白质在支架表面吸附后是不利于细胞在支架上的黏附和生长的，这种非特异性的蛋白质吸附必须清除，在支架表面构建亲水层或接枝固定一定比例的亲水结构，有助于解决存在的问题。

3）表面拓扑结构化。细胞根据生物材料表面结构取向生长，表面结构可影响细胞的形态伸展程度和生理功能，通过调节生物材料表面的组成，负电荷排列分布、亲水-疏水的比例分布和形貌，使支架表面具有相同的形态结构，有助于细胞在支架表面的正常生长，表面拓扑结构化常用的方法有表面光刻蚀、表面等离子化学图案化、多糖化和生长因子表面固定化。

5.1.3　仿生智能材料

智能材料（Intelligent Material）是一种能从自身的表层或内部获取关于环境条件及其变化的信息，并进行判断、处理和做出反应，以改变自身的结构与功能并使之很好地与外界相协调的具有自适应性的材料系统。仿生智能材料是受生物启发或者模仿生物的各种特性而开发出的具有感知环境（包括内环境和外环境）刺激，并对其进行分析、处理、判断，并进行适度响应的具有仿生智能特征的材料。新型仿生智能材料的研发是一个认识自然、模仿自然，进一步超越自然的过程，其基础是从分子水平上阐明生物体的材料特性和构效关系，进而模仿生物材料的特殊成分、结构和功能，将仿生理念与材料制备技术相结合，将基础研究与应用研究相结合，以实现成分、结构和功能的协调统一，设计并制备出结构、功能与原生物对象类似或更优的新型材料体系。自20世纪90年代以来，仿生智能材料学科迅速崛起并飞速发展，已成为一个涉及材料学、化学、物理学和生物学等多学科的交叉性研究领域，为推进科技创新、解决工程应用中的实际问题提供了新的理论和策略，为人类更加合理、有效地开发利用各种自然资源提供了新的方法和途径。本节主要介绍自修复自愈合材料、红外隐身材料、智能高分子凝胶材料、智能药物释放体系的基础理论、仿生设计原理、制备加工技术和发展前景。

1. 仿生智能材料的基本属性

（1）仿生智能材料的基本内涵

1）具有感知功能，能够检测并且可以识别外界（或者内部）的刺激，如电、光、热、应力、应变、化学、核辐射等。

2）具有驱动功能，能够响应外界变化。

3）能够按照设定的方式选择和控制响应。

4）反应比较灵敏、及时和恰当。

5）当外部刺激消除后，能够迅速恢复到原始状态。

仿生智能材料的三大要素是感知、反馈和响应。

（2）仿生智能材料的特征　在材料系统或结构中，可将传感、控制、驱动三种职能集于一身，通过自身对信息的感知、采集、转换、传输和处理，发出指令并执行和完成相应的动作，从而赋予材料系统结构健康自诊断、偏差自校正、损伤自修复与环境自适应等智能功能和生物特征，以达到增强结构安全、降低能量消耗和提高整体性能的目的。

2. 仿生智能材料的构成

仿生智能材料由基体材料、敏感材料、驱动材料和其他功能材料四部分构成。

（1）基体材料　基体材料担负着承载的作用，一般宜选用轻质材料。首选高分子材料，因为其重量轻、耐腐蚀。其次也可选用金属材料，以轻质有色合金为主。

（2）敏感材料　敏感材料担负着传感的任务，其主要作用是感知环境变化，包括压力、应力、温度、电磁场、pH 值等。

常用敏感材料：形状记忆材料、压电材料、光纤材料、磁致伸缩材料、电致变色材料、电流变体、磁流变体和液晶材料等。

（3）驱动材料　因为在一定条件下驱动材料可产生较大的应变和应力，所以它担负着响应和控制的任务。

常用驱动材料：形状记忆材料、压电材料、电流变体和磁致伸缩材料等。

（4）其他功能材料　包括导电材料、磁性材料、光纤和半导体材料等。

3. 仿生智能材料的应用

（1）自修复自愈合材料　材料在使用过程中不可避免地会产生损伤和裂纹，由此引发的宏观裂缝会影响材料性能和设备运行，甚至造成材料失效和严重事故。如果能对材料的早期损伤或裂纹进行修复，对于消除安全隐患、延长材料使用寿命、提高材料利用率具有重要意义。然而材料产生微裂纹的第一时间是不易察觉的，因此实现材料的自修复和自愈合便是一个现实而复杂的问题。自修复自愈合材料是近十几年来兴起的一种新型仿生智能材料，其技术核心源于对生物体损伤愈合机理的研究与模仿，通过物质和能量补给，实现材料内部或者外部损伤的自修复自愈合，可广泛用于表面涂层、人造肌肉、医疗器械、传感器、电子皮肤等前沿热点领域。

类似于很多动植物表层分泌保护液的过程，当表面的润滑油层受到机械力作用的破坏时，在多孔介质储层中的润滑油会通过与多孔介质的动态反馈机制自动补充到表面油层，使其恢复到原来的稳定状态，从而维持原有的材料性能。Aizenberg 团队通过缩合聚合方法制备了以聚二甲基硅氧烷-尿素（Polydimethylsiloxaneurea）共聚物为基体的润滑油浸渍材料，其中聚二甲基硅氧烷与润滑油液体之间有优良的相容性，能够牢固地将润滑油束缚在基体表面和内部，避免润滑油在外部机械力作用下流失。大量的酰胺基团间的氢键作用使线型聚二甲基硅氧烷-尿素大分子之间形成可逆物理交联网络，在受到外力破坏时，动态多氢键作用可使基体迅速修复愈合。聚合物基体和润滑油层的双重自修复自愈合机制间的协同作用，更加扩展了这种新型润滑油浸渍材料的应用空间。

更多被提及的自修复自愈合材料，是通过可逆化学反应或物理过程控制的高分子材料或无机-高分子复合材料。例如，将各种动态化学键如阻碍型脲键（Hindered Urea Bonds）、二硫键（Disulfide Bond）、狄尔斯-阿尔德反应（Diels-Alder Reaction）、席夫碱反应（Schiff Base Reaction）等，引入到高分子材料体系中，可使材料在损伤部位进行快速的化学键交换，形成新的化学键，从而实现自修复自愈合效果。研究人员利用席夫碱反应动态化学键制备了一种新型的基于两种柔性高分子材料醛基化聚乙二醇和支化聚乙烯亚胺的水凝胶网络，其中独特的支化聚乙烯亚胺与线性乙二醇结构赋予了这种材料仿生物组织的应变-硬化特性，动态席夫碱化学键与分子间氢键使其具有优异的自修复自愈合能力和形状记忆效应，在经受剧烈应变或切割后可迅速恢复到其原有的形状和力学性能，达到接近 100% 的修复愈合效果。该水凝胶具有很好的生物相容性，对于制备人造肌肉等新型仿生智能材料具有重要意义。

在材料体系中引入某些特殊可逆物理交联网络结构，如脲基嘧啶酮（UPy）衍生物、脲键、邻苯二酚基团（Catecholgroups）等多氢键结构，也可以实现材料高效自修复自愈合的目的。研究人员通过缩合聚合方法制备的超分子聚合物弹性体具有聚丁二醇-四甘醇柔性主链和脲基嘧啶酮二聚体四重氢键交联剂，前者构成了材料内部的软区域，后者赋予了材料理想的力学性能，柔软可拉伸且具有一定的韧性。该柔性聚合物弹性体可作为金薄膜电极基底，能使金薄膜电极保持其导电性，并具有良好的界面黏合性、高拉伸性、断裂/缺口不敏感性和自修复性，在制造新一代可穿戴和植入式柔性电子器件领域具有广阔的应用前景。

（2）红外隐身材料 由于各种探测侦察技术尤其是红外探测技术的发展，在现代战争中被发现即意味着有极高的被摧毁的可能。因此，世界主要的军事强国都在加大力度发展反红外探测技术，以提高武器装备和人员在战争环境中的生存和作战效能。红外隐身材料是红外隐身技术的重要组成部分，是实现红外隐身的物质基础，通过降低红外发射率和红外镜面反射率，或隔断目标的红外辐射能力，使其难以被识别和追踪。自然界中的很多动物能够感知周边环境的变化来调节皮肤中的组织结构和生物蛋白，从而改变自身的颜色、反射光线能力或热量耗散程度，以达到环境伪装或红外隐身的目的。

（3）智能高分子凝胶材料 高分子凝胶能够在极短的时间内吸水，并且具有强大的保水能力，是一种低交联度材料。智能高分子凝胶突出了其智能性，在受到环境刺激时，材料的结构、物理性质和化学性质会随之变化，具有极高的使用效率，是一种重要的环境材料。

1）形状记忆和自修复水凝胶。大多数的生物体在遇到伤害时都会体现其自我修复的能力。陈涛等研究人员提出在超分子的形状记忆水凝胶里引入双网络的概念，从而赋予它们卓越的力学性能。而这样的性能是其作为环境材料的重要特征之一。该类水凝胶不仅可以作为新型材料应用于各种生物医学与光学领域，而且其作为环境材料所具有的高使用效率的特征可以为环境领域的新型材料研发提供思路。

2）水凝胶皮肤与智能伤口敷料。应用于临床中与人体密切接触的材料、器物必须要有极高的生物相容性，否则极易发生严重的生物体排斥反应。研究人员提出将亲水的聚合物插入各种聚合物的表面，从而自然形成"水凝胶皮肤"。这种人工制造的皮肤具有与生物组织相似的柔软性，且具有卓越的机械鲁棒性、低摩擦性、防污性和离子电导性。这种皮肤可以通过将可拉伸导体、功能芯片、药物输送通道和储层集成到可拉伸、坚固且生物相容的水凝胶基质中进行设计得到。该设计能够感受人体皮肤上不同位置的温度，从而向不同位置的皮肤释放药物，并且保持药物的持续释放。该类材料在使用的过程中无毒无害，能够有效减少污染，无论是对生态环境还是对于人体健康都有极大的益处。

（4）智能药物释放体系 智能药物释放体系是仿生智能材料研究的热点之一。该体系的特点是能在特定时间释放特定剂量的药物，且具有反馈机制。在感受到外界环境的疾病刺激时，智能材料发生膨胀，药物从膨胀后的孔隙中渗出。疾病信息的消失通过自动反馈系统传递给控制系统，智能材料就会收缩，紧紧包裹住药物，达到定量释放的目的。其环境友好性主要体现在控制药物释放，尽可能减少多余的药物残留对环境造成的危害。药物释放的响应机制可以分成 pH 响应型、磁响应型和温度响应型等。

而对于其他的仿生智能材料应用还有很多，如记忆金属合金、变色玻璃等。

5.2 结构仿生学与建筑工程

建筑仿生可以是多方面的，也可以是综合性的，不仅是通过对生物的外形进行简单模仿而转化出具有实用价值的客观物体，更重要的是要学习生物生长的自然规律及与其生存环境的关系，有效的运用仿生学原理创造出新颖和适应自然生态的建筑形式。

5.2.1 仿生建筑的概念

实体的仿生是从自然界中选取研究对象，将对象形态、结构转化为可以利用在技术领域的抽象功能，考虑用不同的物质材料和工艺手段创造新的形态和结构，具有科技性、时代性。图 5.7 所示为以自然界中生物为仿生原型的仿生建筑实例。

图 5.7　以自然界中生物为仿生原型的仿生建筑实例

a）仿生原型　b）仿生建筑实例

抽象的讨论，是从城市发展的角度来认识的。在"全球化"的语境下，"地域性"这个元素对营造城市场所的归属感尤为重要，这给建筑的仿生设计提出了新的要求。仿生不应仅仅追求高科技的展现，还应尊重并发展当地文化和风俗习惯，体现地域性特征。这样的仿生更具适宜性。

5.2.2 仿生建筑的分类

仿生建筑主要分为建筑形态的仿生、建筑结构的仿生、功能仿生及材料仿生。

1. 建筑形态的仿生

建筑形态的仿生是建筑仿生中最常见的仿生方式，人们通过模仿自然界的生物形态，从而创造出体貌多变的建筑形态，建筑形态仿生实例如图 5.8 所示。

2. 建筑结构的仿生

建筑结构的仿生是从自然界汲取灵感，从而实现建筑力学、结构、材料性能等方面的仿生。对生物结构形态的研究是实现这些要求的有效途径。以动植物、微生物、人类自身等为原型，通过研究自然的选择和优化规律，提取出原型中的结构体系，来为新建筑结构提供合理的外形，通过分析系统的结构性质，将其应用于建筑整体的结构中。建筑结构仿生实例如图 5.9 所示。

图 5.8 建筑形态仿生实例

a）仿生原型 b）形态仿生建筑实例

图 5.9 建筑结构仿生实例

建筑结构仿生包括薄壳形态、骨架形态、网状形态、杆茎形态、树状形态、气膜形态及晶体形态。

（1）薄壳形态 生物界的各种蛋壳、贝壳、乌龟壳、海螺壳都是一种曲度均匀、质地轻巧的薄壳结构。这种薄壳结构的表面虽然很薄，但非常耐压。壳体结构的强度和刚度主要是利用了其几何形状的合理性，把受到的压力均匀地分散到壳体的各个部分，以很小的厚度承受很大的重量，这就是薄壳结构的特点。

建于 1959 年的法国国家工业与技术中心陈列馆是薄壳结构建筑中较为出色的作品，如图 5.10 所示。建筑屋顶采用了分段预制的双层双曲钢筋混凝土薄壳结构，巨大的白色壳体平面呈三角形，每边跨度达 218m，壳顶高出地面 48m，使用面积达到 90000m^2。双层混凝土壳体借鉴了扇贝波浪状起伏的表面形态，使壳体的刚度大大增加，总厚度仅为 12cm，结构效率显著，实现了用最少材料建造最大使用空间的构想。

（2）骨架形态 动物在长期进化中逐渐形成了适应生存环境的种种形态，而保持这种形态的骨骼系统在强度、硬度和稳定性等方面是很完美的。

181

密尔沃基美术博物馆在展馆接待厅玻璃大窗外设计了遮阳层，遮阳层与机械动力装置相连可以启闭，建筑造型也随之变化。当开启到顶点时，所有遮阳金属杆的轮廓形成两道优美的弧线，形如一只振翅的巨鸟，给人以强烈的视觉冲击，如图5.11所示。这种建筑不仅在结构与功能上能够有机结合，并且创造出了令人耳目一新的建筑造型。

（3）网状形态　人们受到蜘蛛网的启发发明了悬索结构，结构中柔软的索网在应力状态下可以任意变形，最终达到只承受轴向拉力，既无弯矩也无剪力的受力状态。

图 5.10　薄壳结构建筑实例（法国国家
工业与技术中心陈列馆）

意大利建筑师奈尔维在其设计的迦蒂羊毛厂中采用了混凝土肋板结构，其模仿了莲叶脉的机理，平面内相互连接的肋梁增强了结构的整体刚度，精巧的形态令人称赞，如图5.12所示。后来建筑界广泛应用的井式楼盖和密肋楼盖等结构形式或许正是受了它的启发。

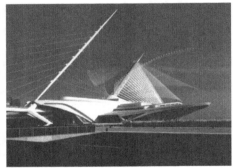

图 5.11　骨架形态建筑实例（密尔沃基美术博物馆遮阳层）

（4）杆茎形态　当代高层建筑设计中也通过借鉴竹子这种空心和结节的结构构造特点，发明了筒体结构，山框架或剪力墙围合成类似于竹筒的竖向井筒，沿着高度方向每隔一定的间距在建筑的相应位置设置类似竹节的加强结构层将筒体与框架相互连接起来，能够极大地加强建筑水平与竖直方向的稳定性，形成一个具有良好受力性能的空间构架。

美国芝加哥威利斯大厦，共110层，高420m，是由9个方筒聚合形成束筒结构，起到如竹节般的结构加强作用，如图5.13所示。

（5）树状形态　按照仿生学的建构理论，以自然界的树木作为研究对象，可以得

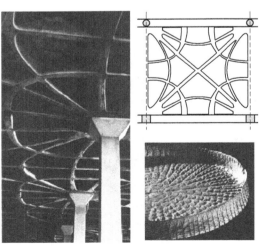

图 5.12　网状形态建筑实例（迦蒂羊
毛厂中采用的混凝土肋板结构）

到树状结构的基本形态。典型的树状结构的形态特征是多级分枝、三维伸展。它通过对树木自然形态的力学分析和形态简化而成，树冠上的载荷自上而下通过各层分枝传递时接近轴向传力，可以充分发挥材料的抗压性能，因而能覆盖较大空间。

卡拉特拉瓦设计建造的葡萄牙里斯本东方车站，屋顶采用一个个树状结构排列组合成了一片"树林"，如图 5.14 所示。目前国内外有许多高速公路收费站也纷纷采用了树状结构，这一结构的使用变得越来越广泛。

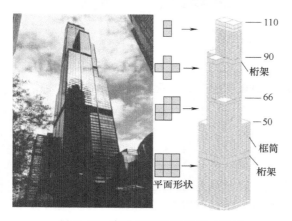

图 5.13　束筒结构建筑实例（美国芝加哥威利斯大厦）

图 5.14　树状形态建筑实例（葡萄牙里斯本东方车站）

（6）气膜形态　通过对气泡现象进行结构分析与模仿而产生的充气结构打破了传统的建筑结构形式，在有压气体压力的调整下，只要塑造出封闭的外形，任何形状都可以实现。

水立方采用了新型基于气泡理论的多面体空间钢架体系，主体是由 ETFE 膜与钢框架相组合的充气薄膜结构，如图 5.15 所示。整个建筑长、宽均为 177m，高为 31m，建筑面积为 $87283m^2$，由 3700 多个气枕构成，ETFE 气枕面积约为 10 万 m^2。

图 5.15　气膜形态建筑实例（水立方）

（7）晶体形态　结构专家研究了原子与分子稳定的晶体构成形式，将这种形式运用于空间结构的设计中，发明了网架结构，具有很大的跨越能力。其是一种用很多杆件以一定规律组成的空间结构，杆件规格统一，结构高度较小，能够有效地利用空间，网架结构建筑实例如图 5.16 所示。

3. 功能仿生

建筑的功能往往是错综复杂的，如何有机组织各种功能成为一个综合的整体，自然界中的生物为我们提供了成功的范例，它不仅仅是单一功能元素的相互叠加，而是多功能发展过程的整合，因此产生了一个较高发展阶段的新特性。

183

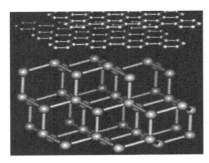

图 5.16 网架结构建筑实例

4. 材料仿生

材料仿生是指模仿生物体组成材料的物理特性和化学成分，研究出新型的建筑材料，来满足人们对建筑材料性能和品种日益增长的需求。

5.2.3 仿生建筑的空间特征

仿生建筑的设计手法打破了以往建立在静态三维几何学上的沉闷的空间形态，现代数学在分形学、拓扑学方面的探索对这一趋势起到了推波助澜的作用。仿生建筑的空间特征主要有塑形、柔曲、连续、渐变。

1. 塑形

由于结构仿生的原型在自然中以变化万千的形态存在着，因此，结构仿生手法产生的空间在形态上也有意对自然原型进行重塑。强调建筑的可塑性形态，追求动感和自由感，表现柔性美，从而产生建立在几何性基础上的塑形建筑空间形态。

2. 柔曲

仿生建筑结构探求能够用较少的材料建造出经济合用的结构形式，设计出大胆而优美的具有非直线有机形式的结构。这些具有柔和曲线的结构能够将应力舒缓地分散，避免了应力集中的现象，因此能够将材料的力学性能发挥得淋漓尽致。

3. 连续

生物结构形体内部所包含的物质用来维系生命运转，物质之间不断进行着交换与转化，它们是有机相连的整体，转化到建筑空间中则可以看成这些"生命物质"所占有的"容积"被掏空后，用来容纳人们的行为活动。而这些掏出来的空间自然而然地继承了机体连续的特质，呈现出一种连贯互通的形态。

4. 渐变

结构仿生建筑的空间大都呈现出一种逐渐的、顺序的、有规律的变化，产生一种自然有韵律的节奏感。

仿生建筑注重环境、经济效益与创新的有机结合，是对建筑师综合实力的考验。狭义的仿生建筑最终落实到建筑形式的与众不同，广义的仿生建筑是对自然界生生不息的生命原理的借鉴。仿生建筑的意义既是为了建筑创新，又是为了与自然生态环境相协调，保持生态平衡。仿生建筑作为保证生态平衡的一种手段，作为建筑创新的一个方向，以及对"天人合一"理想的一种表达，应对现代建筑的发展有所启迪。

5.2.4　经典仿生建筑设计案例

生物在千万年进化的过程中，为了适应自然界的规律而不断完善自身的组织结构与性能，获得了高效低耗、自我更新、新陈代谢、结构完整的保障系统，从而得以顽强地生存与繁衍，维持了生物链的平衡与延续。研究建筑仿生学就是为了从自然界中吸取灵感进行创新，以便与自然生态环境相协调，保持生态的平衡发展。尤其是在大力提倡节约能源，减少环境污染，建设节约型社会的环境下，研究仿生学在建筑工程中的应用具有十分重要的意义。

仿生建筑是一种跨学科设计方法，融合了生物学和建筑学的理念。通常包括三个阶段：研究、抽象和实施。在这个过程中，建筑师面临最大的挑战是研究阶段——需要找到最适合解决设计问题的生物学模型，然后是抽象阶段——将生物学原理转化为建筑设计背景。实施阶段涉及使用现有的设计技术、材料选择和领域技术，以达到仿生应用的最佳效果。

在国际标准（ISO 18458）中，仿生专家将仿生设计过程中的抽象和类比定义为描述两个不同系统之间关系的相似性。目标是获得相关问题的最完整类比，通过比较各个方面来识别共同点和不同点。例如，生物系统与技术系统之间的类比可以涉及功能、材料、结构、形状、颜色等方面。

然而，在建筑领域，除了生物学到建筑设计的直接类比之外，还需要考虑其他相关背景，如建筑价值观、设计规模和项目特殊性。这包括气候类型、地理位置、设计规模等因素，以及文化和经济背景。因此，与其他领域一样，从生物系统到技术系统的直接类比和转移并不适用于建筑项目，所以，在仿生过程和实施中，还应考虑其他设计价值观。

此外，可扩展性是仿生设计中的一个挑战。有时生物系统在纳米或微米尺度上的转移并不总是可能的，因为生物结构在不同尺度上的应用可能会失去功能。因此，为了实现自然界到建筑领域的类比转移，可以比较和观察一些类似的背景和尺度，如材料尺度、建筑结构和系统尺度、建筑功能和生产尺度，以及网络和基础设施尺度。

通过仿生学进行设计，从材料设计尺度开始，展示了自然与城市之间的相似性，可以从宏观到微观甚至纳米尺度进行转移。建筑师通常会确定新材料设计的规范，但需要与材料科学家合作。从自然现象中观察到的生物启发材料，可以为现有或新的建筑材料创造新的结构或特性类型。

设计和评估涉及建筑结构和系统。例如，可以研究生物结构如何轻质但又具有抵抗力，或者研究自然界中复杂的几何或形态形式，以优化用于建筑结构的材料。

将建筑功能与性能联系起来也很重要。例如，可以从自然界的形态差异中学习，设计建筑系统的环境适应性，或者研究生物原理来设计生物建筑围护结构。

在城市基础设施或城市设计方面，类比也是很重要的。例如，受到黏液霉菌行为启发的交通或运输网络设计。

通过考虑相似的背景和尺度，可以更好地完成从生物学到建筑设计的知识转移。因此，建筑师应该充分了解设计问题和与建筑相关的其他背景，以选择最适合项目的自然策略，并根据项目的特殊要求进行转移。

1. 造型仿生与建筑

建筑造型仿生是建筑创新设计的一种有效方法，它是通过研究自然界生物千姿百态的规律后而探讨在建筑上应用的可能性，这不仅使建筑形式与功能、结构有机融合，而且还是超越模仿而升华为创造的一种过程。造型仿生在建筑工程设计中较为常见，它不仅可以取得新颖的造型，而且往往也能为发挥新结构体系的作用创造出非凡的效果。

美国建筑师埃罗·萨里宁（Eero Saarinen）是一位将建筑的功能与艺术效果完美结合的建筑大师，他独特的艺术想象力和建筑思想，以及留下的雕塑性非常强的作品，对后来的建筑设计影响深远。纽约肯尼迪机场的美国环球航空公司候机楼是他最著名的作品，如图 5.17 所示，建筑外形就像展翅的大鸟，动势强劲，屋顶由四块现浇钢筋混凝土壳体组合而成，几片壳体只在几个点相连，空隙处布置天窗，楼内的空间富于变化，这是一个凭借现代技术把建筑同雕塑完美结合的作品。

图 5.17　美国环球航空公司候机楼

国家体育场（鸟巢）是 2008 年北京奥运会主体育场，如图 5.18 所示。国家体育场是由 2001 年普利茨克奖获得者雅克·赫尔佐格、德梅隆与我国建筑师李兴刚等合作完成设计的巨型体育场，其形态如同孕育生命的巢，也像一个摇篮，寄托着人类对未来的希望。设计者们对这个体育场没有做任何多余的处理，只是坦率地把结构暴露在外，自然形成了建筑的外观。

图 5.18　国家体育场

2. 功能仿生与建筑

在建筑使用功能方面的仿生，应用也很普遍，表现形式也是多种多样的，只要善于应用类推的方法，就可以从自然界中吸取无穷的灵感，使建筑的空间布局更具有新意。例如，芬兰著名建筑师阿尔瓦·阿尔托（Alvar Aalto）设计的德国不莱梅高层公寓（1958—1962 年）的平面就是仿自蝴蝶的原型，他把建筑的服务部分与卧室部分比作蝶身与翅膀，不仅使内部空间布局新颖，而且也使建筑的造型变得更为丰富。

3. 结构仿生与建筑

形态万千的自然界生物根据自己不同的构造和存在方式，有着不同的特征，存在不同的体现自身特点的尺度，认真研究客观生物实体构造和空间结构形式之间的相似度，认清生物体的优化程度和结构限定性，探寻空间结构形式与生物形体和构造之间的内在关系，有利于提高人们对结构仿生工程的认识，找到一条发展仿生建筑结构新形式的途径。

例如，美国工程师富勒（Fuller）从自然界的晶体与蜂窝的菱形结构中获得了启发，设计了加拿大蒙特利尔世界博览会美国馆，如图 5.19 所示。他仿照一种深海鱼类的网状骨骼结构和放射虫的组织结构，创造了立体网架的短线弯窿，高度达 60m，直径为 76.2m，弯窿外部用塑料敷贴，并可启闭，夜间灯光照亮，通体透明，犹如星球落地。

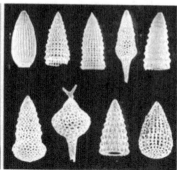

图 5.19　加拿大蒙特利尔世界博览会美国馆

4. 建筑材料

科学家们通过对某些生物特殊的有机构成结构进行广泛而深入的研究与试验，总结出某些仿生材料学方面的经验和规律。例如，模仿蜂巢创造了既轻又美的网格结构，将其用于建筑材料的设计，设计出了各种轻质高强的泡沫蜂窝材料和结构。泡沫混凝土、泡沫塑料、泡沫玻璃和泡沫合金等都已得到大规模的应用。实践证明，这种材料中由气泡组成的蜂窝，既隔热又保温。最近，英国的建筑师试制成功了一种蜂窝墙壁，中间填满由树脂和硬化剂合成的尿素甲醛泡沫，用这种墙壁建造住宅，结构轻巧，冬暖夏凉。

建筑仿生是多方面的，也是综合性的，合理运用仿生原理，可帮助人们创造性地设计出新颖和适应生态环境的建筑形式。同时，仿生建筑学暗示着人们必须遵循和注意许多自然界的规律，它告诉人们建筑仿生应该注意环境生态、经济效益与形式新颖的有机结合。建筑仿生的创新更需要学习和发挥新科技的特点，要做到这一点，从事建筑行业的设计师必须善于应用类推的方法，从自然界中观察吸收一切有用的因素作为创作灵感，同时学习生物科学的机理并结合现代建筑技术来为建筑创新服务。建筑仿生学是新时代的一种潮流，它必将促进建筑工业的不断发展，成为建筑创新的源泉和保证环境生态平衡的重要手段。

5.3　结构仿生学与机械工程

5.3.1　仿生机械学定义

仿生机械是模仿生物的形态、结构和控制原理，设计制造出功能更集中、效率更高并具有生物特征的机械。仿生机械学研究的主要领域有生物力学、控制体和机器人。生物力学研究生命的力学现象和规律，包括生物体材料力学、生物体机械力学和生物体流体力学；控制体是根据从生物了解到的知识建造的用人脑控制的工程技术系统，如机电假手等；机器人则是用计算机控制的工程技术系统。仿生机械学是以力学或机械学作为基础的，综合生物学、医学及工程学的一门边缘学科，它既把工程技术应用于医学、生物学，又把医学、生物学的知识应用于工程技术。它包括对生物现象进行力学研究，对生物的运动进行工程分析，并把这些成果根据社会的要求付之实用化。仿生机械学的主要研究课题有拟人型机械手、步行机、假肢，以及模仿鸟类、昆虫和鱼类等生物的各种机械。

15 世纪意大利的列奥纳多·达·芬奇认为人类可以模仿鸟类飞行，并绘制了扑翼机图。到 19 世纪，各种自然科学有了较大的发展，人们利用空气动力学原理，制成了几种不同类型的单翼机和双翼滑翔机。1903 年，美国的莱特兄弟发明了飞机。然而，在很长一段时间内，人们对于生物与机器之间到底有什么共同之处还缺乏认识，因而只限于形体上的模仿。直到 20 世纪中叶，由于原子能在航天、海洋开发和军事技术中的需要，迫切要求机械装置应具有适应性和高度的可靠性。而以往的各种机械装置远远不能满足要求，迫切需要寻找一条全新的技术发展途径和设计理论，随着近代生物学的发展，人们发现生物在能量转换、控制调节、信息处理、辨别方位、导航和探测等方面有着以往技术所不可比拟的长处。同时在自然科学中又出现了"控制论"理论，它是研究机器和生物体中控制和通信的科学，奠定了机器与生物可以类比的理论基础。1960 年 9 月在美国召开了第一届仿生学讨论会，并提出了"生物原型是新技术的关键"的论题，从而确立了仿生学学科，之后又形成许多仿生学的分支学科。1960 年由美国机械工程学会主办，召开了生物力学学术讨论会。1970 年日本人工手研究会主办召开了第一届生物机构讨论会，从而确立了生物力学和生物机构学两个学科，在这个基础上形成了仿生机械学。

5.3.2 仿生机械与机器人技术、康复工程

1. 仿生机械与机器人技术

仿生机器人是仿生机械学中的一个最为典型的应用实例，其发展现状基本上代表了仿生机械学的发展水平。日本和美国在仿生机器人的研究领域起步早，发展快，取得了较好的成果。例如，日本东京科技大学在 1972 年研制出世界上第一个蛇形机器人，其速度可达 40cm/s；日本本田技术研究所于 1996 年研制出世界上第一台仿人步行机器人，可行走、转弯、上下楼梯和跨越一定高度的障碍；美国卡内基梅隆大学 1999 年研制的仿袋鼠机器人采用纤维合成物作为弓腿，被动跳跃时的能量仅损失 20%~30%，最大奔跑速度超过 1m/s。

我国对仿生机器人的研究始于 20 世纪 90 年代，经过十多年的研究，在仿生机器人方面也取得了很多成果，研制出了相关的机器人样机，而且有些仿生机器人在某些方面达到了国外先进水平。例如，北京理工大学于 2002 年研制出拟人机器人，具有自律性，可实现独立行走和太极拳等表演功能；北京航空航天大学和中国科学院自动化所于 2004 年研制出我国第一条可用于实际用途的仿生机器鱼，其身长 1.23m，采用 GPS 导航，其最高时速可达 1.5m/s，能在水下持续工作 2~3h；南京航空航天大学于 2004 年研制出我国第一架能在空中悬浮飞行的空中仿生机器人——扑翼飞行器；哈尔滨工业大学于 2001 年研制的仿人多指灵巧手具有 12 个自由度和 96 个传感器，可完成战场探雷、排雷，以及检修核工业设备等危险作业。

2. 仿生机器人的研究

（1）运动仿生 运动仿生是仿生机器人研发的前提。而进行运动仿生的关键在于对运动机理的建模。在具体研究过程中，应首先根据研究对象的具体技术需求，有选择地研究某

些生物的结构与运动机理，借助于高速摄影或录像设备，结合解剖学、生理学和力学等学科的相关知识，建立所需运动的生物模型，在此基础上进行数学分析和抽象，提取出内部的关联函数，建立仿生数学模型，最后利用各种机械、电子、化学等方法与手段，根据抽象出的数学模型加工出仿生的软、硬件模型。

生物原型是仿生机器人的研究基础，软硬件模型则是仿生机器人的研究目的，而数学模型则是两者之间必不可少的桥梁。只有借助于数学模型才能从本质上深刻地认识生物的运动机理，从而不仅可以模仿自然界中已经存在的两足、四足、六足及多足行走方式，同时还可以创造出自然界中不存在的一足、三足等行走模式，以及足式与轮式配合运动等。随着科技的发展，两栖或者三栖仿生机器人亦受到关注。例如，美国麻省理工学院的研究人员以螃蟹为仿生原型，开发了一款可对抗近海浅滩海域水雷的六足机器人 Ariel ALUV，可实现两栖作业。类似的仿生机器人还有 GuardBot、AQUA、CR200、RT-I、Whegs™IV、MiniTurtle-I、海事一号、Sea Crabot、AmphiHex-I 等。

1）无肢生物爬行仿生。自然界的蛇的运动是一种无肢运动，它不需要轮子和腿。蛇虽然在结构上无肢，但却可以爬树、游水、钻洞、绕过障碍物、穿越沙漠、在平坦的地面更是可以快速爬行。蛇身体具有多种运动变化方式，如在前行的时候可以当"腿脚"，在攀爬的时候可以当"手臂"；而在攫取东西的时候又可以当"手指"。其运动的典型特点是运动方式多变、良好的地面适应性和运动稳定性。

无肢运动是一种不同于传统的轮式或有足行走的独特的运动方式。目前所实现的无肢运动主要是仿蛇机器人，具有结构合理、控制灵活、性能可靠、可扩展性强等优点。仿蛇机器人模拟自然界蛇的无肢结构，具有多关节、多自由度、多冗余自由度的特点，可以有多种运动模式，在许多领域具有广泛的应用前景。仿蛇机器人主要研究内容包括关节机构、运动模态、控制等。

2）双足生物行走仿生。人类经过长期的自然进化成为直立行走的高级动物，借助自身的神经-肌肉-骨骼系统的协调作用机制，能够实现行走、跑跳等运动。随着社会不断进步，人口年龄结构变化、传统制造业产业变革、经济模式转型升级等各种挑战逐步显现，仿人双足机器人不仅具有传统工业机器人的灵巧作业能力，而且具有更优的运动能力和更高的智能水平，市场潜力巨大。双足型行走是步行方式中自动化程度最高、最为复杂的动态系统。虽然双足机器人领域在过去的几十年里已经取得了长足的发展和进步，但仍存在一些有待进一步解决的关键问题，如人体稳定自然高效步行机理、双足机器人仿生结构设计、仿人动态步行控制策略研究等。

3）四足等多足生物行走仿生。自然界中生物体是多种多样的，性能也有很大的不同。很多动物在动作的敏捷性、持久性等方面都远高于现今所研制的四足等多足机器人。深入研究具有代表性的多足动物所采用的运动机理、动力学特性和控制规律，对于设计仿生多足机器人具有重要的意义。与双足步行机器人相比，四足、六足等多足机器人静态稳定性好，又容易实现动态步行，因而特别受到包括我国在内的近 20 多个国家的学者的青睐。

4）跳跃运动仿生。以跑跳方式运动的腿型跳跃机器人可以越过数倍于自身尺寸的障碍物且能在复杂的地面运动，对路面的要求小，与原有的爬行、步行运动方式结合还可以大大提高机器人的活动范围。近三十年来，许多科学家都做了大量工作研究跳跃机器人，但目前仍没有较完整的理论和理想的模型来描述和模拟动物的跳跃。当前跳跃运动仿生主要是模仿袋鼠、蝗虫和青蛙等，主要研究内容包括速度、步频、稳定性、能量储存及释放机构、缓冲特性和关节、骨骼等。

5）水中生物运动（游泳）仿生。海洋动物的推进方式具有高效率、低噪声、高速度、高机动性等优点，成为人们研制新型高速、低噪声、机动灵活的柔体潜水器的模仿对象。就水生动物的高速高效推进机理而言，处于食物链顶端的高速海洋鱼类和鲸类具有大展弦比、新月形的尾鳍，其摆动形成了高效推进器。海洋水生动物的摆动推进效率高达80%以上；鱼类通常具有很强的机动能力，可以在不减速的情况下迅速改变方向，转弯半径仅有体长的10%~30%；攻击性狗鱼可以在短时间内加速，加速度可超过重力加速度的20倍。另外，鱼群游动过程中鱼群之间的相互作用是一个复杂的流固耦合过程，还涉及鱼体的被动变形和鱼自身的主动控制耦合。

6）空中生物运动（飞行）仿生。鸟类是很有技巧的飞行家，靠扇动翅膀获得升力和速度，摆脱了地心引力在天空飞行，还可以实现在天空捕食、水面狩猎、长距离迁徙等，飞行可以不受环境地貌的限制，比哺乳动物生存优势更强。鸟类的翅膀骨骼比较复杂，这使得鸟类翅膀的自由度数较多，更容易做出复杂的飞行动作。同时，鸟类翅膀的翼面积较大，并且表层附有羽毛，更容易获得较大的升力。然而，鸟类扑翼飞行的空气动力学机理至今尚未得到完美解释。

昆虫世界是生命科学研究的宝库，它的物种数估计有500万到1000万之多，带翅可飞的昆虫占99%。昆虫的翅膀是薄膜状的，而不是流线型的，传统的空气动力学很难解释昆虫的飞行机理。因此，研究昆虫运动机理有助于指导微型飞行器的设计。

（2）控制仿生　控制仿生是仿生机器人研发的基础。要适应复杂多变的工作环境，仿生机器人必须具备强大的导航、定位、控制等能力；要实现多个机器人间的无隙配合，仿生机器人必须具备良好的群体协调控制能力。要解决复杂的任务，完成自身的协调、完善及进化，仿生机器人必须具备精确的、开放的系统控制能力。如何设计核心控制模块与网络以解决自适应、群控制、类进化等一系列问题，已经成为仿生机器人研发过程中的首要难题。

自主控制系统主要用于在未知环境中，系统的有限人为介入或根本无人介入操作的情形，它应具有与人类似的感知功能和完善的信息结构，以便能处理知识学习，并能与基于知识的控制系统进行通信。嵌套式分组控制系统有助于知识的组织，基于知识的感知与控制的实现。

（3）感知仿生　感知仿生是仿生机器人研发的核心。为了适应未知的工作环境，代替人完成危险、单调和困难的工作任务，仿生机器人必须具备包括视觉、听觉、嗅觉、触觉、力觉等多种感觉在内的强大的感知能力。单纯地感测信号并不复杂，重要的是理解信号所包含的有价值的信息。因此，必须全面运用各时域、频域的分析方法和智能处理工具，充分融合各传感器的信息，相互补充，才能从复杂的环境噪声中迅速地提取出所关心的正确的敏感信息，并克服信息冗余与冲突，提高反应的速度和确保决策的科学性。

仿生机器人需要的感知能力可分为以下几类：

1）简单触觉：确定工作对象是否存在。

2）复合触觉：确定工作对象是否存在，以及它的尺寸和形状。

3）简单力觉：沿一个方向测量力。

4）复合力觉：沿两个及以上方向测量力。

5）简单视觉：孔、边、摄角等的检测。

6）复合视觉：识别工作对象的形状等。

仿生机器人对传感器的一般要求是：

1）精度高、重复性好。传感器的精度往往直接影响仿生机器人的工作质量，仿生机器人能否准确无误地工作取决于传感器的测量精度。

2）稳定性好、可靠性高。仿生机器人传感器的稳定性和可靠性是保证仿生机器人能够长期稳定工作的必要条件。仿生机器人经常是在无人照管的条件下代替人工进行操作的，万一它在工作中出现事故，轻者影响工作的正常进行，重者将造成严重的事故。

3）抗干扰能力强。仿生机器人传感器的工作环境往往比较恶劣，因此需要传感器能够承受强电磁干扰、强振动，并能够在一定的高温、高压、高污染环境下正常工作。

4）重量轻、体积小，安装方便可靠。对于安装在仿生机器人手臂等运动部件上的传感器，重量要轻，否则会增大运动部件的惯性，影响仿生机器人的运动性能。对于工作空间受到某种限制的仿生机器人，对体积和安装方向的要求也是必不可少的。

（4）能量仿生 能量仿生是仿生机器人研发的关键。生物的能量转换效率最高可达100%，肌肉把化学能转变为机械能的效率也接近50%，这远远超过目前各种工程机械的能量转换效率，肌肉还可自我维护、长期使用。因此，要缩短能量转换过程，提高能量转换效率，建立易于维护的代谢系统，就必须重新回到生物原型，研究生物原型是如何直接把化学能转换成机械能的能量转换过程。

（5）材料仿生 材料仿生是仿生机器人研发的重要部分。许多仿生材料具有无机材料不可比拟的特性，如良好的生物相容性和力学相容性，并且生物合成材料时技能高超、方法简单，所以研究目的一方面在于学习生物的合成材料方法，生产出高性能的材料，另一方面是为了制造有机元器件。因此仿生机器人的建立与最终实现并不仅仅依赖于机、电、液、光等无机元器件，还应结合和利用仿生材料所制造的有机元器件。

3. 康复工程与假肢技术

一般来说，应用工程技术来帮助残疾人代偿已失去的功能，大致可分为两个范畴：一个是属于系统工程的范畴，它是通过改变或重新建立新的生活环境条件，使有功能障碍的患者得到适应和方便；另一个是属于康复工程的范畴，它是通过综合应用精密机械、现代控制和信息处理等技术来设计高性能的器械，并确立器械和人之间的信息传递手段，起到代偿功能的作用。由于高级自动化机器人技术的发展，开拓了机器人在康复工程领域应用的广阔前景，将给残疾人带来更多的福音。

根据对功能障碍代偿的目的不同，可以把代偿器械分为两大类：一类是直接安装于人体上进行代偿失去功能的器械，如各种假肢、辅助装具等；另一类是装设于人体外且构成独立系统的、起间接代偿功能的器械，如各种环境控制装置、医疗机械手、机器人、移动机械等。但是，无论是哪一种代偿器械，都要使残疾人自身能够进行操作，所以器械的动作指令必须利用残疾人残存的机能。

目前，可实际有效地利用的残存机能大致有以下三种：

1）人体的机械运动位移。例如，利用身体某一部分运动所产生的动作位移和部分肌肉收缩所产生的膨起位移等，这是一种基本的方法。

2）人体的肌肉表面动作电位。肌肉电位是人体的一种生物电，利用这种生物电作为控制信号源已有较大的发展。

3）呼气压力、声音信号等。虽然采用声音作为输入信号尚处于开发阶段，但它已成为一种新的发展方向，是研究医疗机器人的一个重要课题。

（1）直接代偿的器械　这种器械，如假手、假足等，都是直接安装于人体上，用来代偿失去的功能，它们设计的出发点是尽可能地采用与人体一样的形状、功能和动作方式。此外，便于携带也是研制这种器械的一个共同问题。为此，运动自由度的配置、结构的轻量和小型化，以及操作方便、可靠性高，是研制这些器械的主要问题。

对于假手来说，根据空间机构学的分析，为了满足残疾人必要的日常生活动作的要求，全臂假手的自由度，除了手指外，必须有 6~7 个自由度，即肩部 3 个、肘部 1 个、前臂 3 个。但是，对于这么多的自由度数，是不可能都利用残疾人残存的机能来进行控制的，而必须采用独立的控制系统。所以，应用微型计算机控制，已成为全臂电动假手研制的一个主要方向。

（2）间接代偿的器械　当前，由于交通事故、体育事故及工伤事故引起脊椎损伤而造成四肢瘫痪或行动不自由的患者日益增多，所以间接代偿器械的研究在许多国家中都受到重视。在这项技术中，主要问题是选择操纵方式。由于患有高位截瘫的病人，只能利用一些残存的机能作为动作指令，所以需要使用一些专门的传感器。

5.3.3　仿生机械设计案例

在机器人研究领域中，将仿生学与机器人学紧密结合的仿生机器人近年来受关注程度最高，受支持力度最大，是机器人未来发展的主流方向之一。当代机器人研究的领域已经从结构环境下的定点作业中走出来，向航空航天、军事侦察、资源勘探、水下探测、管道维护、疾病检查、抢险救灾等非结构环境下的自主作业方面发展。未来的机器人将在人类不能或难以到达的已知或未知环境里为人类工作。人们要求机器人不仅要适应原来结构化的、已知的环境，更要适应未来发展中的非结构化的、未知的环境。除了传统的设计理论与方法外，人们把目光对准了丰富多彩的生物界，力求从门类繁多的动植物身上获得灵感，将它们的运动机理和行为方式运用到对机器人运动机理和控制模式的研究中，这就是仿生学在机器人学中的应用。这一应用已经成为机器人研究领域的热点之一，势必推动机器人研究的蓬勃发展。生物的运动行为、协调机能、探索机理、控制方式已经成为人们进行机器人设计、实现其灵活控制的思想源泉，促进了各类仿生机器人的不断涌现。众所周知，仿生机器人就是模仿自然界中生物的外部形状或内部机能的机器人系统。时至今日，仿生机器人的类型已经很多，按其模仿特性可分为仿人类和仿非人生物两大类。由于仿生机器人所具有的灵巧动作对于人类的生产、生活和科学研究有着极大的帮助，所以，自 20 世纪 80 年代以来，科学家们就开始了有关仿生机器人的研究。

仿生机器人主要分为仿人类机器人和仿非人生物机器人。仿人类肢体机器人又可以分为仿人手臂型机器人和仿人双足型机器人。仿非人生物机器人主要分为宏型机器人和微型机器人。仿人手臂型机器人主要是研究其自由度和多自由度的关节型机器人操作臂、多指灵巧手及手臂和灵巧手的组合。仿人双足型机器人主要是研究双足步行机器人机构。宏型仿非人生物机器人主要是研究多足步行机器人（四足、六足、八足）、蛇形机器人、鱼形水下机器人等，其体积结构较大。微型仿非人生物机器人主要是研究各类昆虫型机器人，如仿尺蠖虫行进方式的爬行机器人、微型机器狗、仿蟋蟀机器人、仿蟑螂机器人、仿蝗虫机器人等。仿生机器人的主要特点：一是多为冗余自由度或超冗余自由度的机器人，机构比较复杂；二是其驱动方式不同于常规的关节型机器人，多采用绳索、人造肌肉、形状记忆金属等方式驱动。目前，科学家们已经研制出了或能飞，或善跑，或可自由遨游在海洋中的各类仿生机器人，如仿生鱼、仿生鸟、仿象鼻机械臂、仿生狗、仿生猎豹等，并且仿生机器人家族仍在不断地壮大。可以预期，仿生机器人必将在人们的生产、生活中发挥越来越大的作用。

未来，仿生机器人的发展趋势主要体现在四个方面。一是朝小型化与微型化方向发展。微小型仿生机器人既可用于小型管道的检测维修作业，也可用于人体内部检查或微创手术，还可用于狭窄复杂环境中的特种作业等。仿生机器人微型化的关键在于所用器件的微型化和微系统的高效集成，即将驱动器、传动装置、传感器、控制器、电源等微型化后构成微机电系统。二是朝续航时间长、运动能力强、作业范围广的移动式仿生机器人的方向发展。多功能、高性能的移动式仿生机器人将在工业、农业和国防上具有广泛的应用前景。三是朝具有医疗、娱乐、康复、助残等功能的仿生机器人的方向发展。例如，研制用于外科手术的多指灵巧手，用于陪伴老人、小孩的仿生机器人玩具，用于看护病人的仿生机器人义工和人工义肢等。四是朝实现仿生机器人群体化、网络化协同作业的方向发展。大量同类的仿生机器人群通常应用在需要多机器人协作的场合，如机器人生产线、柔性加工厂、消防、无人作战机群等。通过模仿蚂蚁、蜜蜂，以及人的社会行为而衍生的仿生系统，通过个体之间的合作完成某种社会性行为，通过群体行为增强个体智能，进而提高系统整体的效率与性能。

近年来，随着微机电系统（MEMS）的发展，作为其重要分支的微型机器人的研究也取得了长足发展，相关研究成果不断涌现。微型机器人结构尺寸微小，器件精密，可进行微细操作，具有惯性小、响应迅速、谐振频率高、附加值高等特点。微型机器人并不是简单意义上普通机器人的微小化，微型机器人一般集成有传感、控制、执行和能量单元，是机械、电子、材料、控制、计算机和生物医学等多学科技术的交叉融合。

微型机器人种类很多，按应用领域可分为医疗用和工业用两类；按工作环境可分为地面微机器人、水下微机器人和微飞行器三类；按驱动方式可分为气动、微电机驱动、智能材料驱动、能量场驱动等；按移动方式可分为轮式、足式、蠕动式、泳动式等；按能源供给方式可分为有线和无线两种形式。下面将按工作环境的分类对不同微机器人进行简要的介绍。

1. 地面微机器人

近年来，地面微机器人技术越来越受到世界各国的重视，推动了仿生机器人技术的全面发展，同时也将极大地扩展地面无人系统的作战任务范围。地面微机器人指模仿生物体的结构、功能和工作原理设计的机器人，是地面无人系统的一个重要发展方向。通过在机器人设计中应用仿生技术，可以赋予机器人独特的能力。目前，地面微机器人大致可分为具有出色机动、运输能力的四足机器人，拥有人类行为能力并可以替代人类执行部分主要任务的人形机器人，具有跳跃和垂直攀爬功能的微型机器人三类。

目前，在地面微机器人技术领域，美国是研究投入最大、技术水平最高的国家。近年来，美国在开展地面微机器人技术研究的过程中，陆续推出了"大狗""野猫""阿特拉斯""沙蚤"、蛇形机器人等多款产品，代表了当前国外地面微机器人的最高水平。研发机构包括政府科研机构、高等院校和工业界科研机构。以国防高级研究计划局、陆军和海军陆战队为代表的政府和军方科研机构从事部分探索研究、应用研究工作、试验鉴定任务；高等院校如卡内基梅隆大学等主要从事基础研究。工业界科研机构是地面微机器人的主要研发力量，从事与产品和工艺结合紧密的发展研究和系统设计工作。美国具备地面微机器人研发能力的机构包括波士顿动力公司、卡内基梅隆大学机器人研究所、德雷塞尔大学、雷神公司、SCHAFT公司、弗吉尼亚理工大学、美国国家航空航天局约翰逊航天中心和美国航空航天局喷气推进实验室等。在地面微机器人控制技术方面拥有较强实力的机构主要包括美国航空航天局喷气推进实验室、卡内基梅隆大学、RE2公司、堪萨斯州立大学、麻省理工学院、TRAC试验室、华盛顿大学、佛罗里达人类与机器认知研究所以及TORC机器人公司等。

2010年，美国国防高级研究计划局启动了"腿形班组支援系统"项目。该项目旨在开发一种用于在车辆不易通行的恶劣地形条件下，为士兵运输装备的全自主四足机器人，要求其能够感知地形并做出相应调整动作，满载重量不超过567.5kg，能携带181.6kg物资在24h内行走32km。为推动该项目发展，国防高级研究计划局于2010年2月与美国波士顿动力公司签订了为期30个月、总投资3200万美元的研发合同，用于研制"腿形班组支援系统"样机。大狗机器人就是波士顿动力公司为该项目研制的一款样机。2014年在环太平洋军事演习期间，海军陆战队作战实验室把大狗机器人编入海军陆战队连队，进行了作战试验测试。2011年3月，国防高级研究计划局启动了"机动性与操纵性最优化"项目，旨在通过采用新的设计工具、制造方法和控制算法在机器人机动和操纵性能方面实现突破。波士顿动力公司先后为该项目开发了猎豹、野猫和阿特拉斯仿生机器人。

仿生机器人引领地面无人装备发展，丰富了地面无人装备类型，也推动了地面无人装备的发展。作为一类新的地面无人装备，仿生机器人能够满足部队更多的作战任务需求，使未来陆军能更好地面对环境的变化，适应日益复杂的未来环境。仿生机器人将为未来军事提供新的作战能力。随着技术的不断成熟，仿生机器人投入战场后将会把当前地面无人系统担负的物资运输等辅助作战任务向侦察监视、火力打击、机动突击等主要作战任务拓展，尤其是在机器人自主技术和互操作技术发展的推动下，其自主作战能力和系统间的协同作战能力将不断增强。例如，人形机器人可在现有地面无人系统的基础上利用神经网络等多种通信技术进行敌我识别，实现部署作战。

仿生机器人将成为未来新兴作战形态下的中坚力量。机器人士兵、四足机器人、微型仿生机器人等仿生机器人将在未来战场上充分发挥其多功能性、持久性的特点，能极大地减少士兵伤亡，逐渐成为各国执行现代化作战任务不可或缺的作战手段，并将引领地面无人系统由辅助作战装备向陆军装备信息化、城区与战场高危环境、跟随式保障等多个任务领域拓展，逐渐成为陆军作战装备建设的重要方向。

（1）仿生蚱蜢跳跃机器人　由瑞士洛桑联邦理工学院智能系统实验室的研究人员发明的仿生蚱蜢跳跃机器人就身长和体重而言，其跳跃距离比现存任何跳跃式机器人都要远出10倍以上，如图5.20所示。该机器人拥有同蚱蜢一样的跳跃性能。沙漠蚱蜢身

图5.20　仿生蚱蜢跳跃机器人

长只有3厘米，可是它的跳跃距离高达1米。为了设计出跳跃性能如此优异的机器人，研究人员对蚱蜢进行了详细分析，并应用了同样的生物力学设计原理。

（2）仿生机器壁虎　仿生机器壁虎"神行者"作为一种体积小、行动灵活的新型智能机器人，有可能在不久的将来广泛应用于搜索、救援、反恐，以及科学实验和科学考察，如图5.21所示。仿生机器壁虎能在各种建筑物的墙面、地下和墙缝中垂直上下迅速攀爬，或者在天花板下倒挂行走，对光滑的玻璃、粗糙或者粘有粉尘的墙面，以及各种金属材料表面都能够适应，能够自动辨识障碍物并规避绕行，动作灵活逼真。其灵活性和运动速度可媲美自然界的壁虎。

图5.21　仿生机器壁虎

（3）仿生快速穿越沙地机器人　对于大多数车辆而言，一旦陷入沙地便无计可施，只有等待救援。当机动车穿越松软沙地时，机动车高速行驶的后果往往是陷入"沙沼"无法自拔，其主要原因在于车辆的重量使得松散的沙地在轮胎下方塌陷。美国航空航天局火星探测器等也受同样问题困扰，如果它们的"肢体"在结构松软的表面前进得过快，探测器便有下陷的危险；而慢速行驶则会让它们在穿越这种地带时浪费太多时间。

佐治亚理工学院科学家丹尼尔·戈德曼领导的研究小组找到了一个折中的方法。他们注意到，沙漠中生活的蜥蜴和蟑螂等动物在穿越沙漠时有独特的方式：它们的四肢在与沙地接触过程中运动非常缓慢，而在四肢腾空至再次触地之前的运动则非常迅速。这使得这些动物能够在松散的沙漠中安全快速前行。美国科学家利用仿生学研制出六肢机器人SandBot（图5.22），它通过模仿沙漠动物的移动方式，可以快速安全地穿越松散的地形。

图5.22　六肢机器人 SandBot

（4）仿生机器蛇　蛇体结构的最大特点是：无四肢，脊椎数目多，这种高冗余度关节式结构，使躯体能够灵活变形，产生多种运动方式，可在凹凸不平、松软或狭小弯曲的地方运动并保持力学稳定性。仿生机器蛇是一种能够模仿生物蛇运动的新型仿生机器人。由于它能像生物一样实现无肢运动，因而被国际机器人业界称为最富于现实感的机器人。仿生机器蛇可用于科学探险和状况检查、防恐防爆和灾难救援、医疗、航空航天、危险环境作业、军事等领域。

仿生机器蛇是一种新型的仿生机器人，与传统的轮式或两足步行式机器人不同的是，它实现了像蛇一样的无肢运动，是机器人运动方式的一个突破，如图5.23所示。它具有结构合理、控制灵活、性能可靠、可扩展性强等优点。在许多领域具有广泛的应用前景，如在有辐射、有粉尘、有毒及战场环境下，执行侦察任务；在地震、塌方及火灾后的废墟中找寻伤员；在狭小和危险环境下探测和疏通管道；为人们在实验室里研究数学、力学、控制理论和人工智能等提供实验平台。

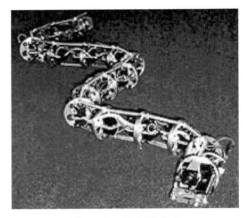

图 5.23　仿生机器蛇

（5）仿狗机器人　波士顿动力公司在仿生机器人方面的表现令人瞩目，大狗机器人的出世至今震撼人心。大狗（BigDog）机器人长 1m、高 70cm，重量为 75kg，从外形上看，它类似于一条真正的大狗，如图 5.24a 所示。四条腿完全模仿动物的四肢设计，内部安装特制的减震装置。该机器人的内部安装有一台计算机，可根据环境的变化调整行进姿态。大量的传感器则能够保障操作人员实时地跟踪大狗机器人的位置并监测其系统状况。

SpotMini 机器人是波士顿动力公司现有大狗机器人的缩小版本，它的重量约有 25kg（Alpha Dog 约 108kg），站立高度大约 61cm，如图 5.24b 所示。和依赖于水力驱动的大狗机器人不同，SpotMini 机器人是完全电动的，也是波士顿动力公司最安静的机械狗，单次充电可运行 90 分钟。

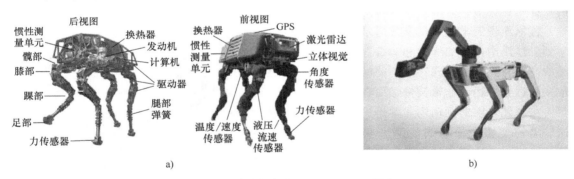

a)　　　　　　　　　　　　　　　　　　　b)

图 5.24　大狗机器人和 SpotMini 机器人
a）大狗机器人　b）SpotMini 机器人

我国自行研制的 120kg 某型军用山地四足机器人，主要用于山地及丘陵地区的物资背负、驮运和安防，可以承担运输、侦察或打击任务。另外，在道路设施被破坏较严重的灾害现场也能发挥作用。其平台自重为 130kg，任务搭载能力为 50kg，最大行驶速度为 6km/h（平整铺装路面），能克服 30°的斜坡，续航能力为 2h。

国产仿狗机器人莱卡狗（Laikago）（图 5.25）重量仅为 22kg，每条腿有 3 个自由度，电机系统采用不带减速箱的直驱电机，具有尺寸小、重量轻、力矩控制简单可靠等优点，极大地降低了驱动器价格，其电机系统能输出高达 18kW 的瞬时功率。此外，莱卡狗完全摆脱了外部供电，其自带电池一次充电可以连续行走 2~3h。

（6）仿猎豹机器人　波士顿动力公司和麻省理工学院均成功研制了仿猎豹机器人。波士顿动力公司研制的仿猎豹机器人通过背后铰链关节的来回运动，改变运动的步长和步频来

图 5.25　国产仿狗机器人

实现机器人速度的改变，如图 5.26 所示。该机器
人高 2 英尺（60.96cm），长 3 英尺（91.44cm），
具有灵活的脊椎和铰接式头部，能够冲刺，急转
弯，并能突然急刹停止，时速可达 45.5 公里，研
究人员计划它未来能超过动物猎豹的速度。

　　麻省理工学院最新研发的第三代仿猎豹机器
人，不依靠视觉和任何外部传感器，全凭控制算
法，能漂亮地纵身飞跃上桌，还能轻松爬上满是障
碍物的楼梯，在突然被猛推或猛拉时能迅速恢复平
衡。其重约为 40.8kg，体型大约有一只成年拉布

图 5.26　仿猎豹机器人

拉多犬那么大。由于采用的是腿式，而不是轮子，第三代仿猎豹机器人能更好地在崎岖地形
行走，它的稳定性很高，甚至能依靠三条腿保持平衡。令人惊讶的是，它实现这些动作靠的
不是视觉系统，可以说是一个盲人机器豹。

　　（7）仿猫机器人　野猫机器人是猎豹机器人的改进型。该机器人能够完成多种急跑、
跃进和转弯动作，最快速度可达到约 26km/h。该机器人奔跑方式是四足腾空，同时身体也
以一定角度进行前后摆动，使其跑动步幅得到增加。它采用四足着地式休息方式，不会增加
其他部件的磨损。与仿猎豹机器人相比，野猫机器人动力装置防弹能力得到增强，扩展了它
的作战范围。与大狗机器人着重强调转矩和稳定性相比，野猫机器人更关注速度，同时还表
现出良好的转弯能力。另据波士顿动力公司公布的视频显示，野猫机器人具有摔倒后快速恢
复的能力。未来发展目标是进一步降低发动机
噪声，且在各种地形条件下运动速度达到
80km/h。

　　（8）仿袋鼠机器人　2014 年 3 月，德国
费斯托公司对外宣布已成功研制出一款袋鼠机
器人（图 5.27），该机器人身高超过 1m，体
重约为 7kg，每次实现的跳跃动作大约在 40cm
高、80cm 长的范围内。该机器人的腿部"肌
腱"是一种压缩空气贮存器，可以帮助它精确
平稳地奔跑或着地。在压缩空气推力作用下，
实现向上、向前地跳跃动作。腿向后蹬，袋鼠

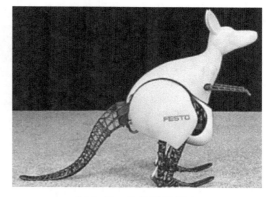

图 5.27　仿袋鼠机器人

197

机器人就能够前进，在空中的时候，又会收回到前方。该机器人每完成一次跳跃动作，其爪部便会贮存空气能量以继续下一次的跳跃动作。

（9）仿蜘蛛机器人　美国航空航天局喷气推进实验室于 2002 年 12 月研制成功了仿蜘蛛机器人 Spider-pot，如图 5.28 所示。该仿蜘蛛机器人上装有一对可以用来探测障碍的天线，且拥有异常灵活的腿。它们能跨越障碍，攀登岩石，探访靠轮子滚动前进的机器人无法抵达的区域。仿蜘蛛机器人一类微型仿生机器人非常适合勘探彗星、小行星等小型天体。在国际空间站上它们可以充当维护员，及时发现空气泄漏等意外故障。

图 5.28　仿蜘蛛机器人

德国著名自动化技术厂商费斯托公司推出一款名为"Bionic Wheel Bot"的新型仿蜘蛛机器人，如图 5.29 所示。该仿生机器人身长约为 55cm，模仿了一种生活在摩洛哥沙漠中的蜘蛛，它不仅能在地面正常行走，还能蜷缩成球用腿辅助向前翻滚。Bionic Wheel Bot 使用 8 条腿中的 6 条走路，另外两条腿作为推腿并折叠在机器人腹下。在行走模式下，该机器人利用躯干前方、上方和后方的 6 条腿以三脚架步态推进，即每走一步，其中的 3 条腿着地，另外 3 条腿抬起向前移动，周而复始，完成前行。同时，Bionic Wheel Bot 还能完成转向动作，即通过躯干上方两条最长的腿着地，将身体上抬并转动至相应方向后继续以三脚架步态行走。在翻滚模式下，Bionic Wheel Bot 将躯干的 6 条腿分别向前方、上方和后方折叠，组成具有不同弧段的"车轮"，而在行走模式下折叠于腹下的两条腿展开并与地面接触，推动已变为球形的仿生蜘蛛翻滚。该机器人内置的惯性传感器能够实时掌握自身所处位置，实现连续翻滚，翻滚速度远高于行走速度，可达其两倍，甚至可以爬上 5°左右的坡路。由于较强的地形适应性和仿生性，该机器人有望应用于农业、探测，以及战场侦察等领域。

图 5.29　Bionic Wheel Bot 仿蜘蛛机器人

（10）仿人机器人　在过去的几十年里，国内外的科研机构和企业在双足机器人的研究方面取得了丰硕的成果，日本、美国、法国、意大利、韩国等国家的研究更是走在了世界前列，各式各样的双足机器人样机不断涌现，这些样机不仅能够完成步行、跑步、跳跃等基本的运动，还能够与人类进行语言上的交流，有些甚至还能够完成舞蹈、后空翻、打乒乓球等复杂的动作。

日本早稻田大学是国际上最早开展双足机器人研究的机构之一，自 20 世纪 60 年代起，早稻田大学的 Kato 等人就已经开始研究双足机器人，并于 1973 年成功研制出世界上第一台样机 WABOT-1，由此 Kato 也被日本机器人界称为仿人机器人之父。

日本研发了 WABIAN 系列、ASIMO、HRP 系列、Pneumat-BB 和 Pneumat-BS、Kenshiro 及 Kengoro 等仿人机器人，在人机交互、复杂步态、稳定行走、驱动方式等方面取得了瞩目的成果。

美国研发了 MABEL、Atlas、Valkyrie、DURUS、Cassie 等仿人机器人，在复杂运动形式、灵敏度、能量效率、高难度动作、环境感知、动态特性等方面具有先进水平。

其他国家也开展了仿人机器人的研发，如法国的 NAO、意大利的 WALK-MAN、德国的 TORO、韩国的 DRC-Hubo、俄罗斯的 Fedro 等，在人机交互、环境感知、环境交互、运动方式等方面也取得了不俗的成果。

我国在仿人双足机器人领域的研究起步较晚，于 20 世纪 80 年代中后期开始相关的基础研究，也逐渐取得了一些代表性成果，如汇童系列、"悟"和"空"、智能先锋号、ARTro-bot、Aelos 和 Talos 系列、先行者、BHR-1、THBIP-I、HIT 系列、JET、Walker、智童、荷福机器人等，可实现环境识别、稳定行走、任意抓取、语音交互、导航避障、安全监控等功能。

2. 水下微机器人

（1）仿生机器蟹　仿生机器蟹的外形和功能以三疣梭子蟹为生物原型，共有 8 只步行足，每只步行足有 3 个驱动关节，共有 24 个驱动关节，由 24 台伺服电动机驱动，形成 24 个自由度。仿生机器蟹可以模拟海蟹的多种步态，能够实现灵活的前行、侧行、左右转弯、后退等 14 个动作。步行足配有 16 个力传感器，来感知外部环境，检测足尖是否落地和步行足是否碰到障碍物等信息，为步行足的路径规划提供信息。系统的硬件构架采用嵌入式结构，以 ARM 系统、数字信号处理器（DSP）芯片作为仿生机器蟹的核心控制器，完成复杂运动的规划和协调任务的运算。该系统采用红外线遥感、力传感器、视觉传感器等，运用多传感器信息融合技术实时辨别外界环境，使机器蟹具有较高的智能性，能够实现在沙滩、平地、草地等环境中前进、后退、左右侧行及任意位置、任意角度、任意方向的转弯等。仿生机器蟹利用红外线遥感控制，具有一定的越障能力和爬坡能力。

（2）仿生水母机器人　关于仿生水母的研究至少可以追溯到 2007 年，日本香川大学的 Guo 等人研究了采用形状记忆合金（SMA）和离子聚合物金属复合材料（IPMC）共同驱动的仿生水母机器人，如图 5.30a 所示。其结构主要分为 4 部分：头部、4 根触手、1 根中间轴和薄膜，整个结构呈轴对称形式。触手作为连接机构，其一端与头部相连，另一端为一块 IPMC 驱动器。触手通过 SMA 驱动器和中间轴相连，如图 5.30b 所示。机器人整体长为 75mm，重量为 6.5g，铃铛状身体最大直径为 55mm，移动方向长度为 46.1mm，最大速度为 6mm/s，即 0.13BL/s（BL/s 表示每秒行进的距离为体长的倍数）。圆形头部减小了机器人在水中运动时受到的阻力，中间轴用于保持运动平衡和稳定。SMA 驱动器并不直接提供动力，而是通过 SMA 驱动器来实现对机器人伞体内部空间变化的控制以产生推力，如图 5.30c 所示。触手及其末端的 IPMC 驱动器起到类似船桨的作用，IPMC 驱动器有节奏地弯曲，实现机器人的姿态控制并提供一定的辅助推力。SMA 驱动器和 IPMC 驱动器的协调运动可产生更大的推力，并实现仿生水母机器人在水中的姿态控制，包括上升、下潜和悬浮等。

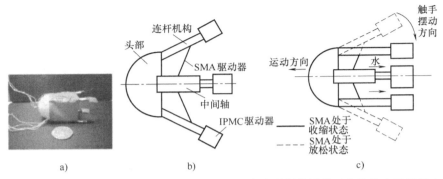

图 5.30　采用形状记忆合金和离子聚合物金属复合材料共同驱动的仿生水母机器人

美国弗吉尼亚理工大学的 Villanueva 等人对海月水母（Aurelia Aurita）进行了形态学和运动学的分析，并于 2011 年研制了一种基于 SMA 驱动器驱动的仿生水母机器人 Robojelly。由于一般的 SMA 驱动器产生的形变不足以达到理想的要求，故采用了一种仿生形状记忆合金复合材料（Bioinspired Shape Memory Alloy Composite, BISMAC）驱动器，其由 SMA 丝和弹簧钢嵌入硅胶中组成，如图 5.31a 所示。Robojelly 由硅胶矩阵组成，硅胶通过模具制造成水母的外形，8 个 BISMAC 驱动器嵌入到硅胶中，绕轴线呈放射状布置。这 8 个 BISMAC 驱动器各自作为单独的系统连接到顶部的安装座，该安装座用于固定 BISMAC 驱动器，同时也用于容纳电路及电子设备。运动时，BISMAC 驱动器因 SMA 丝变形而向内弯曲，驱动单元的动作使得机器人的身体收缩，减小了腔体内部的容积，将腔体内的水排出以产生动力。机器人并未使用驱动器来完成由收缩状态恢复到放松状态这一过程，因为 SMA 丝变形使得机器人身体收缩时，硅胶和弹簧钢在这个过程中也产生了弯曲变形储存了弹性势能，当停止对 SMA 丝施加电压时，SMA 丝的形变恢复，硅胶和弹簧钢释放弹性势能，机器人整体恢复到放松状态，腔体内部容积增大，水进入到腔体内，以便机器人的下一次收缩变形排出腔体内的水产生动力，如图 5.31b 和图 5.31c 所示。该机器人的总体重量为 242g，伞体直径为 164mm。在静水条件下每 0.19s 产生 1 次推力，和水母每 0.25s 产生 1 次推力的频率相接近。当驱动频率为 0.5Hz 时，达到最佳的运动性能，最大瞬时速度为 54.2mm/s（0.661BL/s），最大加速度达到 34.01cm/s^2。

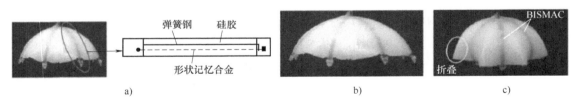

图 5.31　基于 SMA 驱动器驱动的仿生水母机器人 Robojelly

德国费斯托公司研制生产的水母机器人，如图 5.32 所示。它长有触角，体内充满了氦气，在空中飘浮时就好像水中浮动的水母一样。"空中水母"的灵活性与便捷性体现了人工智能方面的研究成果，将在海底勘探和航空航天等领域有着广泛的应用前景。

（3）仿生机器鱼　水下机器人由于其所处的特殊环境，在机构设计上比陆地机器人难度大。在水下深度控制、深水压力、线路绝缘处理及防漏、驱动原理、周围模糊环境的识别等诸多方面的设计均需考虑，以往的水下机器人采用的都是鱼雷状的外形，用涡轮机驱动，具有坚硬的外壳以抵抗水压。传统的操纵与推进装置存在体积大、重量大、效率低、噪声大和机动性差等问题，一直限制了微小型无人水下探测器和自主式水下机器人的发展。鱼类在水下的行进速度很快，金枪鱼的行进速度可达 105km/h，而最快的潜艇速度只有 84km/h，所以鱼的综合能力是人类目前所使用的传统推进和控制装置所无法比拟的，鱼类的推进方式已成为人们研制新型高速、低噪声、机动灵活的柔体潜水器模仿的对象。仿鱼推进器效率可达到 70%~90%，比螺旋桨推进器高得多，有效地解决了噪声问题。

机器金枪鱼如图 5.33 所示，是麻省理工学院自"查理"之后在机器鱼研制方面取得的最新成果。这个机器金枪鱼拥有柔软的身体，体内只装有 1 台发动机和 6 个移动部件，使其能够在更大程度上模拟真实鱼的移动。由于身体完全由一整块柔软的聚合体材料制成，避免了水破坏内部零件的可能性。虽然仿真程度极高，但它与真正的金枪鱼的游动速度还相差甚远，真正的金枪鱼每秒游动距离最远可达到身长度的 10 倍，而机器金枪鱼却只有 1 个身长。

图 5.32　水母机器人

图 5.33　机器金枪鱼

英国巴斯大学最新研制的一种水下机器人——Gymnobot 如图 5.34 所示。从外形上和游动姿势上都非常像鱼类，据称该设计的生物原型是亚马孙河宝刀鱼（Knifefish）。这款类似淡水鱼的机器人，其肌肉组织是它的推进器，其腹部安装一个鳍片，鳍片波浪形摆动可推动机器鱼前进。

我国第一条可用于实际应用的仿生机器鱼已于 2004 年研制成功，如图 5.35 所示。技术人员可通过一个手掌大小的遥控器和一台计算机，对身长 1.23m，通体色泽亮黑，外形逼真的仿生机

图 5.34　Gymnobot 水下机器人

器鱼发号各种指令。仿生机器鱼可以在水中自由灵活地穿波逐浪，载沉载浮。如果不是头部上方一个显眼的白色圆顶 GPS 导航天线，水中的仿生机器鱼令人真假难辨。这条仿生机器鱼由动力推进系统、图像采集和图像信号无线传输系统、计算机指挥控制平台三部分组成，主要制造材料为玻璃钢和纤维板。它的最高时速可达 1.5m/s，能够在水下连续工作 2~3h。

（4）仿生企鹅 仿生企鹅通过其特殊的鳍可在水中像真实企鹅一样游动，另一种体型稍大的充满氦气的仿生企鹅也可在空中"漂游"，如图 5.36 所示。这两种仿生企鹅都携带着由柏林 EvoLogics 公司研制的 3D 声纳系统，该系统能够监控企鹅的周围环境，避免与水池壁或其他企鹅相碰撞。

图 5.35 仿生机器鱼

图 5.36 仿生企鹅

（5）仿生龙虾 仿生龙虾，如图 5.37 所示，是艾尔斯为美国海军的海洋学中心所研制的。仿生龙虾拥有很高的灵活性，可用于探测水下矿藏。就像真龙虾一样，这种小型机器人也有能够感知障碍物的触角，8 条腿允许它们朝着任意一个方向移动，爪子和尾巴则帮助它们在湍急的水流及其他环境下保持身体稳定性。

（6）水面行走机器人 研究发现，昆虫之所以能够在水面上迅速行走，是靠水下微小漩涡形成的推力，而并非是像过去人们

图 5.37 仿生龙虾

想象的那样完全依靠水的表面张力。受到自然界昆虫能在水面行走的启发，来自卡内基梅隆大学的迈汀·斯廷教授在美国麻省理工学院（MIT）科学家的协助下，带领科研人员研制出首个具备水面行走能力的微型机器人，这个机器人在外形上看起来与人们所熟知的水面掠行虫或水上蚤非常相似。

3. 微飞行器

（1）仿鸟机器人 常规航空飞机的雷诺数约为 10^7 量级，大型扑翼飞行器的雷诺数在 $10^4 \sim 10^5$ 量级，普通鸟类的雷诺数为 $10^2 \sim 10^3$ 量级，随着尺寸的进一步微型化，其雷诺数会进一步降低，在如此低的雷诺数下，空气动力学主要表现在层流分离效应、非定常效应流场和气动性能易受到湍流度和表面粗糙度等因素的影响，从而使按常规思想设计的飞行器的气动性能、稳定性和操纵性急剧恶化，而自然界的鸟类成功地克服了低雷诺数的局限性，通过翅膀的拍动获得与低雷诺数相适应的飞行技能。仿鸟机器人主要是通过电机带动传动机构实现翅翼上下拍动，大部分是由曲柄摇杆机构演化而成，比较成功的仿鸟机器人大都能实现翅翼的折叠，即翅翼下拍时翅膀完全展开，增大受力面积，增大升力，翅翼上拍时翅膀折叠收

缩，减小受力面积，减小阻力，以此来产生高效的升力。

近年来各国研发的 Smart Bird、Bionic Swifts、Bionic Bird、ASN-211 等仿鸟机器人（图5.38），实现了在规定的空域内以协调的模式安全飞行。

图 5.38　仿鸟机器人

（2）仿昆虫机器人　随着社会的发展，人们对昆虫的各种生命活动掌握得越来越多，也越来越意识到昆虫对人类的重要性，再加上信息技术特别是计算机新一代生物电子技术在昆虫学上的应用，模拟昆虫的感应能力而研制的检测物质种类和浓度的生物传感器，参照昆虫神经结构开发的能够模仿大脑活动的计算机等一系列的生物技术工程，将会由科学家的设想变为现实，并进入各个领域，昆虫将会为人类做出更大的贡献。

德国费斯托公司日前推出一款新型仿生机器人 BionicOpter。这款外形酷似蜻蜓的机器人拥有蜻蜓的各项特征，能够在空中随意飞行或盘旋。BionicOpter 身长约为 44cm，重量为175g，翼展为 63cm。可使用手机操控完成减速飞行、突然转向甚至倒退飞行等复杂的飞行任务。它每只翅膀最多能旋转 90°，这样便于控制它的飞行角度，还可通过单独振动某个翅膀来实现减速、迅速提速，以及急转弯飞行，它甚至还能向后飞行。其独特的飞行方式与轻质构造和各种功能整合有关，如传感器、促动器及机械元件，通过开放-封闭式回路控制系统来将它们联系在一起，这些元件全部集中于一个紧凑空间内并且相互间配合十分精确。

（3）仿蝙蝠机器人　蝙蝠的翅膀有着独特的工作原理，它们的翅膀从根本上说是个可变形的肌肉骨骼系统。这套系统有超过 40 个自由度，而且有些骨骼会在翅膀扇动时主动变形以实现更好地飞行。此外，蝙蝠翅膀的翼面是一层非均质薄膜，因此它的柔韧度可以轻松调节。研究人员表示，蝙蝠正是依靠这种精巧的构造得以敏捷地飞行。

仿蝙蝠机器人并没有完全模仿蝙蝠的翅膀构造去设计机器人（这样生产出来的机器人可能会很重，飞行也会很困难）。他们在设计时只模仿了蝙蝠的五个自由度：肩部、肘关节、手腕弯曲、腿和尾巴的运动。尽管如此，理论上来讲，这款仿蝙蝠机器人也已经可以模仿真正蝙蝠超过 57% 的飞行动作。此外，仿蝙蝠机器人 B2 仅重 93g，体积与埃及果蝠相近，翼展长达 47cm。

德国费斯托公司于 2018 年又研制了一款仿蝙蝠扑翼机器人——Bionic Flying Fox。该仿蝙蝠扑翼机器人在外观上模仿生物蝙蝠骨骼与外形比例，在翅膀关节处安装记忆金属，可调节上下拍动过程中翅膀的收缩状态，翅膀骨骼形状仿照生物蝙蝠骨骼形状设计，并模仿生物蝙蝠翅膀与尾翼连为一体的特征，结构上更加贴近生物蝙蝠。整体机身采用铝合金与碳纤维材料制成，翼膜采用具备各向异性的有机硅基膜材料制成，直流无刷电机为翅膀提供动力。总重量为 580g，翅膀展向长度为 228cm，翅膀扑动的频率为 1.5Hz，具备一定的抗风性与载荷能力。

5.4　结构仿生学与航空航天工程

随着航天事业的发展，先进航天器对材料要求越来越高，需要材料具有轻量化、高强度、高模量、高尺寸稳定性、高导热性、高耐磨性、高阻尼、抗空间射线辐照等性能。目前，某些关键结构和机构仍存在很大缺陷，如钢、钛材料重，导热性差；铝合金材料刚性差，不耐磨；聚合物复合材料不耐辐射，易老化；先进树脂基、金属基、陶瓷基复合材料热膨胀失配，耐磨性差，高温性能受到限制等。结构材料是宇航制造的重要物质基础，具体要求为：①优良的耐高、低温性能；②轻质、高模量、高强度；③适应空间环境；④高寿命和安全可靠性。一些常用材料相关特性见表 5.5。

表 5.5　一些常用材料相关特性

材料	密度/(g/cm³)	弹性模量/GPa	强度/MPa	热膨胀系数/(10⁻⁶/℃)	导热系数/(W/m·℃)
镁锂合金 LA141	1.35	43	160(拉伸)	—	80
镁 MB5	1.8	45	255(拉伸)	23	134
铝 LY12CZ	2.8	68-72	390~441	21.6	159
低组分硅铝(15%含量)	2.75	95~98	500	17~18	>140
硼铝复合材料	2.77	95~110	520(拉伸)	14~16	>140
殷钢	8.05	141	470(4J32)	0.5~2.0	10~15
钛合金 ZTC4	4.43	100~117	892	8.4	5~10
铍	1.85	287	243	11.3	216
俄铍铝 ABM-40-3	2.2	165~180	—	16	121
美铍铝 AlBeMet162	2.1	200	452(拉伸)	14	210
碳纤维	1.56	140	1543~2369(0°拉伸)	0.57	35

空间结构材料主要包括金属结构材料、纤维增强树脂基复合材料、颗粒增强金属基复合材料、纤维增强陶瓷基复合材料、结构功能材料。

5.4.1　金属结构材料

空间常用金属结构材料有铝合金、镁合金、钢、钛合金、铍及铍合金，它们的特点见表 5.6。此类材料特点为强度高、弹性模量高、稳定性好、加工工艺性能好、材料规格齐全。通常用于本体结构、支撑结构、压力容器、各种连接件和机构零件。

表 5.6　一些常用金属结构材料特点

常用金属结构材料	特　点
铝合金	铝合金密度低,但强度比较高,接近或超过优质钢,塑性好,可加工成各种型材,具有优良的导电性、导热性和耐蚀性
镁合金	密度小,相对比强度、比刚度高,具有很好的减重作用
钢	具有良好的综合力学性能,质量稳定,价格低廉
钛合金	密度小,比强度高,耐蚀性好,并具有超导、贮氢、记忆等优点
铍及铍合金	密度小,弹性模量高,各向异性小,具有良好的减振效果,用于结构件、光学件

3D 打印是一种以数字模型文件为基础，运用粉末状金属或塑料等可黏合材料，通过逐层打印的方式来构造物体的技术。其具有以下优势：可加工高熔点、高硬度材料（高温合金、钛合金等），优于传统制造工艺；材料利用率很高，可实现复杂结构零件近似成型；制造速度快，可直接生产大型复杂构件；制造异质材料（如功能梯度材料、复合材料等）的最佳工艺，能实现单一零件中材料成分的连续变化；装备零部件快速修复。可通过 3D 打印技术进行机械零部件的制造，如图 5.39 所示。

图 5.39　通过 3D 打印技术制造的机械零部件

5.4.2　空间结构复合材料

复合材料具有连续相的基体和增强体。不同材料取长补短，协同作用，产生原本单一材料本身所没有的新性能。同时具有高比模量/比强度值、耐腐蚀、材料可设计性好等特点。基体材料具有金属和非金属两大类。金属基体常用的有铝、镁、铜、钛及其合金。而非金属基体主要有合成树脂、石墨、橡胶、陶瓷等。增强体材料主要有玻璃纤维、碳纤维、硼纤维、芳纶纤维、石棉纤维、碳化硅纤维、晶须、金属丝和硬质细粒等。复合材料主要应用于卫星结构本体、太阳电池阵结构、天线结构、杆及支架结构等领域。

1. 纤维增强树脂基复合材料

常用的树脂为环氧树脂和不饱和聚酯树脂。树脂基体以热固性树脂为主。纤维材料有玻璃纤维、芳纶纤维和碳纤维。主要成型工艺有接触成型、缠绕成型、真空成型及层压和模压成型等。碳纤维增强树脂基复合材料在空间结构广泛应用，具有以下优点：①高比强度（拉伸强度与材料表观密度之比）和高比模量，耐疲劳；②导热、导电性能良好，热膨胀系数小；③易于整体成型，可根据性能要求设计编织与热固化成型工艺；④密度小、重量轻，可比常规金属结构减重 30% 左右。碳纤维复合材料一般以叠合形式制成多层板使用，通常有两种复合形式：每层的纤维方向相同排列，称为单向纤维复合材料；各层纤维方向呈不同角度排列，称为多向纤维复合材料。

2. 颗粒增强金属基复合材料

固溶强化、时效强化、形变强化、细晶强化及相变强化等是金属强化的主要方式。随着经济发展及科技进步，金属复合化赋予金属新性能及功能，使材料具有强度高、模量高、热膨胀系数低、尺寸稳定、耐磨、耐热、阻尼减振、抗辐射、中子吸收等特点。铝、镁、钛是

205

金属基复合材料的主要基体，增强材料一般可分为纤维、颗粒和晶须三类。金属基复合材料具有高比强度、高比刚度、良好的高温性能、低热膨胀系数、良好的尺寸稳定性、优异的导电导热性等特性。例如，铝基复合材料具有性能优异、价格低廉、工艺相容性好等特点，用途广；镁基复合材料具有轻质、比强度高等特点，可用于特殊结构件；钛基复合材料具有轻质、高强、耐高温等特点，可用于发动机部件；金属陶瓷（Ni/Fe）具有硬度、强度高，耐高温等特点，可用于耐磨部件和工模具。其中以非连续增强铝基复合材料（DRA）应用最为广泛，其具有比强度高、比模量高、断裂韧性适中、热膨胀系数低、导热性好、尺寸稳定性好、各向同性、耐磨性好、耐疲劳性好等特性。颗粒增强金属基复合材料在我国玉兔号月球车移动机构上的应用如图 5.40 所示。

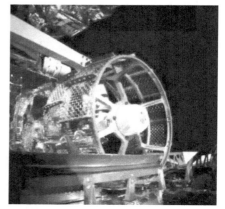

图 5.40　玉兔号月球车轮子上的 SiC/Al 复合材料棘爪

3. 纤维增强陶瓷基复合材料

陶瓷基复合材料是一种兼有金属材料、陶瓷材料和碳材料性能优点的热结构/功能一体化新型材料，克服了传统金属材料密度高，陶瓷材料脆性大和可靠性差、碳材料抗氧化性差和强度低等缺点，具有耐高温、密度低、比强度高、比模量高、抗氧化性好、抗烧蚀性好，对裂纹不敏感，不易发生灾难性毁损等优点。同时，陶瓷基复合材料具有优良的超低温性能和抗辐照性能。陶瓷基复合材料的特性决定了其能够满足航空航天器对高速度、高精度和长寿命等需求。采用化学气相渗透（CVI）工艺，可制作各种轻型、高强度、低热膨胀系数、耐高温、抗氧化的构件。

纤维增强陶瓷基复合材料在航空航天领域的应用如下：

（1）推进系统　液体火箭和固体火箭发动机，以及卫星动力系统；头锥、前缘、机身襟翼、舱体结构。

（2）热防护系统　可重复使用飞行器（空天飞行器、超高速飞行器）的长寿命防热系统（TPS）和热结构构件。

（3）热端部件　航空与火箭发动机燃烧室内衬、火焰筒、喷口导流叶片、涡轮导向叶片、涡轮外环及尾喷管相关构件、飞机制动盘。

（4）轻量化光学部件　卫星通信、高能量激光传输和卫星观测反射镜及反射镜支撑结构。

5.4.3　结构功能材料

智能材料与超材料有着广泛的应用前景。智能材料是一种能感知外部刺激，能够判断并适当处理且本身可执行的新型功能材料。智能材料是继生物材料、合成高分子材料、人工设计材料之后的第四代材料，是现代高技术新材料发展的重要方向之一，将支撑未来高技术发展，实现结构功能化、功能多样化。超材料是指一些具有生物材料所不具备的超常物理性质的人工复合结构或复合材料。通过在材料的关键物理尺寸上的结构有序设计，可以突破某些表现自然规律的限制，从而获得超常的材料功能。

压电陶瓷具有把电能转换为机械能的能力，是高精度、高速驱动器所必需的材料，已应用在各种跟踪系统、自适应光学系统、机器人微定位器等。形状记忆合金在发生塑性变形后，经过合适的热过程，能够回复到变形前的形状，这种材料已应用到航空航天装置中。美国已成功利用形状记忆合金将月球天线体积缩小到原来的千分之一，如图 5.41 所示。

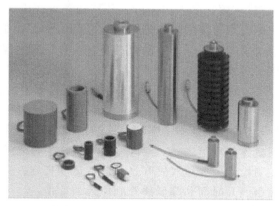

图 5.41　利用形状记忆合金将月球天线体积缩小到原来的千分之一

在航空航天器蒙皮中植入能探测激光、核辐射等多种传感器，形成智能蒙皮，可对敌方威胁进行监视和预警。美国正在研究未来的弹道导弹监视与预警卫星，计划在其复合材料蒙皮中植入智能传感器。这种智能蒙皮将安装在天基防御系统平台表面，实时监控敌方威胁，提高武器平台抵御破坏的能力。研究内容还包括卫星隐身材料和激光预警感应材料。

NASA 的科学家已经在试验一种由聚合物所制成的柔性气凝胶，作为太空飞船在穿过大气层时的绝缘材料。要求此种材料是具有一定刚度且形状能够保持的绝缘材料，从而局部替代卫星多层包覆。

5.4.4　仿生空间结构设计案例

空间可展开结构在发射过程处于折叠状态并安置于航天器内，航天器进入指定轨道后，空间可展开结构接到控制指令慢慢展开，最后展开成大型复杂结构并锁定其状态。由于航天器系统要求体积小、重量轻，所以空间可展开结构在航天领域上的应用不胜枚举，包括空间大型网状天线、空间机械臂、空间太阳能电池阵列和深空探测领域可展开结构与机构等。在实际设计时，需要考虑材料选择、温度影响、展开结构和控制研究等。空间可展开结构具有以下特点：①结构单元和组合规则的多样化，使空间可展开结构的几何设计更加灵活；②刚度可通过内部索或膜的预张力进行改变；③拥有良好的可扩展性，有利于缩小原型研发、建模仿真和验证的规模，或扩大规模以满足潜在的任务需求；④可根据仿生学原理设计新型的空间可展开结构。

随着空间可展开结构的发展，出现了许多用于研究其构型、运动学和动力学的设计理论。例如图论，一种广泛应用于可展开机构配置设计的拓扑方法，极大地丰富了机构的相关研究。对于具有多个回路和过约束的空间可展开结构，螺旋理论可以使用 Denavit-Hartenberg

（D-H）方法进行机构的运动学分析。此外，基于螺旋理论，可以通过匹配运动链生成新的配置，并分析其运动奇异性。近年来，折纸用于从一个全新的角度来描述杆件机构的设计，进一步丰富了空间可展开结构的设计方法。

空间可展开结构具有收拢和展开两种状态，且从收拢状态到展开锁定状态涉及多柔体展开过程。为保证空间复杂环境下可展开结构的动力学性能，涉及以下关键技术：

1）展开过程动力学建模求解技术。空间可展开结构含有绳索、薄膜，以及薄壳等大柔性构件，为防止展开过程中绳索与绳索、绳索与桁架之间可能产生的接触缠绕与钩挂现象，需要进行网面管理。对于薄膜结构展开，需研究折叠方式对展开过程接触碰撞、展开到位后折痕对型面精度等的影响。因此，需要对大柔性空间可展开结构的大尺度运动进行准确地刚-柔耦合建模，利用动力学分析获得空间可展开结构展开过程中的受力状态，以优化结构构型和尺度。

2）展开过程可靠性设计及控制技术。空间可展开结构必经的展开阶段从不稳定状态到稳定状态，是最容易出现故障的环节之一。空间可展开结构的可靠性很大程度上取决于关键的设计参数。展开过程控制设计主要是对展开过程进行运动规划，利用逆动力学分析获得展开过程的驱动力谱，以控制展开时间和降低展开到位后的冲击。

3）空间环境下动力学分析及设计技术。空间可展开结构收拢状态要承受发射时的强烈振动与巨大冲击，在轨展开工作状态处于失重、辐射和±170℃的温度交变等外空环境，需要保证展开和收拢两种状态下结构动力学性能最优，涉及两种状态动力学性能综合设计技术。此外，还需要考虑热交变下的空间结构热致振动问题。

卫星进入太空后需要继续吸收宇宙中的能量才能保证在轨道上运行，这种能量来源于太阳电池片所获得的太阳能。太阳电池片由具有光电效应的半导体材料制成，它的装载有两种方式：一种是体装式太阳电池阵，太阳电池片直接安装在卫星表面，这种装载方式的效率低、成本高且提供的能量有限，一般只用于大型卫星或功率需求不高的卫星上，例如，早期美国发射的 Vanguard 卫星便是采用体装式太阳电池阵，提供的能量仅为 1W；另一种是展开式太阳电池阵，将太阳电池阵列在碳纤维复合材料的基板上，通过控制折叠基板的展开来吸收太阳能，这种装载方式的装载效率高、接触面积大，能为航天器提供较多的能量。太阳翼作为最常用的展开式太阳电池阵，被广泛地应用于各类航天器中，它有两种形式：一种是折叠式太阳翼，由数块碳纤维复合材料基板连接而成，发射前将各块基板按一定的规则折叠在一起，进入太空后开始慢慢展开；另一种是卷式太阳翼，采用柔性材料作为基板，发射前将其卷成较小体积放置于卫星中，进入轨道后再展开，这种方式通常具有较小的折展比。

在实际工程应用中设计基于树叶折叠方式的工程结构时，以刚性材料作为叶脉、柔性材料作为叶片做成一种刚柔耦合体，被应用于防弹盾、屋顶和折叠帐篷等新型结构，以及太阳能电池板、卫星天线和太阳帆薄膜等大型航天器中。基于花朵绽放的工程结构设计的灵感来源于旋花科植物绽放，花瓣以螺旋折叠方式缠绕在中心毂上形成含苞待放的花骨朵，然后沿花朵径向慢慢展开至完全绽放。2014 年美国国家航空航天局研制了一种可折叠的花朵太阳能板，直径为 2.7m，展开后直径为 25m 的平坦圆纹面，未来这种太阳能板将与称为"立方体"的小型卫星结合使用。日本天体物理学家 Koryo Miura 研制了一种 Miura 折叠太阳能板，当人们打开它时，它就会成为一个平行四边形"棋盘"。这种折叠太阳能板 1995 年部署在日本太空飞行单元卫星上。仿生空间结构设计案例如图 5.42 所示。

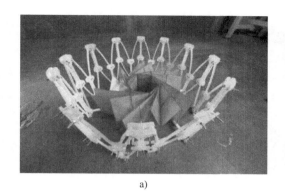
a)

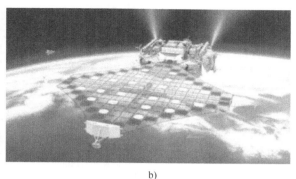
b)

图 5.42　仿生空间结构设计案例

a）花朵太阳能板　b）Miura 折叠太阳能板

讨论与习题

1. 讨论

1）未来仿生机械与结构仿生的融合发展和运用。

讨论参考点：仿生机械利用生物界的许多有益构思来发展技术是可为的，其智能化必将是发展方向之一。人们不仅要研究生物系统在进化过程中逐渐形成的那些结构和机能，更要着重揭示其组织结构的原理，评定其机能关系、适应方法、存活方法和自我更新方法等。因为只有这些方法才能使生物系统在复杂的生存环境中具有高度的适应性和生命力。把生物系统中可能应用的优越结构和物理学的特性结合使用，人类就可能得到在某些性能上比自然界形成的体系更为完善的仿生机械。

2）请讨论仿生材料与结构仿生的区别和联系。讨论参考点：

区别：仿生材料是模仿生物的各种特点或特性而开发的人工材料，具有自适应性和自愈合能力，强调材料的特性与性能模仿；结构仿生指通过研究生物肌体的构造，建造类似生物体或其中一部分的机械装置，实现功能相近，主要关注生物体的物理结构模仿与应用。

联系：①两者都基于仿生学原理，即模仿生物体的优异特性和功能；②仿生材料和结构仿生都广泛应用于建筑、医学、纺织、军事等领域，以提高材料和设备的性能；③两者的目标都是通过对生物体的模仿，创造出具有优异性能的新型材料和结构，以满足人类社会的需求。

2. 习题

1）试述结构仿生如何与材料设计相结合。

2）以竹子和高层建筑为例，试分析仿生建筑的力学结构。

3）试述仿生太阳能板的展开方式及优缺点。

参 考 文 献

［1］ 孙霁宇. 结构仿生学 ［M］. 北京：化学工业出版社，2022.

［2］ 曾戎，屠美. 生物医用仿生高分子材料 ［M］. 广州：华南理工大学出版社，2010.

［3］ 陈彦霖. 一种仿生轻量型机械臂的设计与分析 ［D］. 广州：华南理工大学，2020.

［4］ 崔福斋，冯庆玲. 生物材料学 ［M］. 北京：清华大学出版社，2004.

［5］ 戴振东，吉爱红. 壁虎运动仿生的生物力学基础 ［M］. 哈尔滨：哈尔滨工业大学出版社，2011.

［6］ 宫岭. 生物及仿生复合结构的黏附力学行为研究 ［D］. 合肥：中国科学技术大学，2019.

［7］ 樊瑜波. 生物医用材料力学 ［M］. 北京：科学出版社，2023.

［8］ 何利文. 仿生粘附结构的方向性粘附机理研究 ［D］. 合肥：中国科学技术大学，2013.

［9］ 贾贤. 天然生物材料及其仿生工程材料 ［M］. 北京：化学工业出版社，2007.

［10］ 江雷. 仿生智能纳米材料 ［M］. 北京：科学出版社，2016.

［11］ 姜宗来，樊瑜波. 生物力学：从基础到前沿 ［M］. 北京：科学出版社，2010.

［12］ 李忠学. 结构仿生学与新型有限元计算理论 ［M］. 北京：科学出版社，2009.

［13］ 卢天健，刘少宝. 生物力学 ［M］. 北京：科学出版社，2023.

［14］ 潘旦光，张爱卿. 结构力学：上册 ［M］. 北京：清华大学出版社，2014.

［15］ 任露泉，梁云虹. 耦合仿生学 ［M］. 北京：科学出版社，2011.

［16］ 任露泉，梁云虹. 仿生学导论 ［M］. 北京：科学出版社，2016.

［17］ 孙树东，万昌秀. 材料仿生与思维创新 ［M］. 成都：四川大学出版社，2012.

［18］ 宋广生. 仿生椎间盘设计制备及性能研究 ［D］. 长春：吉林大学，2023.

［19］ 宋波，张磊，赵爱国，等. 超材料结构设计与增材制造 ［M］. 武汉：华中科技大学出版社，2024.

［20］ 王书鹏. 基于柔顺足驱动的步进型压电执行器研究 ［D］. 哈尔滨：哈尔滨工业大学，2019.

［21］ 王悦明. 仿生自修复深松铲减阻耐磨特性研究 ［D］. 长春：吉林大学，2020.

［22］ 吴薇. 变色甲虫鞘翅构色机制及仿生结构变色材料研究 ［D］. 长春：吉林大学，2020.

［23］ 谢力生. 木结构材料与设计基础 ［M］. 北京：科学出版社，2013.

［24］ 徐伯初，陆冀宁. 仿生设计概论 ［M］. 成都：西南交通大学出版社，2016.

［25］ LIU Z, MEYERS M, ZHANG Z, et al. Functional gradients and heterogeneities in biological materials：Design principles, functions, and bioinspired applications ［J］. Progress in Materials Science, 2017, 88：467-498.

［26］ NOGATA F, TAKAHASHI H. Intelligent functionally graded material：bamboo ［J］. Composites Engineering, 1995, 5：743-751.

［27］ SUN J Y, BHUSHAN B, TONG J. Structural coloration in nature ［J］. RSC Advances, 2013, 3 (35)：14862-14889.

［28］ SUN J Y, BHUSHAN B. Hierarchical structure and mechanical properties of nacre：a review ［J］. RSC Advances, 2012, 2 (20)：7617-7632.

［29］ SUN J Y, BHUSHAN B. Nanomanufacturing of bioinspired surfaces ［J］. Tribology International, 2019, 129：67-74.

［30］ SUN J Y, BHUSHAN B. Structure and mechanical properties of beetle wings：a review ［J］. RSC Advances, 2012, 2 (33)：12606-12623.

［31］ SUN J Y, BHUSHAN B. The structure and mechanical properties of dragonfly wings and their role on flyability ［J］. Comptes Rendus Mécanique, 2012, 340 (1-2)：3-17.

［32］ SUN J Y, LIU C, BHUSHAN B. A review of beetle hindwings: Structure, mechanical properties, mecha-
nism and bioinspiration ［J］. Journal of the Mechanical Behavior of Biomedical Materials, 2019, 94:
63-73.

［33］ SUN J Y. Miniaturization of robots that fly on beetles' wings ［J］. Science, 2020, 370 (6521): 1165.

［34］ TAN T, RAHBAR N, ALLAMEH S, et al. Mechanical properties of functionally graded hierarchical bam-
boo structures ［J］. Acta Biomaterialia, 2011, 7: 3796-3803.